趣谈科学

杨义先 钮心忻

著

科学家列传

贰

人民邮电出版社

北 京

图书在版编目（CIP）数据

科学家列传. 贰 / 杨义先，钮心忻著. -- 北京：
人民邮电出版社，2020.9
（杨义先趣谈科学）
ISBN 978-7-115-54220-5

Ⅰ. ①科… Ⅱ. ①杨… ②钮… Ⅲ. ①科学技术－世
界－普及读物 Ⅳ. ①N11-49

中国版本图书馆CIP数据核字(2020)第099976号

内 容 提 要

  本书以喜剧评书方式，从全新视角，重现人类有史以来各个时期顶级科学家们的风貌。
本书的目的，不仅仅是让读者全面了解真实的科学家，而且想激励相关读者，特别是青年
读者，立志成为科学家。

  本书不是千篇一律的"科学家传"，更不是堆砌式的"科学家故事集"，而是以时间为
轴线，通过科学家们的历史轨迹，展现了科学发展的里程碑和全球科学家成长的生态环境。

◆ 著　　　　　杨义先　钮心忻
　　责任编辑　张天怡
　　责任印制　王　郁　马振武
◆ 人民邮电出版社出版发行　北京市丰台区成寿寺路 11 号
　　邮编　100164　电子邮件　315@ptpress.com.cn
　　网址　https://www.ptpress.com.cn
　　大厂回族自治县聚鑫印刷有限责任公司印刷
◆ 开本：720×960　1/16
　　印张：18.5
　　字数：335 千字　　　　　　2020 年 9 月第 1 版
　　印数：1 – 5 000 册　　　　2020 年 9 月河北第 1 次印刷

定价：59.80 元

读者服务热线：(010)81055410　印装质量热线：(010)81055316
反盗版热线：(010)81055315
广告经营许可证：京东市监广登字 20170147 号

　　伙计，"科学家列传"不是千篇一律的"科学家传"哟，更不是堆砌式的"科学家故事集"！

　　一方面，它将以时间为轴线，展示古今中外多位顶级科学家的成果和综合特色，打造一个个生动活泼的里程碑，读者在历史的穿越过程中，仅仅通过阅读这些里程碑就可看清整个科学发展的轨迹，以及东西方之间和前后之间的关联关系。另一方面，作者通过若干具体案例适时回答一些与科学研究相关的问题，比如科研的动力从哪里来，科学流派都有哪些，科学家的特质是什么，科学进步与外界环境之间的关系如何，文化和宗教因素将对科学产生什么影响，科学的分支情况等。当然，由于历史资料太少，本书实在无法包含某些著名科学家，比如活字印刷术发明者毕昇、"地理学之父"埃拉托色尼、"代数之父"丢番图等。这肯定会在一定程度上影响上述"轨迹"的清晰度，对此，只能万分遗憾了，毕竟本书是一本严肃的著作。

　　与以往描述科学家的书籍不同的是，本书将更加忠实于历史事实，并不回避科学家本人的某些负面内容，但同时也尽量略去曾经的错误结论，以免混淆视听。这样做的目的就是要让全社会都能意识到：科学家也是人，不是神；科学家并非高不可攀，人人都有成为科学家的潜力。本书将采用章回小说的方式，把许多评书、相声和喜剧等元素都融入书中。我们还将一改过去的呆板模式，把科学家描述成为正常人，而非不食人间烟火的异类或完美无瑕的榜样。我们笔下的科学家，都将是普通人能够接近、学习，甚至超越的凡人。

　　都说"科学是这样一门学问，它能使当代傻瓜超越上代天才"，但是，本书绝不是只想让"当代傻瓜超越上代天才"，而是还想让当代天才成为当代科学家，成为被"后代傻瓜"努力超越的天才。所以，我们的重点不在于介绍科学家们都"干过什么",而是要深入分析他们是"如何干的",有哪些研究方法和思路值得我们借鉴,有哪些成功的经验值得我们学习,或有哪些失败的教训需要我们吸取等。换句话说,如果伽利略的名言"你无法教会别人任何东西,你只能帮助别人发现一些东西"是正确的话,那么,本书其实主要是想"帮助你发现一些东西",当然,最好是能帮助你发现"科研成功的共性"。

本书特别注意把握严肃与活泼之间的分寸。在具体的科学内容方面,我们将尽量严格,甚至对过时的或有误的科研成果,除非确有必要,否则都将给予纠正或干脆不再复述;但是,在生平事迹等其他非科学方面,我们将尽量活泼,甚至极尽风趣和幽默之能事,让读者可以尽情享受欢乐,在笑声中轻松了解科学家们的生平和故事。

在人物的选取方面,本书既尊重同类书籍中出现的名单,但同时又特别考虑了历史的连续性,以避免留下太长时期的历史空白,否则,人类科学的发展轨迹就会不清晰,连贯性就会受到影响。比如,在长达1 000多年的欧洲中世纪,西方科学几乎处于停顿状态,因此,这一时期的人物主要选自东方,他们至少可以代表当时世界的最高科学水平。当然,客观地说,中世纪期间的科学家对后人的影响都明显偏小,这也是本书与诸如"影响人类的N位科学家"等书籍的另一个重要区别,毕竟我们希望至少每100年要有一个里程碑。

在介绍国内首创科学成果方面,我们摈弃了以往的许多惯用写法,比如"某中国人发明了某物,而此物又在N年后才由某外国人发明"等。因为,本书将一视同仁地看待外国人和中国人。

由于作者水平有限,书中难免有不当之处,欢迎大家批准指正,谢谢!

杨义先 钮心忻
2020年7月,于花溪

目录

第四十一回　神童的神童之谜，大师的大师之奇　1

第四十二回　实验实验再实验，凝练凝练再凝练　8

第四十三回　光子本来就是波，土星竟然有耳朵　16

第四十四回　科盲竟成科学家，大器晚成真「奇葩」　23

第四十五回　前四十年搞科学，后四十年悟神学　31

第四十六回　文艺复兴压轴戏，莱布尼茨创奇迹　40

第四十七回　富兰克林探雷电，美国独立他宣言　47

第四十八回　数学四杰他第三，盲眼巨人他顶天　54

第四十九回　上帝造物混沌生，林奈命名秩序兴　61

第五十回　质量守恒露天机，物理化学揭秘密　69

第五十一回　亚当·斯密定乾坤，道德情操国富论　76

第五十二回　祖孙三代观天文，莫非下凡太阳神　83

第五十三回　鸡窝飞出金凤凰，小二竟娶老板娘　90

第五十四回　拉瓦锡惨遭斩首，库仑兄隐居留头　97

第五十五回　植物专著招人爱，动物专著遭人踩　104

第五十六回　科学天地一大神，现实世界一小人　111

第五十七回　超级民科道尔顿，原子理论定乾坤　118

第五十八回　动若脱兔探险狂，静若处子著书忙　125

第五十九回　生物圈中一劲松，乱世丛中不倒翁　132

第六十回　父死妻亡弃荣华，乱世频出科学家　139

目录

第六十一回　生前也许他很丑，死后方知他很牛　146

第六十二回　数学王子玩天文，高产高斯真高人　153

第六十三回　哥本哈根童话多，歪打正着电磁波　160

第六十四回　火眼金睛琢白玉，嫉贤妒炉能留瑕疵　167

第六十五回　贫病潦倒苦命郎，欧姆定律泄天机　174

第六十六回　中学教师显神奇，开天辟地化学王　181

第六十七回　柯西之功传千秋，柯西之过不可漏　188

第六十八回　学历不等于水平，财富不代表价值　195

第六十九回　几何世界「哥白尼」，不认公理认真理　202

第七十回　　盲人摸象穷争论，将今论古集大成　209

第七十一回　歪打正着得尿素，正打歪着失元素　216

第七十二回　知音难觅丧黄泉，旷世奇才命好惨　223

第七十三回　有机化学急先锋，人才培养立大功　230

第七十四回　灵感怀胎数十年，物种起源仍早产　237

第七十五回　聪明绝顶数学家，愚蠢决斗伽罗瓦　244

第七十六回　数理逻辑创始人，信息时代奠基魂　251

第七十七回　焦耳楞次显神威，能量守恒树丰碑　258

第七十八回　生理声学著作丰，能量守恒集大成　266

第七十九回　独孤神父数豌豆，遗传密码终泄露　276

第八十回　　疫苗战胜微生物，拯救人畜鬼神哭　283

第四十一回

神童的神童之谜，大师的大师之奇

"啪"，我一拍惊堂木："列位看官，《科学家列传贰》，这就开讲了！"

按时间先后顺序，开篇第一位，刚好排到法国科学家布莱士·帕斯卡。此兄的特点就两字：一是"谜"，二是"奇"！那位听众追问，他如何奇，怎么谜？嗨，这样说吧：他谜得离谱，奇得出格；在科学家中，虽不敢说是"后无来者"，但绝对是"前无古人"。这里当然不是指他同时是顶级的数学家、物理学家、哲学家、文学家、思想家和神学家等，因为这样的科学巨匠在历史上并不少见；而是在他的一生中，各种"奇"、各种"谜"都始终与他寸步不离，真让人百思不得其解。至于其"谜"与"奇"的细节嘛，还请各位读者自行品味。

帕斯卡，公元1623年6月19日出生在法国多姆山省。表面上看，这一点也不奇，更无任何谜嘛。别急，"奇谜"马上就来了，这次出马的好像是"死神"。你看，他的两个姐姐都很健康，甚至后来还成了他的早期教育启蒙老师；但是，他自己从出生起就体质虚弱。他3岁左右，妈妈就去世了；紧接着，他的一个妹妹又夭折了；另一个妹妹贾桂琳也只活了40年左右；在他28岁那年，他父亲也去世了；他自己从30岁开始，就一直被各种疾病缠身，随时都挣扎在死亡线上，最后也只活了区区39年。总之，在帕斯卡短暂的一生中，"死神"好像特别热心，随时都在他和他的家人身边徘徊，随时都在"邀请"他们前往，甚至不惜"强行拉客"，比如让他经历了多次重大灾难性事故等。此外，帕斯卡的死也非常"奇谜"，医生在检查其遗体时，竟然惊讶地发现：他腰上还围着一根宽皮带，其上布满了铁刺，刺尖对着肌肤，有的皮肉已被刺得血肉模糊，有的皮肉已严重发炎化脓、气味刺鼻。原来，这是帕斯卡版本的"头悬梁锥刺股"。他不仅是"吾日三省吾身"，而是随时都在"省吾身"，只要发现思想上哪怕有一丁点"走神"，就对着自己的腰带来上一拳，作为一种自我惩罚！尸检报告表明，帕斯卡之所以因痛苦的抽搐而进入临终状态，那是因为其胃和腹内多个器官都已严重病变，脑部也受损。其死因既可能是肺结核，也可能是胃癌，还可能是两者兼而有之。

那位看官又替我们担心了："你这说书人，刚开始第一段就把主角从生到死都说完了，后面看你咋办！"嘿嘿，别急，说书人一张嘴，既能把活人说死，当然也就能把死人再说活。实际上，我们一翻黄历，果然在帕斯卡出生之年，在中国的明朝，奇谜之事也不少：像什么祥云地区发生地震啦；安南侵犯广西啦；黄河大决口，沿岸150里被冲为平地啦；明军在福建赶走荷兰侵略者，拘禁荷兰谈判代表，等等。

说过"死神"，再说"天神"。帕斯卡的父亲，虽也算是"吃皇粮的国家干部"，但怎奈家中有6个孩子嗷嗷待哺，再加多次丧子，中年丧妻后又一直单身，而且由于法国大革命，其"铁饭碗"后来也被砸，所以，家中确实没"余粮"，更无闲钱供养帕斯卡读书。换句话说，帕斯卡其实是一个典型的"失学儿童"；最初认识的那几箩筐大字，还是他的父亲和两个姐姐手把手教会的。但是，这位本该是文盲或半文盲的苦孩子，为啥却成了顶级的神学家、思想家、哲学家和文学家呢？这难道还不够奇吗，这难道不是谜吗！帕斯卡是真真切切地将其想法写成了其科学成果之外的代表作——《思想录》。该书以其锋芒的雄辩、深邃的思想及流畅的文笔，被认为是法国古典散文的奠基之作，连法国启蒙思想家、文学家、哲学家伏尔泰也都赞美说："这是历史上最好的诗集！"至于普通法国人的评价嘛，那就更高了，甚至有这样一种说法：假如遭遇一场大火，必须从中抢救一本法国人写的书的话，那么，这一本书很可能就是帕斯卡的《思想录》。

由于本书只写科学家，也由于《思想录》中涉及太多的宗教和神学内容，因此，不便在此对其介绍。帕斯卡的思想转变过程，对一个科学家来说，也堪称典型的"奇谜"：帕斯卡一家本来都信奉天主教，但在他23岁时，父亲的一场怪病，使其宗教思想产生了重大变化，并陷入一种更深奥的信仰方式；此举对其后半辈子产生了重大而神秘的影响，从此，他开始认真阅读《圣经》。1656年，33岁的帕斯卡正式开始创作《思想录》，可惜至死也未最终完成。为了对读者负责，我们还很认真地阅读了《思想录》。遗憾的是，由于我们不懂宗教，也非信徒，所以体会不到其中的灵气。但猛然看去，莫非帕斯卡想要自创一套完整的神学？

说过"天神"，再说"数神"。帕斯卡的父亲，是全家唯一上过大学的人，也是一位小小的税务员。其主要任务就是到处替皇家收税，当然也就少不了写写算算，经常与数字打交道。也许是"久病成医"或"日久生情"之故吧，一来二去，父亲就真的爱上了数学，并从牙缝中挤出一些散碎银子，购买了不少数学书籍，甚至还成了一位"非著名数学家"。但是，穷怕了的父亲深知数学研究不能挣钱糊口，而且沉溺数学后也很伤神伤身，再加帕斯卡从小就体弱多病；所以，父亲不但拒绝教给帕斯卡任何数学知识，而且还把家里的数学书都锁了起来，甚至只要帕斯卡在场，父亲就绝不与访客讨论数学问题。父亲这一做法，反而引起了儿子对数学的好奇，于是，帕斯卡开始偷偷研究数学。

11岁那年，有一次帕斯卡路过厨房，偶然听到盘子碰撞的叮当声。这十分平常的现象，却引发了他的深思：为啥碰撞声不随盘子的分离而马上消失呢？于是，他就自己反复实验，并发现：敲击盘子后，声音会延绵不断，但只要用手按住盘子，声音就会马上停止，且手指碰在盘沿时，还略有振感呢！原来，使物体发声，最要紧的是振动；即使敲打已停，只要振动未停，就仍能继续发声。于是，他结合自己仅有的那点数学知识，竟然将该发现写成了一篇学术论文。父亲大为紧张，认为这又是数学惹的祸，于是干脆下令，禁止儿子在15岁以前继续研究数学。哪知，仅仅一年之后，12岁的帕斯卡，竟当着父亲的面，用树枝在地上用极其巧妙的办法独立证明了几何学中的一个基础定理：任何三角形的内角之和都等于180度。望着如此出奇的证明方法，父亲惊呆了：原来儿子的数学天赋竟如此之高！从此，父亲公开了自己的所有数学藏书，并精心指导帕斯卡全面系统地学习了欧几里得几何。果然，帕斯卡在几何方面一点就通，甚至又独立发现了欧几里得的前32条定理，且顺序都未变。

父亲深知自己的那半瓶子醋的数学水平已不能满足儿子的需求了，于是，便四处积极"搬救兵"。终于，在帕斯卡14岁那年，应他父亲的多次恳求，梅森神父修道院的"梅森学院"总算允许帕斯卡参加一些科学家聚会活动，并同意他旁听一些杰出数学家和科学家的学术报告。其中的一次报告引起了帕斯卡的强烈兴趣，于是，循着报告者的思路，16岁的帕斯卡竟然写出了一篇名叫《神秘六边形》的短文，直接发现了今天称为"帕斯卡六边形定理"的著名结论。17岁时，他又写成《圆锥曲线专论》，至今仍被数学界广泛称作"帕斯卡定理"；它是自古希腊阿波罗尼奥斯（公元前262年至公元前190年）以来，圆锥曲线理论的最大进步，同时它还对射影几何的早期发展起到了重要推动作用，充分展示了射影几何那深刻、优美、直观的一面。笛卡儿等著名数学家仔细读过此文后，都为论文精彩的结论而赞叹，但同时又都怀疑这是有人冒名，因为，如此神来之笔不可能出自一位少年之手。当然，这篇短文也使得帕斯卡名声大震，从此，他就正式踏进了法国学术界的大门，并在随后取得了众多科研成果。

书中暗表，"梅森学院"是由梅森神父创立的一个学术俱乐部，它在现代科学的发展过程中扮演了十分重要的角色。这主要是因为梅森神父生前喜欢结交顶级科学家朋友，在他去世后的遗产中，竟留下了与欧洲各国多达78位著名学者的珍贵信函，涉及各个科学领域的众多科学家，比如费马、伽利略、托里拆利、笛卡儿等。当然，梅森最珍贵的遗产还是梅森学院本身，因为，它后来发展成了巴黎皇家科学院，不但聚集了当时欧洲各国的顶级科学家，比如荷兰人惠更斯，意大利人卡西尼，德国人莱布尼茨、达朗贝尔、拉普拉斯、拉格朗日等；而且，还培养出了19世纪上半叶照亮法兰西的主要科学群星，比如其名被用作电流计量单位的安培、热力学创始人卡诺、光学波动说的"旗手"菲涅耳、在数学和物理等领域都有冠名定理的泊松等。

仍然是在梅森学院，帕斯卡还认识了许多科学大家，尤其值得一提的人物就是数学家费马。如今数学界已将1654年7月29日公认为是"概率论的诞生日"，而这一天其实是帕斯卡和费马开始通信讨论"赌博计算"的日子。换句话说，正是从这天起，他们开始合作研究"在掷三个骰子的赌博游戏中，对某些组合所下的赌注，为啥老是输钱？"并共同提出了离散随机变量的期望值概念。另外，他们还发现：赌资进账与相关骰子组合的期望值很接近；若对期望值偏小的几种组合下注，就更可能赔钱。由于数学期望奠定了概率论基础，所以，他们也被誉为概率论和组合分析的"数学理论之父"。此外，在掷骰子的研究过程中，帕斯卡还独立发现了"帕斯卡三角形"，虽然它其实就是公元1100年由中国数学家发现的"杨辉三角"，但是帕斯卡将此三角形与概率、期望、二项式定理、组合公式等联系在了一起，从而构成了较完整的现代概率理论体系，以至于直接促成惠更斯于1657年写成了概率论的最早系统性著作——《论赌博中的计算》。

当然，帕斯卡的谜与奇绝不仅限于上述的"死神""天神"和"数神"，但是，所有"奇谜"都有一个共同特点，那就是，帕斯卡的这些超人本领到底是跟谁学的，难道世上真有无师自通的魔法吗？为啥他总能在极短的时间内，把任何科研都能做得那么好？

伙计，虽然计算机已家喻户晓，但你知道世界上第一台计算机是谁为啥而造的吗？你知道有一种计算机语言为啥叫Pascal吗？若不知道，那就再给你讲一个帕斯卡的"奇谜"吧。未满19岁时，帕斯卡看到父亲每天收完税后都要对相关数据进行十分繁杂的计算，非常辛苦；所以，他就决心动手研制一台计算器，以减轻老爸的劳动强度。这次帕斯卡又说到做到了，他竟然只用一个齿轮表示数字，经过适当搭配，使较低位数字的齿轮每转动10圈较高位数字的齿轮才转动1圈，这就解决了数字运算的进位问题。于是，他真的制成了一台能做加、减运算的手摇数字计算器。据说，该计算器第一次公开演示时，帕斯卡的破屋被参观者围得水泄不通，大家都来亲眼见证效率超过手工计算数倍的机器。不久，这种机器就红遍了整个法国。刚开始时，帕斯卡的手摇计算器，只能计算6位数的加减法。在随后10年里，他又不断改进，共造出50多台机器，现在还存有8台，其中最早的两台分别收藏在法国巴黎工艺美术博物馆和德国茨温格博物馆。为纪念这项伟大发明，如今，计算机的一种高级语言就被叫作Pascal，意指帕斯卡。只可惜，帕斯卡计算器在当时并未取得商业成功，因为它太贵，以至于更像是玩具或奢侈品，只是供富豪们买去作为显示地位的象征；但是，帕斯卡计算器为以后的计算机设计提供了基本原理。

伙计，再问你一个问题：压强或气压单位，为啥叫"帕"？你可能猜得到头，"帕"是为了纪念帕斯卡；但你却很难猜得到尾，因为，帕斯卡竟然只用非常简单的一招，气压或液压，就解决了诸多迷惑人类数千年的难题。那么，帕斯卡是如何做到这一点的呢？

嘿嘿，先卖一个关子，讲讲"隔空打牛"的故事。许多人都会认为，武侠隔空打牛不靠谱。其实，这事儿很靠谱，而且只要条件合适，任何人都能隔空打牛。你若不信，可做一个简单实验：将一根水管的一头用薄纸密封，然后，对准水管的另一头一巴掌扇扣下去，那么，密封水管的薄纸几乎在瞬间就会被击破。无论该水管有多长，哪怕是从大山的南坡延续到北坡；也无论扇巴掌的人是谁，哪怕只是弱不禁风的林妹妹。那位看官较真啦，你不是说"隔空打牛"吗，咋只讲了隔空破纸？嗨，其实原理都一样，它就是由帕斯卡在30岁（1653年）那年提出的著名的帕斯卡定律：加在密闭流体上的压强，能大小不变地由流体向各方传递；或者换句话说，不可压缩静止流体中任一点受外力产生压强增值后，此压强增值将瞬间传至静止流体的各点。中学生都知道"压力＝压强×受力面积"，因此，将上述水管封纸的那头变得足够大，而且密封地贴在大牛的一侧，那么，从理论上说，只需林黛玉一巴掌，就能从水管的另一头将牛击倒。其实，大家几乎每天都会见到帕斯卡的这种"隔空打牛"，比如液压千斤顶、水压机等。

如果帕斯卡只是造出了水压机（当然他确实造出了水压机，而且还引起了轰动，甚至被称为"液压机之父"），那就还不算太奇，关键是这老兄又把"帕斯卡原理"发挥到了极致。比如，由于药液是不可压缩的流体，空气也是几乎不可压缩的流体，那么，在密闭的管子中抽动活塞就能推拉药液，于是，帕斯卡就发明了注射器；由于水银是不可压缩的流体，而且水银还能将空气密封，于是，帕斯卡又很巧妙地将其水压机改造成了"水银气压计"。哇，这一下就更不得了啦，因为，这无异于当年的孙悟空获得了金箍棒。只见帕斯卡，扛着这根"金箍棒"，在山顶立一下，在山腰立一下，在山脚立一下，妈呀，水银气压计中的水银柱高度竟然不一样呢！再经反复测试，帕斯卡发现：在同一地点，海拔高度不同时，水银柱的高度将不一样；相反，在不同的地点，只要海拔高度相同，则水银柱的高度就一样；海拔高度越高，水银柱越低；而且，水银柱与海拔高度的变化，存在着明显的量化规律。于是，帕斯卡不但为流体动力学和流体静力学的研究铺平了道路，而且还发现了大气层的许多秘密，比如确证了空气有重量，还首次计算出了空气的密度；发现了海拔越高，气压就越小，空气就越稀薄，以至最终变成真空区域，从而彻底否定了当时已持续数千年的"自然厌恶真空"的传统观念。帕斯卡发明的"大气压"，已成为气象学的核心概念，还开创了当今主流的天气预报手段呢。帕斯卡还是流体力学与刚体力学的奠基者。

当然，帕斯卡的科学成就绝不止上述几条。比如，1654年，他研究了无穷小的不可分原理，发现了"计算不同曲线所围面积和重心"的通用算法，此研究对莱布尼茨创立微积分有很大启发。其实，若从科学家角度去考察帕斯卡的话，那么，上述所有的"奇"与"谜"都可归纳成一句话，那就是，他的科研天才"来无踪"。但更神奇的是，这些"来无踪"的东西竟然也同样不可思议地"去无影"！因为，从1655年开始，帕斯卡就突然从科学界"人间蒸发"了。准确地说，他对数学、物理等都厌烦极了，决定放弃科研，潜心神学，认为感性和理性知识都不可靠，从而得出"信仰高于一切"的结论。他在神学中建立的直觉主义原则，对后来的许多名家（如卢梭和伯格森等）都产生了重大影响。

帕斯卡的晚年，完全处于隐居状态，他进入了与世隔绝的神学中心披特垒阿尔修道院，直到郑成功收复台湾且病逝的那年（1662年）的8月19日去世，享年仅仅39岁。

为了纪念帕斯卡的巨大贡献，后人在其墓碑上刻了"一张面积为1平方厘米、质量为1克的薄纸"，意指该纸对碑石的压力刚好是1帕。

第四十二回

实验实验再实验，凝练凝练再凝练

知识就是力量！

但知识从哪来？"二手"知识，当然主要从书本中来，从前人总结的经验和教训中来；而一手知识，特别是开创性的科学知识，则主要从各种实验中来，更准确地说是从对实验结果的反复凝练、反复分析和反复归纳演绎中来。到底如何通过实验来凝练知识呢？本回的主人翁波义耳将给出一个很好的示范，甚至他的口头禅都是"要想做好实验，就要敏于观察""人之所以能效力于世界，莫过于勤在实验上下功夫""实验决定一切，空谈无济于事"等。至于其中的奥妙嘛，欢迎大家细细品味如下这些遥远的故事。

在很久很久以前，即明朝皇帝朱由校驾崩、朱由检登基那年；也即最后一只纯种欧洲野牛死于波兰，从而宣告该物种灭绝的那年；还即提出"知识就是力量"著名论断的弗朗西斯·培根去世后的一年；更准确地说，是1627年1月25日。在爱尔兰利兹莫城的一个贵族家庭，诞生了本回的主人翁波义耳。小宝宝睁眼一看，哇，好家伙，自己的6个哥哥和7个姐姐以及父母等亲人喜滋滋、齐刷刷地欣赏着自己，有的扮鬼脸逗俏，有的俯身又亲又抱，还有的拉着小手一个劲儿地摇。突然，波义耳意识到自己还赤身裸体，竟这样被指指点点委实不妙，于是，"哇"地一声，就哭得大家哄堂大笑。书中暗表，前面为啥多次提到培根呢，因为，波义耳是培根的忠实崇拜者，以至于把培根的话当成自己的座右铭。而培根正是实验哲学的倡导者和捍卫者，他几乎倾全力研究实验方法论，为近代科学提供新工具，对牛顿、胡克、波义耳等科学先驱都产生了重大影响。

波义耳绝对是含着"金钥匙"出生的，他既是"官二代"，更是"富二代"。他爸是著名的政治家兼冒险家，从英格兰迁来爱尔兰，史称"第一位殖民百万富翁"，曾任爱尔兰财政部长，也是权倾朝野、封地广博的李察大公爵。他不但积累了众多财富，而且还建立了显赫一时的科克家族。只可惜，按当时贵族子弟的标准，波义耳算不上好苗子。因为，他从小就体弱多病，还有些口吃，对骑马射箭等武功又缺乏兴趣，因此既无法提枪上战场，也不可能成为光荣的骑士，当然就更别想继承家族爵位或成为政治家、冒险家了。波义耳唯一的爱好就是安静读书，但并不显得特别聪明，不过，他思想活跃，想象力丰富，爱提问题，记忆力也好。4岁时，波义耳遭受了人生首次不幸，妈妈因病去世；8岁时，本该13岁才入学的他却被望子成龙的老爸，急匆匆送到伦敦，经特批进入了当时最有名的伊顿公学。书中再暗表，伊顿公学素以半军事化的严格管理而著称，特别崇尚骑士精神；在一战时，普通英国士兵的战死率约为11%，而从伊顿公学毕业的士兵，其战死率却高达20.6%。由此可见，在潜意识里，冒险家父亲其实还是希望儿子"只解沙场为国死，何须马革裹尸还"。而后来的事实也证明了父亲的内心想法：1644年，父亲自己也毫不犹豫上了战场，并在那里光荣献身；波义耳的一个哥哥也在同年阵亡。

波义耳13岁时，英国爆发内战，父亲担心儿子受影响，就送波义耳到国外读书。他先后在法国、瑞士、日内瓦、意大利等留学4年，最后定居于佛罗伦萨，并开始研究伽利略的理论。波义耳对伽利略推崇备至，决心像伽利略那样，不迷信权威，勇于开创科学实验新道路。他还认真研读了伽利略的名著《关于两大世界体系的对话》。该书给他留下了深刻印象，以至于20年后，波义耳的代表作——《怀疑派化学家》就是模仿伽利略的写作风格撰写的。

17岁时，同时收到父兄死讯的波义耳，急匆匆赶回爱尔兰，却见满目焦土，四野荒凉。战争的残酷使波义耳看清了政治家们的无聊，于是，他独居于父亲遗留的城堡中，开始苦苦思索人生意义，试图找出拯救众生的答案。刚开始时，他找到的答案是学医，希望依靠高超的医技来减少人间疾苦。因为，他母亲当年之所以早逝，就是由于大夫医技不精，抢救不及时所致；而他自己在童年时，也有过一次被庸医开错药的亲历。幸亏那时他体质虚弱，肠胃受不了刺激，才意外引发呕吐，保住了性命，从此他怕医甚于怕病，生病也不愿再找医生，而是自寻药方。

事实证明，波义耳学医，无异于张飞学绣。不过，由于当时没制药厂，医生们都得亲自进行各种实验，以便研制相关药物。一来二去，药物虽未研制成功，但波义耳却歪打正着，竟深深爱上了研制药物的各种化学实验，并为自己树立了一个榜样：比利时医药化学家海尔蒙特，一位没日没夜完全沉浸于化学实验中的、自称"火术哲学家"的奇人。欲做化学实验，就得建立专用实验室，幸好这点建设经费对波义耳来说不过是九牛一毛而已。于是，波义耳就这样，意外锁定了人生归宿。从此以后，他就带着自己高薪聘请的众多助手，在自己投资的豪华实验室中，整日沉溺于实验的幸福里，甚至终生未娶，真正把自己献给了科学实验。至此，波义耳的"实验实验再实验，凝练凝练再凝练"故事，才真正开始了！

在波义耳时代，虽然人们已经意识到：许多问题特别是医学问题从本质上说，其实都是化学问题。但是，当时的化学主要局限在药物研制方面，而且，理论也十分粗糙，漏洞百出。总之，无论从深度或广度来看，化学都算不上是一门科学。不过，经波义耳"开光"后，情况就完全不同了。比如，波义耳明确指出：化学研究，目的在于认识物质本性，故需专门实验并认真观察实验结果。为此，他强调必须重新认识化学，摆脱其从属于炼金术或制药术的"下等人"地位，努力将化学发展成一门探索自然本质的独立科学。用波义耳的话说，那就是"化学，必须是为真理而追求真理的化学"，这也是波义耳在其1661年出版的代表作《怀疑派化学家》的核心观点。为此，1661年被公认为近代化学的诞生之年，波义耳也因此被称为"近代化学之父"。

为使化学成为一门严谨的科学，首先就得搞清一个最基本的概念——元素或化学元素。虽然，今天的中学生都知道：元素指自然界中100多种基本的金属和非金属物质，它们只由一种原子组成，其原子核中的质子数相等，且用一般的化学方法不能使之分解；元素可组成一切物质；截至2007年，共发现了118种元素，其中94种存在于地球上。1923年，国际原子委员会又进一步决定：把核电荷数相同的一类原子，称为同一种元素。但是，在波义耳时代，情况绝非如此清晰，甚至在整个人类史中，有关元素的学说几乎层出不穷，比如古巴比伦人和古埃及人就曾把水，后来又把空气和土，当作世界的主要组成元素，形成了"三元素说"；古印度人也有"四元素说"；古代中国更有金、木、水、火、土的"五元素说"等。特别是苏格拉底学派的"四元素说"，其雏形是土、水、气、火；13世纪左右，炼金士们又在亚里士多德的基础上补充了新元素：硫、汞、盐。

但是，以上所有这些元素学说，无论出自哲学家、炼金士或药学家等，都有一个共同特点，那就是，他们对元素的理解，都只是通过对客观事物的简单观察，主要在臆测基础上提出来的。直到1661年，波义耳通过一系列反复实验才终于发现，原来前人提出的所谓"元素"，其实并非真正的元素，它们实际上还可由更基本的元素组成，比如盐就可再分解为氯和钠。于是，波义耳首次给出了元素的精确科学定义：不能用化学方法再分解的简单物质。例如，黄金就是元素。正是波义耳的这一精确定义，才引发了认识论突破，才使化学终于明确了自己的研究对象。

由于本书是科学家传记，希望引导读者成为科学家，所以，我们并不想细论具体科学成果（那是科普的任务），而是想分析其背后的成功方法论。回忆一下，在波义耳之前的数千年人类史中，关于元素的学说如此之多，为啥没人仔细考虑过元素的本质到底是什么呢？无论"三元素说""四元素说"或"五元素说"也好，为啥没人去验证一下，所有物质真的都能由那些所谓的"元素"组成吗？各种各样的炼金术如此之多，炼金士如此之神，但是，几千年来，有谁曾炼出过哪怕一两黄金呢？为什么大家不逆向思维一下，如果黄金是一种元素，那当然就不可能从任何别的物质中炼出来嘛！原来，大家都忽略了"实验"这个科学思维的基础，忽略了培根提出的实验思想，而正是波义耳揭示的"通过实验，实现对自然界的深入观察"，才使得化学的发展正式进入了科学轨道。波义耳反复强调"化学，为了完成其光荣而庄严的使命，必须抛弃古代传统的思辨方法，必须像物理学那样，立足于严密的实验基础之上"，正是这样的身体力行，才使波义耳把科学观点和思想带进了化学，从而解决了化学理论的一系列基础问题，为化学的健康发展铺平了道路。因此，如果说伽利略通过科学实验开创了经典物理学的话，那么也可以说，波义耳通过科学实验开创了近代化学。

科学实验虽很重要，但必须明白，它只是手段，而非目的。科学实验的真正目的在于：对实验结果进行正确解释，并由此发现普遍规律。关于这一点，"波义耳定律"的发现过程，就是一个很好的范例。大约是在1662年，法国科学家搞了这样一个著名实验：在一个黄铜气缸中，装有严丝合缝的活塞，然后，数人同时用力按下活塞，以压缩气缸里的空气；接着，突然松开活塞，活塞将会被部分弹回，但却又不能被完全弹回。于是，关于该实验结果的解释，就出现了"公说公有理，婆说婆有理"的乱象。"鹰派"科学家解释说，空气有弹性，因为活塞被弹回了嘛。"鸽派"科学家解释说，空气没弹性，因为活塞从未被完全弹回嘛。"骑墙"科学家则"王顾左右而言他"，活塞若太紧，摩擦力就会太大，即使有弹力，也无法完全弹回；活塞若太松，又会漏气，更不可能弹回。波义耳一看，哈哈大笑："该实验与结论，风马牛不相关"。于是，波义耳找来一根左端封闭、右端开口的玻璃管，将其烧制成U型，然后，将水银从右端口慢慢滴入。当水银淹没U型底后，左端管中的空气柱，便被右端水银柱压缩；当从U型底部的阀门释放部分水银时，左端空气柱的体积又会恢复原状；而且，左端空气柱的体积，与右端水银柱的高度之间，存在稳定的量化关系。这便完美地证明了：空气确实能被压缩，同时也能完全被弹回，即空气确有弹性！若该实验到此结束，那就不是波义耳的风格了。果然，他又再接再厉，对左端空气柱的体积与右端水银柱的压力之间的量化关系，进行了反复实验，终于发现了一个伟大定律，即波义耳定律：在密闭容器中的定量气体，在恒温下，气体的压强和体积成反比；换句话说，理想气体的体积与压强相乘，始终都是一个常数。该定律是描述气体运动的首个量化公式，也是如今化学课的必修内容，它为气体的量化研究和化学分析奠定了基础。波义耳定律还揭示了这样一个秘密：与固体一样，气体也是由原子构成的；只不过在气体中，原子距离较远，互不连接，所以气体能被挤压。换句话说，争议了数千年的原子存在性问题，就这样被完美的实验给证明了！

对波义耳来说，事事皆实验，处处皆实验，时时也实验，甚至连其凄美的爱情故事中也充满了科学实验。据说，女友意外去世后，在波义耳的实验桌上就永远插上了她最爱的那朵紫罗兰。一次，该紫罗兰被意外溅上了浓盐酸；情急中，波义耳赶紧把冒烟的花朵浸入水中，片刻之后，他惊奇地发现：深紫色的紫罗兰，竟然变成了红色！于是，他顺藤摸瓜，实验了许多花木的酸碱作用效果。由此发现，大部分花草受酸或碱作用后，都能改变颜色。其中，以石蕊地衣提取的紫色浸液最明显，它遇酸就变红，遇碱就变蓝。利用该特点，波义耳制成了如今仍在常用的酸碱试纸——石蕊试纸。看来，机遇真是钟情于有准备的头脑呀。也是在同类实验中，波义耳进一步发现：铁盐在5倍水液中，就会生成一种无沉淀的、长久不变色的黑色溶液。于是，他发明了一种墨水制取法，该方法被沿用了几乎一个世纪之久。波义耳还发现，从硝酸银中沉淀出来的白色物质，若暴露于空气就会变黑。该发现为后人制作照相感光胶片，做出了先导性的贡献。总之，波义耳的这一系列实验成果，奠定了分析化学的基础。因此，他也被称为"分析化学之父"。

比较鲜为人知的是，波义耳还首次将化学分析法应用于临床医学。特别是在专著《人血的自然史略》中，他通过实验证明了血液中含有氯化钠，并将它称为固定盐；他注意到了血液蒸馏后的砖红色残渣，并由此推断血中含铁。他首次从动物尿液中提取出了磷，还发现：磷只有在空气中才会发光并燃烧形成白烟，该白烟与水作用后就会形成酸液，即磷酸；把磷与强碱一起加热就会得到另一种气体——磷化氢，该气体与空气接触也会燃烧并形成白烟等。

波义耳的科学成果当然不止上述几项，实际上它们遍布化学、热学、光学、哲学、神学、工艺学、气象学、电磁学、无机化学、分析化学、气体物理学、物质结构理论等。比如，在空气研究方面，他就用精巧的实验逐一验证了：在真空情况下，物质无法燃烧；真空产生的吸力，来源于空气压力；在排气泵容器中，气压计水银柱将下降；在真空中，虹吸失效；压力降低时，沸点降低；在抽成真空的容器中，动物不能生存，钟表不能传出嘀嗒声等。

伙计，波义耳生活的时代是一个天才辈出的时代，前有伽利略、开普勒、笛卡儿等，后有牛顿、莱布尼茨等。但是，客观地说，波义耳本人却算不上天才。他最终能与天才们并肩屹立的唯一原因就是，实验实验再实验，凝练凝练再凝练！

本书已多次强调过，科学研究的两大法宝是大胆猜测和小心求证。而科学实验就是"小心求证"的得力工具，波义耳在该方面已做到了极致。但是，在"大胆猜测"方面，波义耳也是首屈一指。比如，他早在350多年前，就对人类科技发展进行了24项大胆预言，而更加神奇的是，如今他的这些预言竟然大部分都已梦想成真了！

预言1，人类飞向蓝天。1903年12月17日，莱特兄弟首次实现了可控制的动力飞行。如今，人类不但已飞向蓝天，也飞上了月球，进入了太空；若算上外星探测仪的话，那就已飞出了太阳系。

预言2，通过器官移植治疗疾病。1954年12月23日，科学家在波士顿成功进行了首例肾脏移植手术。如今，除大脑等极少器官外，多数器官都能实现移植。

预言3，找到一种可行的经纬度确定方式。地球同步卫星系统，比如GPS就已于20世纪70年代问世。今后，"北斗"等更多的全球卫星定位系统也将普及。

预言4，制造既轻又硬的盔甲。20世纪60年代研制的凯夫拉尔纤维，重量极轻，硬度却超过钢铁。如今，随着材料科学的进步，类似的东西就更多了。

预言5，加快农业生产速度。如今现代化农业早已普及。

预言6，用药物增强想象力、记忆力以及其他功能。如今迷幻药、阿司匹林、安眠药等都已常见，它们或助人清醒，或缓解疼痛，或辅助睡眠等。

预言7，通过饮料，让人不必每天睡得太多。该猜想提出后不久，咖啡馆就在欧洲开张了。其实，喝茶在中国已有上千年的历史，只可惜当年的波义耳没这口福。

预言8，在任何风向都能航行的船，永不沉没的船。目前前者显然已实现，但如何理解"永不沉没"呢？

预言9，改变动植物的物种。如今人工育种早就普及，基因技术也正在迅速发展。

预言10，巨型农作物。转基因作物便是这样。

预言11，模仿鱼类。如今的仿生学研究的不但是模仿鱼类，而且还要模仿所有生物的可取之处。

预言12，整容手术。如今整容医院已屡见不鲜。

预言13，延长寿命。由于医疗条件的改善、生活水平的提高，人类的平均寿命确实在不断提高。

伙计，岁月无情，伟大的波义耳又不得不与我们说再见了。公元1691年（康熙三十年）12月30日，波义耳在他的一个姐姐去世后仅一周，在捐献了其所有财产后，便追随心中那朵永不凋谢的紫罗兰而去了，享年65岁。

安息吧，波义耳！

第四十三回

光子本来就是波，土星竟然有耳朵

公元1629年，即崇祯二年，是中国百姓的悲惨之年。首先，陕西等地"大饥"，前一年干旱无雨，草木枯焦，百姓争相采摘蓬草为食；蓬草尽，则剥树皮而食；树皮尽，则掘观音土而食，不数日则腹胀下坠而死；有煮食人肉者，不数日即面目红肿，燥热而死。其次，成都地震，声吼如雷，连震十二次，房动屋摇，鸡鸣犬吠，河涨水赤，山崩城倒，压死军民无数。再次，后金兵分三路入侵，一路打进大安口，一路攻入龙井关，一路轻取洪山口，蓟州被困，京师危急。百姓无奈，争相自我阉割，以求入宫当太监，混个饭饱；哪知朝廷却突然颁令：私自净身者，本人及手术者处斩，全家发配烟瘴之地充军，街坊四邻也以不举之罪论处。终于，忍无可忍者揭竿而起，起义军浩浩荡荡进攻三水。也正是在这一年的4月14日，本回主人翁克里斯蒂安·惠更斯诞生在了荷兰海牙的一个大户人家。惠更斯在家中排行老二，有一个哥哥。

惠更斯的家族，有三大特色。

其一是姓名。他与其祖父同名，他哥与其父亲又同名，好像他家的名字不够分配一样。不过，为避免搅得太乱，下面略去细节，直接以亲缘关系来论吧。

其二是职业。他家祖祖辈辈都为王室服务，好像秘书专业户似的，更准确地说是外交秘书专业户。你看，他祖父是秘书，先效力于威廉皇帝，后又效力于毛里斯亲王；他父亲也是秘书，效力于亨利亲王；他哥哥还是秘书，一直效力于奥兰治王室。作为祖传外交秘书之家，他们家人的情商都很高，都擅长于外交公关。耳濡目染之下，惠更斯也成了科学家中少见的、交际圈很广的人物之一。随后你将发现，惠更斯与同时代的著名科学家们几乎都有直接或间接的联系，这也在很大程度上有助于惠更斯的科研工作。

其三是家教。惠更斯家族，一直就非常重视孩子的教育和文化传承。他祖父当年培养自己儿子时就非常尽心，以至将惠更斯的父亲培养成了文理皆优的博学之士，且在文学和科学两方面都颇有建树，既能绘画也能作曲，还是音乐家，更是杰出诗人，比如他父亲用荷兰语和拉丁语撰写的多篇作品，在荷兰文学史上都成了脍炙人口的经典。此外，祖父还与梅森、笛卡儿等当时的核心科学家都有过密切往来，曾在海牙很好地招待过笛卡儿，并与之结下了深厚友谊。后来的事实也证明，这些良好的社会关系，对惠更斯的事业发展起到了不小的正面促进作用。

与祖父类似，父亲也很重视自己儿子的教育。他为惠更斯兄弟高薪聘请了优秀的家庭教师，使他俩在家中就接受了全面而良好的早期教育，一直到16岁。在此期间，惠更斯不但熟练掌握了拉丁语、希腊语、意大利语和法语等语种，而且还学习了众多有关逻辑、数学、力学、地理学等方面的知识，更善于唱歌，并能演奏古大提琴、鲁特诗琴和拨弦键琴等。特别是在13岁那年，惠更斯竟然还自制了一台车床，表现出了很强的动手能力，被父亲自豪地叫作"我的小阿基米德"。惠更斯自幼聪明好学，思想十分活跃，很早就展示出了其天才的理论兴趣，以及对实际应用的洞察力，这也是他后来的科研特点。惠更斯的父亲与笛卡儿等学界名流交往甚密，从而为随后惠更斯的学术发展铺平了道路。

16岁时，惠更斯进入莱顿大学，学习了两年法律和数学。特别是在数学导师凡司顿的指导下，惠更斯不但学习了经典数学，也学习了韦达、笛卡儿、费马等数学大家的现代前沿知识，还对自由落体问题进行了诸多独立研究。惠更斯的科研动向，被他父亲口耳相传，告诉了老朋友梅森。对，就是那位与当时全球顶级科学家几乎都有广泛联系的梅森，那位创立了"梅森学院"（即后来的巴黎皇家科学院）的梅森神父（见本书第四十一回）。于是，惠更斯便以捷径直接进入了当时的科学家"核心俱乐部"，不但能与梅森本人进行通信交流，讨论共同感兴趣的学术问题；而且，还有机会与笛卡儿等科学巨匠经常相互切磋。后来的事实也表明：笛卡儿的成就与思路等深深影响了年轻的惠更斯，后者的工作也得到了笛卡儿的指导、欣赏与鼓励。反正，惠更斯的科研工作确实赢在了起跑线上。客观地说，这在很大程度上，要归功于他父亲与祖父的良好人脉，比如他家与笛卡儿家就是三代世交。众所周知，古今中外的许多科学家大多都是智商高、情商低；但惠更斯的成功则有力证明：高情商，对科学研究其实也是很重要的。虽然，惠更斯还得益于他那出众的智商和勤奋。

18岁时，惠更斯与哥哥一起转入了新成立的、位于布雷达的奥兰治学院学法律。该校的环境对惠更斯就更有利了，因为，他父亲就是这所学校的创始人兼校长，而数学导师也很厉害，是著名的佩尔教授。两年后，1649年8月，惠更斯终于大学毕业了，可是却更纠结了。因为，若按家族传统和自己所学的专业，他本该首选为王室服务，继续给皇帝或某位亲王当秘书，继续从事外交公关工作；但是，若按自己的个人兴趣爱好，他却想转行从事科研工作。幸好苍天有眼，恰巧在这个节骨眼上，威廉皇帝于1650年去世了，惠更斯长舒一口气，便顺水推舟成了一位自由自在的"民间科学家"，直到1666年为止，共计16年。惠更斯家有的是钱，有无工作或有无工资，全不在乎。而后来的事实也证明，惠更斯的这16年"民间科学家"生涯，是他一生中最有成就且全面丰收的阶段之一。

在这16年的"民间科学家"生涯中，他取得的研究成果最多。比如，1650年，他完成流体静力学手稿；1651年，完成《双曲线、椭圆和圆的求积定理》，并纠正了前人的圆求积公式；1652年，将弹性碰撞规律公式化，并开始研究几何光学；1654年，完成《圆大小的发现》；1655年，与哥哥一起磨制镜片，造出了当时最先进的显微镜和望远镜；1655年至1656年冬天，首次发现了土星的卫星，并辨识了土星光环；1656年，发明摆钟；1657年，发表论文《论赌博中的计算》，从而使他成为概率论的创始人之一；1658年，出版《时钟》一书；1659年，发现摆线等时性，并提出渐曲线和摆动中心理论。从1659年开始，惠更斯醉心于离心力研究，其间与格里高利、沃利斯、凡司顿和斯吕塞等著名学者进行了大量学术通信。1660年后，他又将大量时间用于研究"如何利用摆钟在海上确定经纬度"等。

在这16年的"民间科学家"生涯中，惠更斯认识了很多各界巨匠。这些科学巨匠对惠更斯的科研和生活等各方面，都产生了重大影响。因为他们不但能在学术上指导惠更斯，而且还是惠更斯科学成果的最好宣传平台。比如，1655年7月到9月，惠更斯首次出访巴黎，并结识了后来共同组建巴黎皇家科学院的众多著名学者，包括伽桑狄、索毕耶、布利奥、罗伯威尔等；而且，还顺便在法国昂热取得了一个民法及教会法规博士学位。1660年10月到1661年3月，惠更斯第2次出访巴黎，又结识了包括帕斯卡、笛沙格、奥祖等科学大家。接着，他又前往伦敦，待到1661年5月，并结识了莫里、沃利斯、奥登堡等巨匠。特别值得一提的是，惠更斯在这里还参加了格雷欣学院的一个重要会议，其中波义耳的空气泵实验给他留下了深刻印象。1663年4月到1664年5月，惠更斯第3次出访巴黎，1663年6月到9月又穿插着去了伦敦。这次出访，使他在伦敦，成了"英国皇家学会会员"；在巴黎，获得了路易十四提供的一笔巨额科研经费。

1666年，巴黎皇家科学院正式成立，惠更斯应邀成为首批院士，并在当年5月从海牙迁往巴黎，从而结束了长达16年的"民间科学家"生涯。此后，他便在巴黎一直待到1681年，中间仅因健康原因短暂回海牙养过两次病。粗略计算一下，若不计月份误差，那么，惠更斯在巴黎又经历了另一个16年的科研生涯，只不过这次是"名科"，即"著名科学家"而非"民间科学家"。

后面这16年的"名科"生涯，是惠更斯出大成果的阶段。因为，作为巴黎皇家科学院的著名院士，惠更斯获得了很好的科研和生活条件。于是，他再接再厉，积极推进各方面的研究工作。比如，1668年，他从理论和实验两方面研究了阻力介质中的物体运动；1669年，创立了重力起因理论；1678年，完成了代表作《光论》，公布了自己在1676年至1677年间建立的"光的波动学说理论"，严格地说是"光的脉冲理论"；1673年，合作制造出了一台内燃机，此后便与莱布尼兹建立了长期稳定的联系。也是在1673年，惠更斯开始研究简谐振动，并设计出了基于弹簧校准的钟表，提出了著名的单摆周期公式，还发表了学术专著《论摆钟》。这是他受路易十四资助后的首部著作，故他把此书献给了法国国王；哪知此举引发了祖国荷兰的强烈不满，因为当时法国和荷兰正在交战。1677年，他将显微镜正式应用于科研。

由于祖国与客居国之间的战争，也由于自己的身体原因，惠更斯在52岁那年（1681年）回到了荷兰，定居于自己的出生地海牙，从而结束了两个"16年"的"民间科学家"和"名科"生涯。回到故乡后，惠更斯不但继续研究光学，而且还制造了多架钟表，并亲自将钟表应用于数次长距航海活动中，还完成了《被发现的天上世界》一书。1689年6月到9月，他出访英格兰，并面见了又一位科学巨人——牛顿。牛顿的名著《自然哲学的数学原理》让惠更斯高山仰止，但牛顿的某些观点（比如，光的"粒子说"）也引起了惠更斯的强烈怀疑。在生命的最后几年中，惠更斯一直都与法蒂奥和莱布尼兹等著名科学家保持着"热线"联系，其研究重点也聚焦到了微积分等数学问题。

在16年的"民间科学家"生涯中，惠更斯的代表性成果，当数他在1655年3月25日，利用自制的望远镜发现了土星的首颗卫星——土卫六。这是在太阳系中，继木星伽利略卫星后，发现的首颗卫星。虽然伽利略曾用望远镜观察过土星，并发现"土星有耳朵"；但该"耳朵"常常又莫名其妙地消失。伽利略以后的许多科学家也曾研究过"土星耳朵"，但由于思路跑偏，始终未得要领，以至于"土星怪现象"就成了天文学上的一个谜，一个大谜。惠更斯则与哥哥一起改良了开普勒望远镜，并磨制了更好的透镜，由此才发现：哦，原来在土星旁边有一个薄而平的圆环，该圆环几乎平行于地球公转的轨道平面，伽利略发现的"土星耳朵"消失是因为土星环常常看上去像是一条细线。就这样，惠更斯发现了土卫六，并进一步观测到了猎户座星云和火星极冠等重要的天文现象。书中暗表，今人已知，土卫六又称泰坦星，是环绕土星运行的一颗卫星，也是土星的最大卫星，还是太阳系的第二大卫星。由于它是太阳系中唯一拥有浓密大气层的卫星，因此，也被人们高度怀疑为"可能居住有生物"；还有人推测，其大气层中的甲烷可能是生命体的基础。形象地说，土卫六可视为一个时光机器，有助于我们了解地球的早期情况，揭开地球生物的诞生之谜。

在16年的"名科"生涯中，惠更斯的代表成果，当数他在光学研究中首次提出的"波动说"。虽然，从今天的角度来看，无论是牛顿的"粒子说"，还是惠更斯的"波动说"，都不够完整；但在当时，惠更斯对牛顿的大胆质疑，确实具有划时代的意义。实际上，关于光的本质，一直就是人类努力探索的课题。1638年，法国数学家皮埃尔提出物体是由大量坚硬粒子组成的。后来，他将该观点推广到光，认为光也由是大量坚硬粒子组成的。牛顿根据光的直线传播规律结合光的色散现象，于1675年提出"粒子说"，认为"光是从光源发出的一种物质微粒，在均匀媒质中以一定的速度传播"。"粒子说"很容易解释光的直线性和反射性；因为粒子与光滑平面发生碰撞的反射定律，与光的反射定律相同。然而"粒子说"却很难解释这样两种现象：其一，一束光射到两种介质的分界面时，为啥会同时发生反射和折射现象；其二，几束光交叉相遇后，为啥彼此都能毫无障碍地继续向前传播。为此，惠更斯提出了与牛顿"粒子说"相对立的"波动说"，认为光是一种机械波，它由发光物体振动引起，依靠一种特殊的名叫"以太"的弹性媒质来传播。"波动说"虽能解释前面的两个疑问，但是，在解释折射现象时，惠更斯基于"光在水中的速度，小于在空气中的速度"的假设，这与牛顿的解释正好相反。惠更斯与牛顿，谁是谁非？这便引发了近代科学史上有关"光的本质"的激烈争论，即光究竟是粒子还是波？惠更斯的"波动说"也有自己的缺陷，比如它无法解释光的直线性和颜色起源等问题，所以，当时并未获得广泛承认。再由于那时无法测出水中的光速，因此，不能根据折射现象的假设，来判断牛顿和惠更斯到底谁对谁错。尤其是牛顿的名气太大，其拥护者对"波动说"更是横加指责，试图全盘否定，致使"波动说"在很长一段时间内几乎销声匿迹；而牛顿"粒子说"则盛极一时，以至称雄整个18世纪。

进入19世纪后，"波动说"才重新活跃起来，因为"粒子说"遭到了多次重创。首先，托马斯于1801年用暗室做了一个举世闻名的实验，证明"光具有干涉现象"；对此，只有"波动说"才能解释，"粒子说"则一筹莫展。其次，菲涅尔用实验证明了"光具有衍射现象"，并成功演示了明暗相间的衍射图样；因此，光在传播过程中其实是可以"转弯"的，比如能绕过障碍物或穿过小孔、狭缝等；这一点，也无法用"粒子说"来解释。此外，给予"粒子说"致命打击的，是对光速的精确测定。到19世纪中叶，法国物理学家菲索和付科先后发现：光在水中的传播速度，只有空气中的3/4。换句话说，这又一次证明了"波动说"的正确性。19世纪80年代，赫兹通过实验证明：电磁波与光一样，也能产生反射、折射、干涉、衍射和偏振等现象。于是，人们利用光的电磁说，对以前发现的各种光学现象，都能给出圆满解释，使得"波动说"在与"粒子说"的论战中取得了绝对优势地位。

正当"波动说"节节胜利时，意外却发生了！因为，"波动说"的一个基本假定，"以太的存在性"被否定了。1887年，美国物理学家迈克尔逊和莫雷，通过实验严格证明：地球周围根本不存在以太！另外，对"波动说"打击更大的是，人们发现了光电效应，即金属在光的照射下，其表面会释放出电子，称为光电子。而且，光电效应的发生，只与入射光的频率有关，只要频率足够高，不管光的强度有多弱，一旦照射到金属上，立刻就会飞出光电子。总之，"波动说"完全不能解释光电效应。于是，人们又开始回头再次认真考虑"粒子说"。

终于，爱因斯坦运用"光量子说"将牛顿的"粒子说"和惠更斯的"波动说"有机地结合了起来，并指出："光，既是波，同时也是粒子；既是连续的，也是离散的……"，从而圆满结束了长达200多年的有关"光的本质"的激烈争论。

纵观惠更斯的一生，从结交科学家朋友的角度来看，他很像梅森，是一位尽心尽职的"自费群主"，恨不能把当时的所有科学大家都拉入其"群"中，为大家搭建一个良好的沟通平台；从科研成就角度来看，他又像是一位"万能"科学家，他的研究领域覆盖了数学、物理、天文、力学、光学等当时的几乎所有主流前沿。此外，他还是著名的发明家，比如他是机械钟（摆钟）和许多天文仪器的发明者。他是历史上最著名的物理学家之一，是介于伽利略和牛顿之间的物理先驱；对力学和光学的发展，都有杰出贡献；在数学和天文学方面，也有卓越成就，是近代自然科学的重要开拓者；他建立了向心力定律，提出了动量守恒原理，改进了计时器等。总之，惠更斯善于把科学理论与实践相结合，他留给后人的科学论著多达68种，其《全集》有22卷之巨。

惠更斯一直就体弱多病，他始终未婚，将一生都奉献给了自己喜爱的科学事业，1695年7月8日逝于海牙，享年66岁。同年，清朝为上吊而亡的明朝崇祯皇帝立碑，总结了崇祯失败的原因：并非他本人失德，而是朝野内外的文武当权者无一人实心办事！由此可见，哪怕只是一个人单枪匹马（比如惠更斯），只要是尽心竭力，就能取得辉煌业绩；相反，哪怕是成千上万的精英（比如崇祯朝廷的君臣们），只要是敷衍了事，那么，再大的家业也都能很快败光。

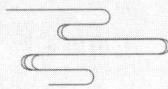

第四十四回

科盲竟成科学家，大器晚成真「奇葩」

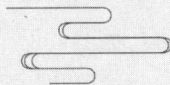

伙计，你看满大街的人都是科学家，满大街的人看你也是科学家！此话啥意思？嘿嘿，人人都能当科学家呗！而这正是本书的主旨。那位看官问啦，此话谁说的？嗨，还用谁说吗，"三不朽圣人"王阳明早就说过：满大街都是圣人，满大街的人看你也是圣人。既然普通人都能成圣人，当然也就能成科学家嘛，毕竟后者更容易一些。君若不信，本回的主人翁安东尼·列文虎克就是一个典型代表。因为，若从科学成果角度来看，他绝对是一位伟大的科学家，一位创立了微生物学、细菌学和原生动物学的科学家，一位改变了全人类世界观的科学家，一位最早看见细菌的科学家，一位少见的"奇葩"科学家；但若从普通人的角度来看，他绝对又是一位普通人，一位普通得不能再普通的人，一位年近半百还一事无成的普通人，一位一夜之间由"科盲"突变成科学家的人。本回将借助列文虎克的传奇，努力回答两个重要问题：到底谁能成为科学家？科学家的基本素质是什么？真心希望读罢此回后，信心满满的你也能为自己定下人生目标：成为一个科学家！

安东尼·列文虎克，于1632年（崇祯五年）10月24日出生在荷兰德夫特市。他既不是"官二代"，也不是"富二代"；若非要用"二代"术语来套用的话，那他只能说是"穷二代"。他老爸是一位苦哈哈的酿酒小工，本来挣钱就不多，随着家里添丁进口，日子也越来越难过。为了维持全家生计，可怜的老爸不得不起早贪黑，四处兼职挣钱，甚至零星时间也得编几个箩筐换口粮；一来二去，积劳成疾，再加缺乏医疗，终于，在列文虎克6岁时就过早去世了。从此，家里的光景更糟。在如此惨境下，列文虎克当然就无缘于正规教育；实际上，他是一位典型的失学儿童，更是一位不得不早当家的穷人孩子。

16岁那年，列文虎克背井离乡漂泊到遥远的首都阿姆斯特丹，在一家布店当学徒。吃苦耐劳的他，一干就是4年。白天，他得应付络绎不绝的各色顾客，依靠自己超强的观察力，准确地说是察言观色能力，既要把尽可能多的布匹卖出去，让更多的顾客满意，并成为回头客，又要巧妙处理各种意外矛盾：让那些为几分钱争得面红耳赤的主妇们，感到占了便宜；让那些财大气粗的富翁们，感到很有面子；让那些惹是生非的街头混混们，不敢过于放肆。晚上，夜深人静，他还得在师傅的带领下，对当天的经营情况进行结账，计算盈亏；对以往的财务进行归纳，发现本期的畅销品，预估未来的紧俏货，制订随后的采购计划等。干完所有这些正事后，筋疲力尽的列文虎克才能趴在昏暗的烛光下，自学一点文化知识。他先是学会了几个荷兰字，接着开始阅读一些借来的简单书籍，能借到什么书就读什么书，管它是天文、地理或生物。也许是消遣心理的作用吧，慢慢地，列文虎克竟对了解大自然产生了兴趣。当然，他从来没敢奢望过做什么科研，更未梦想成为科学家，因为他们全家的唯一目标就是吃饱饭。

在布店当学徒期间，列文虎克还意外学会了一个看似毫无用处的本领，磨眼镜片。但后来的事实却证明，该本领在列文虎克成为杰出科学家的过程中扮演了关键角色。原来，在布店隔壁是一家眼镜店。两店学徒们无聊时，当然就少不了彼此交流：列文虎克给对方讲述布店的趣事，对方则教会了他磨制玻璃镜片。当列文虎克通过凸透镜看到小东西被放大数倍时，他简直被惊呆了：妈呀，世上还有如此魔镜！于是，一粒好奇的种子便播进了他的心田：有朝一日，定要用自己双手磨出透亮的镜片，看清人类用肉眼看不到的微观世界。

但是，理想很丰满，现实很骨感，毕竟生存才是第一要务。20岁时，学徒出师后的列文虎克便第一时间回到家乡，凭自己的手艺开了一家绸布店。10年过去了，列文虎克结了婚生了子，可就是没能挣到钱；又一个10年过去了，绸布店的经营越来越惨淡，马上就要倒闭了。终于，在42岁那年，一事无成的列文虎克认命了，他关掉绸布店，放下老板架子，重新当起了临时工；虽然只能挣点稀饭钱，但却不必再为亏本而担惊受怕了。经多次换岗后，人过中年的列文虎克总算找到了一份相对稳定的工作，在市政府当了一个门卫，其任务就是扫垃圾并定期爬上钟楼向全城报告时间，属于典型的"当一天和尚，撞一天钟"的工作。在政府部门当门卫，也有两大优势：其一，是空闲时间多；其二，是能接触各界朋友，比如，在后来"点化"他成为科学家的那位关键人物德·格拉夫，就是在此时认识的。书中暗表，这位格拉夫可不是一般人，他是当时荷兰著名的解剖学家兼医生，他对胰腺分泌物及雌性动物的生殖系统很有研究；"卵"这个词，就是由他首先提出来的；他还对显微观察感兴趣，且是英国皇家学会的通信会员。

既然人生已无追求，喝稀饭也不用愁，门卫列文虎克的主要任务自然就变成了"打发那些过多的空闲时间"。于是，20多年前在学徒年代播撒在心中的那粒好奇种子，便开始生根发芽了：磨出最好的镜片，看到肉眼看不见的东西。列文虎克有一个特点，那就是"坚持"。你看他，过去开布店，虽然一直不景气，但却咬牙坚持了20年之久；如今磨镜片，又是纯粹的个人喜好和梦想，他的坚持劲儿就更甭提了，几乎全身心投入了镜片磨制。他磨呀磨，双手不知磨出过多少血泡，也不知过了多少个日日夜夜。终于有一天，他磨出了厚度只有3毫米，但却能将物体放大200倍的镜片。他把镜片镶嵌在木板的小孔内，用来观察物体：天啊，在镜片下，鸭绒竟像树枝一样粗；跳蚤和蚂蚁的腿，显得粗壮而强健；手指的皮肤，粗糙得像柑橘皮，十分难看；昆虫的腿毛，犹如缝衣针一样，使人害怕；许多平常的小东西，也都让人看起来毛骨悚然。他几乎不敢相信自己的眼睛。列文虎克兴奋不已，拿着这架显微镜到处看，像什么蚊子的嘴、小虫的腿、苍蝇的头、小鸟的喙、牛羊的毛、动物的尾、蜜蜂的针刺、肌肉的纤维、头皮的屑片、水晶体的美，反正见什么就用显微镜看什么，管它是"山中走兽云中燕，陆地牛羊海底鲜，猴头燕窝鲨鱼翅，熊掌干贝鹿尾尖"，凡能到手的东西，他样样都拿来看看。他看到了上百种微生物，有的像小圆点，有的像曲线，有的身上长着细毛，还有的拖着长尾辫。

客观地说，到此时为止，年近半百的列文虎克与科学家还没有半毛钱的关系。甚至可以说，这位门卫还是典型的"科盲"；因为，他从未真正接触过数学、物理、天文等当时所有的传统科学知识。特别是他只会讲荷兰语，而那时的荷兰语只是渔夫、工匠、小贩等"下层"人物的语言；有地位、有教养的人在重要场合都讲拉丁语，比如几乎所有科研成果都是用拉丁语写成的。因此，若不出意外的话，不懂拉丁语的列文虎克肯定会被毫无悬念地排斥在科学大门之外，最多当一名"看门人"，更别想成为科学家了。

就算抛开年龄和语言的劣势不说，若按常用科学家标准去衡量的话，列文虎克也很难及格。比如，一般以为"科学家应有扎实的功底"，因为科学研究是实实在在的；但列文虎克却没有任何功底，甚至对当时的科学一窍不通，也压根儿没想过要做科研或当科学家。一般以为"科学家应有广阔的视野"，因为科研的时效性很重要，需要站在前人的肩膀上，才能看得更远、攀得更高；但在列文虎克的视野里，却几乎只有"活命"两个字，他从未关注过任何科研文献，也不了解科学动态，更不会汲取最新科研成果。一般以为"科学家都有聪明的头脑，思想敏锐，富于想象力和独创精神"，但列文虎克还真是一个例外，比如在其生平事迹中，几乎找不出哪怕是一件能证明他聪明的事例。至于科学家们的所谓"动机、理想和追求"嘛，在列文虎克的身上，干脆踪迹全无；如果非要追究动机，那他其实只是好奇，是想打发闲暇时间，是想看看微观世界到底是啥样子而已。反正，专家们总结的科学家"基本素质清单"，若用在列文虎克身上的话几乎都不靠谱，比如，像什么"热爱学习，兴趣广泛"啦，"善于提问和接受新概念"啦，"不钻牛角尖，不迷信权威"啦，"语言纯熟，善于精确表达"啦，"有推广与统摄能力，善于举一反三"啦，"有团队合作精神"啦，"情绪稳定，有幽默感，适应性强"啦，等等，压根儿都与列文虎克"风马牛不相及"。

更好玩的是，作为一名典型的小工匠，列文虎克具有很强的传统保密意识。他磨制镜片的技巧，不会外传；制作显微镜的秘密，更不会外传；甚至连他从显微镜下看见的景象，也不外传，只是独自一人暗暗惊叹。如果故事到此的话，那么，世上最多只会产生一个"传儿不传女的独门绝技"，一个很快就会被遗忘的绝技，因为该绝技不能养家糊口。但万幸的是，有一天，实在忍不住兴奋的列文虎克，让他的朋友科学家格拉夫看了一眼自己的显微镜。不看则已，这一看可不得了啦：一位伟大的科学家就这样被看出来了；微生物学的鼻祖，就这样被看出来了！看过显微镜下的情景后，格拉夫严肃地对门卫说："天啦，你这是了不起的重大发现啊！你必须公开这个秘密，立即把显微镜和观察记录送给英国皇家学会。"

在格拉夫的反复劝说下，列文虎克终于将其发现汇成了一本题目冗长的流水账，名叫《列文虎克用自制的显微镜，观察皮肤、肉类以及蜜蜂和其他虫类的若干记录》，并将它寄给了英国皇家学会。该流水账详细描述了在显微镜下，人、哺乳动物、两栖动物和鱼类等的红细胞观察情况，并把它们的形态结构绘成了图画。他向英国皇家学会担保说："一粒沙中，就有上百万个微生物；而在一滴水中，微生物不仅能生长，还能繁殖，能寄生大约270多万个微生物"。

英国皇家学会觉得列文虎克的报告太不可思议，就委托著名的物理学家罗伯特·虎克和植物学家格鲁，利用当时最好的显微镜来逐一验证这名门卫的报告。几经周折，列文虎克的发现终被英国皇家学会认可了。于是，这份流水账，便被译成英文发表在英国皇家学会刊物上。很快，这份出自"乡巴佬"之手的研究报告就引起了全球轰动。许多名人，如英国安妮女王和俄国彼得大帝等，都专门千里迢迢前来看望列文虎克；当然，实际上是来看一看他的显微镜，望一望他发现的那些千奇百怪的微生物，体会一下"被惊掉下巴"的感觉。不久，列文虎克也成了英国皇家学会会员，成了当时炙手可热的顶级科学家。

突然意外成功的列文虎克并未被胜利冲昏头脑，相反，他却再接再厉，不断改进磨片技术，将镜片放大率提高到300倍，并锲而不舍地用显微镜观察更多东西，从而开创了人类研究微观世界的新纪元。

1675年，他用显微镜对准雨水后报告说："我用4天时间，观察了其中的微生物，发现它们远小于肉眼所见东西的万分之一；这些微生物运动时，头上会伸出两只小角；若将这些微生物放在蛆旁，就像是小蜜蜂在大象旁；在一滴雨水中，微生物的数量就超过荷兰总人口的若干倍"。

1677年，他与学生哈姆一起发现了人、狗和兔子的精子。他报告说："这些小家伙像蛇一样，用优美的弯曲姿势运动。"

1683年，他在自己的牙垢中观察到了比微生物更小的生物。直到100多年后，人们才意识到，哦，原来列文虎克发现的是细菌。

1684年，他准确描述了红细胞，证明了毛细血管层的真实存在性。

1688年，他在观察蝌蚪尾巴时发现了微血管，从而证实了哈维的血液循环理论。

1702年，他在观察了轮虫后指出：在所有露天积水中，都可找到微生物，因为它们附着在微尘上，并飘浮于空中，随风转移。他追踪了许多微生物的生活史，证明它们都是卵孵而来的，并经历了幼虫等阶段，而不是从泥沙或露水中自然发生的。

读过列文虎克的观察报告后，一方面，你不得不为他的重大发现而惊讶；另一方面，他那薄弱的科研基础也暴露无遗。因为，他的所谓"研究报告"，其实都像当年做学徒时的"流水账"，其报道的内容也大都仅限于一些观察事实，从未上升为理论，是典型的"见山只是山"的东西。不过，列文虎克很勤奋，他一生磨制了500多个透镜，制造了400多种显微镜，其中9种至今仍在使用，其放大率远超同时代；他磨制的透镜材料多样，既有玻璃的，也有宝石的，更有钻石的；他制作的显微镜，形式也不少，有大有小，有的如针头，有的似玛瑙。只可惜，由于保密原因，列文虎克的显微镜制造法至今仍是一个谜。列文虎克还把观察到的内容写成了划时代巨著《自然界的秘密》，分7卷出版。

列文虎克虽大器晚成，但却相当长寿。在他下半辈子近50年的生涯中，他一直都在不断观察微观世界，无论是晶体、矿物、植物、动物、污水、昆虫等都逃不出他那犀利的眼睛，直到1723年8月27日仙逝，享年91岁。

去世前，列文虎克留下了遗言："我从50年来所磨制的显微镜中选出了最好的几台，谨献给我永远怀念的英国皇家学会。"确实，是英国皇家学会成就了列文虎克，而列文虎克又成就了微生物学。虽然他活着时，就享受到了自己的成功；但要等到100多年以后，当人类用更好的显微镜重新观察他的发现时，才能真正认识到列文虎克的发现的伟大意义。

列文虎克的简史讲完了，但他留下的思考却太多太多。

首先，它告诉我们：科学家并不神秘！实际上，列文虎克的简史本可浓缩为更简単的一句话：磨镜片，造显微镜，并用它观察微观世界。若进一步解剖这句话的各关键词，则科学家就更显平常了。你看，在"磨镜片"方面，列文虎克显然只有经验没有理论，当然就很难称得上是科学家，最多算一个能工巧匠而已。在"造显微镜"方面，列文虎克当然不是显微镜的发明者，因为，早在1590年荷兰人詹森就造出了显微镜，1611年开普勒就提出了复合式显微镜制作法，所以，列文虎克也称不上是科学家。在"用显微镜观察微观世界"方面，列文虎克也非先驱，比如伽利略就曾用显微镜观察过昆虫，并描述了其复眼；早在1665年，罗伯特·虎克（对，就是受英国皇家学会委托，验证列文虎克流水账的那位物理学家）也用复合式显微镜观察过木栓的微小气孔，并提出了"细胞"概念等。当然，如今采用普通的显微镜，几乎任何一个人，只要不是盲人，都能透过显微镜更清晰地看见当年列文虎克所发现的图像。归纳而言，如果分别考察任何关键词，列文虎克都够不上科学家；但奇妙的是，若将它们综合考虑，那就诞生了一个伟大的科学家！

其次，科学家的基本素质到底是什么？普通人如何才能成为科学家？结合列文虎克的事迹，我们认为，科学家的最重要素质，大约有如下8条。

1）兴趣与好奇心：关注所研究问题的各有关方面，不断摸索。"微观世界到底是什么样？"这便是列文虎克的好奇所在，也是他的兴趣所在。温饱问题解决后，隐藏在他心中20余年的兴趣与好奇就喷薄而出了。

2）大胆想象：乐意试用新观点和新方法。虽不能猜测列文虎克的镜片磨制法，但不懂几何光学的他，一定尝试了不少错误，遍历了众多想象。

3）真实客观：思想不刻板，愿意接受批评和采纳建议。在以学徒身份学习镜片磨制的过程中，列文虎克当然必须接受批评和建议嘛；镜片放大效果的真实客观性，更是一目了然，非常直观。

4）观察敏锐：注意任何瞬间现象或异常现象，并把它们与已知事实联系起来，找出普遍规律。这正是列文虎克的主要特点，否则他就不能发现如此众多的奇异微观现象了。

5）小心谨慎：根据控制条件和统计分析陈述结论，要有理有据。列文虎克的所有观察结论，都是经多次反复认真观察而得，都经得起严格审核。

6）精确诚实：真实报告结果。列文虎克的流水账太真实，甚至都未进行必需的归纳和总结；当然，这主要归咎于他薄弱的科学背景。

7）长期坚持：对复杂事情或困难问题，进行长期追踪。从"科盲"突变成科学家后，列文虎克在镜片磨制和显微镜观察方面坚持了近50年，直到生命的最后一刻。

8）自信：相信自己的能力与判断。特别是在受到英国皇家学会肯定后，列文虎克的自信心更是空前大涨。

伙计，上述8条再次证明：科学家其实不神秘，你也能成为科学家！

第四十五回

前四十年搞科学，后四十年悟神学

牛顿之名家喻户晓，300多年来好评如潮：伏尔泰赞美他是"最伟大的人"，因为"他用真理的力量统治了我们的头脑，而非用武力奴役我们"；拉格朗日夸奖说，"牛顿是有史以来最伟大的天才"；拉普拉斯认为，牛顿的代表作《自然哲学的数学原理》是"人类智慧产物中，最卓越的成就"；著名诗人波普，为他写下了这样的墓志铭，"自然与自然的定律，都隐藏在黑暗中；上帝说，让牛顿来吧！于是，一切变为光明"；甚至连他的学术对手莱布尼茨也承认，"截至牛顿生活的时代，人类对数学的贡献，绝大部分都该归功于牛顿"。

但是，关于牛顿的全貌，过去却少有报道。特别是有关他的各种争议，更出现了两种极端；因为，他的许多言行，特别是晚年期间的言行，确实让人很难理解，以至于1942年，爱因斯坦在《纪念牛顿诞生300周年》的文章中也不得不评价说：只有把他的一生看作"为永恒真理而斗争的舞台上的一幕"时，才能理解他。

本回将从科学角度，准确地说是从病理学角度，介绍一个较完整的、真实的牛顿。因为，现代法医对牛顿的毛发进行基因分析后，断定他是"艾斯伯格症候群携带者"。啥意思呢？形象地说，牛顿可能患有"无智能障碍自闭症"或简称"天才病"。此病的正面特点包括智商很高，记忆力很好，文法及词汇能力很强，对某些学科（如生物、地理、自然等）有更深刻的理解，甚至有超凡的数学天赋与艺术创造力等。中性特点包括极度热衷于某些特定事物。负面特点包括社交困难，缺乏对他人情感的理解，容易与社会隔离，非语言交流贫乏，会有反复的妄想行为等。历史上，许多名人都患有这种"天才病"，比如梵高、康德、贝多芬、莫扎特、戴高乐、安徒生、爱因斯坦、美国总统杰斐逊等。基于"天才病"的临床表现，就不难理解牛顿的若干古怪行为，它们与道德和人品等无关，因此，我们就更该敬重这位伟大的科学家，感谢他为全人类所做的巨大贡献。

牛顿的故事，起源于1643年。这一年，是全球皇帝或准皇帝们的热闹之年：在中国版土上，明崇祯帝岌岌可危，李自成自封"大顺帝"，"土皇帝"张献忠呼之欲出，皇太极驾崩，福临继位；奥斯曼帝国苏丹艾哈迈德二世出生；葡萄牙国王阿方索六世出生；法国国王路易十三去世等。这一年，伽利略刚好去世一周年，哥白尼"日心说"也刚好发表100周年。不过，这一年对全人类来说，最重要的事件是，1月4日，在英国林肯郡的一个小地主家里，诞生了本回的主人翁，近代科学王国当之无愧的"皇帝"——艾萨克·牛顿。他将作为哥白尼、布鲁诺和伽利略等的接班人，最终埋藏黑暗的"宗教宇宙论"。

关于牛顿的生日还有另一个版本，那就是"1642年圣诞节"。这是咋回事儿呢？经我们严格考察，原来真相是这样的：从历法角度上说，牛顿出生时他家乡还未采用公元纪年，所以，按"老黄历"算下来便是上年的圣诞节；从医学角度上说，即使按"老黄历"，若怀胎足月的话，牛顿也该出生在1643年，因为他是早产儿；从文学角度上说，早产的牛顿急匆匆来到人间，本想看一眼他的亲生父亲，结果仍然晚了一步，爸爸在他出生前3个月就去世了，只留下孤儿寡母和几亩薄田。看来还真是"天将降大任于斯人也，必先苦其心志，劳其筋骨，饿其体肤，空乏其身"呀！

牛顿刚出生时，好可怜哟：小得像只兔，用妈妈的话说几乎可装进1夸脱的马克杯中；瘦得像只猴，体重不足3斤，抱起来都生怕被一阵风给吹跑了似的；哭声小得像只猫，"喵喵喵"细若游丝，轻得几乎听不见；满身都是皱纹，怎么看都像外星人。正当大家都以为他活不了时，小牛顿嘴一撇，心想"哼，世界还等着我去改变呢！"于是，他"嚯"的一步就稳稳地跨过了"鬼门关"，高兴得大人们手舞足蹈。

牛顿3岁时，妈妈改嫁搬进了新夫家，于是，小牛顿就成了留守儿童，与姥姥相依为命。5岁左右，牛顿进入公立学校读书。小学时的牛顿压根儿就不是神童，他资质平常，成绩一般；不过，特别喜欢读书，对机械模型更是入迷，不但仔细琢磨其奥妙，还亲自动手制作若干奇奇怪怪的小玩意，如风车、木钟、折叠式提灯等。据说，少年牛顿曾发明了一台"生物永动机"：他模仿风车的机械原理制作了一个模型，但在动力方面又有创新，因为，该"永动机"的动力不再是风而是动物。原来，他将老鼠关在有轮子的踏车里，并在轮子前面放些美食，刚好让它可望而不可及；馋嘴老鼠哪知是计，就不断奔向美味，带动轮子转了起来。又据说，少年牛顿还造了一架"催人起床最有效的闹钟"，无论你多么想赖床，只要闹钟一响，你肯定立马弹将起来！原来，该闹钟的"杀手锏"是一瓢凉水；只要时间一到，"哗啦啦"，它就劈头盖脸浇将下来：哼，小样儿，看你敢无动于衷！牛顿还喜欢"乱写乱画"，家中到处都是他画的日晷线，用以验看每天的日影移动。

牛顿醒事较早，很小的时候就开始为爱而战，因为，他发现继父抢走了妈妈本该给他的爱，他甚至威胁"要把继父与生母连同房子一齐烧掉。"其实，妈妈很爱他，妈妈也很命苦：前夫不幸去世，好容易才改了嫁，结果仅仅9年以后，即牛顿12岁那年，后夫又去了阎王殿。唉，认命吧！于是，妈妈不再改嫁，全心全意地抚养牛顿，把全部的爱都给了他。

12岁时，牛顿转入中学，在离家十几公里远的"金格斯皇家中学"学习。随着年龄的增长，牛顿的才能慢慢开始表现出来了：他越发喜欢读书，喜欢沉思，更喜欢各种小实验，对自然现象也很好奇，已开始思考诸如颜色等科学问题了，对几何学和"日心说"等更感兴趣。中学生牛顿的学习成绩非常出众，17岁毕业时就已成为该校最优秀的学生了。牛顿还特别喜欢写读书笔记，不但在其作业本上分门别类写下了许多心得体会，而且，至今在该校图书馆的窗台上还可见牛顿当年留下的笔迹。请问旅游管理部门，牛顿的这种行为，算不算"到此一游"之类的乱刻乱画，该不该罚点款呢？其实，牛顿的中学生涯绝不止上述那么简单，有关花絮还多着呢。

花絮之一是说，由于离家太远，牛顿便寄宿在中学附近的一位药剂师家里。在这里，他首次受到了强烈的科学熏陶，特别是药剂师的众多化学试验给牛顿留下了深刻印象，甚至促使他随后投身于科学研究之中。仍然在这里，情窦初开的小伙子首次受到了强烈的那什么熏陶，药剂师的女儿给牛顿留下了深刻印象，甚至因为这段无果而终的感情，促使他随后干脆全身心投入科研之中，再也没有过罗曼史，更是终生未娶。书中暗表，有好事者在牛顿去世后还真采访过这位女子，但得到的答案却是一场乌龙，因为她说牛顿当年只是与她妹妹有过几次"眉来眼去"而已。

花絮之二是说，中学4年级时，由于家里实在太穷，已雇不起足够的佣人了，所以，牛顿妈妈希望儿子辍学回家，帮助耕种那几亩薄田，以维持生计。牛顿心里虽极不情愿，但又不想违拗母亲。于是，"回乡青年"牛顿就书不离手了。吃饭时看书，睡觉前看书；干活的空闲时间嘛，那更是在看书。每当妈妈让他与佣人一起去市场熟悉相关"生意经"时，他便使出"金蝉脱壳"之计，恳求佣人替他前往，自己则躲在树林里看书。一次，舅舅偶然发现了这个秘密，看见"本该在市场上做生意"的牛顿竟然躺在草地上发呆：原来，他正聚精会神钻研一个数学问题。外甥的好学精神感动了舅舅，再加上中学校长亨利·斯托克斯的多次家访，妈妈在大家的劝说下，终于同意牛顿复学，并完成学业。好险呀，人类的"近代物理学之父"差点就被"几斗米给折了腰"！

1661年6月3日，18岁的牛顿进入了剑桥大学，并成为三一学院的减费生，靠着为学院做杂务的收入支付学费等。在这里，牛顿接触到了大量自然科学著作，经常参加各类讲座，包括地理、物理、天文和数学等；特别是笛卡儿、伽利略、哥白尼和开普勒等哲学家及天文学家的先进思想，更让牛顿茅塞顿开。终于，牛顿这头"睡狮"被唤醒了！首先，他来了个"狮子大张口"，一口气就自学了包括欧几里得的《几何原本》、笛卡儿的《几何学》、沃利斯的《无穷算术》、巴罗的《数学讲义》及韦达等许多数学名家的著作；接着，"雄狮"就地一跳，来个猛虎扑食，便跃入了当时的数学最前沿——解析几何与微积分；最后，"雄狮"一声巨吼，天啦，一连串惊天动地的科学成就，便在短短的几年间火山式爆发出来了！

发现牛顿的首位"伯乐"是巴罗教授，他不但博学多才，而且还独具慧眼，很早就注意到了牛顿那深邃的观察力和敏锐的理解力。于是，巴罗教授将自己的数学知识，包括计算曲线图形面积的方法等，全部毫无保留地传给了牛顿，并把他引进了近代科学的前沿；在1664年，更将还未毕业的牛顿聘成了自己的助手，这样便彻底解决了"千里马"的后顾之忧，从此，牛顿就不必再担心温饱问题了。果然，牛顿没辜负巴罗教授的厚望，在1665年就闪电般地发现了广义二项式定理，并开始研究一套新的数学理论，也就是后来为世人所熟知的微积分学。凭此，牛顿以优异的成绩获得了剑桥大学学士学位。后来，牛顿也回忆说："巴罗教授当时讲授运动学方面的课程，也许正是这些课程才促使我去研究三大运动定律等问题。"

大学毕业后，正当牛顿摩拳擦掌，准备留校继续深造、大干一场时，严重的鼠疫却席卷了英国；剑桥大学也因此被迫关闭，牛顿不得不离校返乡，且一待就是两年。虽无教授的指导和交流，也没图书馆等科研条件，但是，家乡安静的环境，使牛顿的思想自由飞翔，遨游在整个宇宙中。正是这短暂的两年，成了牛顿科学生涯中的黄金岁月：他的三大成就（微积分、万有引力、光学分析）的思想就是在这期间孕育成形的；他的主要科研蓝图，也是在此期间绘制的。

1667年复活节后不久，24岁的牛顿，带着自己在乡间取得的辉煌成果返回剑桥大学，继续担任巴罗教授的助手；当年10月，便被选为三一学院初级院务委员；翌年获得硕士学位，同时成为高级院务委员。1669年，巴罗教授为了提携牛顿，主动辞去了教授职位，于是，年仅26岁的牛顿便晋升为卢卡斯数学教授。书中暗表，巴罗教授的这一让贤之举在科学史上一直被传为佳话，因为，剑桥大学有个传统：教授职位数是固定有限的，现任教授若不退休或去世，下面的年轻人再厉害，也都只能排队等候。看来，"巴罗"和"伯乐"不仅发音相似，巴罗教授还真是一个彻彻底底的"伯乐"呀；牛顿这头"千里牛"还真是遇到了贵人！

牛顿是一位典型的偏才，科研方面无人能及，但在其他方面还真不敢恭维。教学吧，一塌糊涂，甚至讲授他自己创立的微积分时都好像在催眠；衣着打扮吧，邋邋透顶，作为一位著名的大学教授，既不修边幅也不打领结，还懒得系袜带，甚至有时连马裤也不"关门"就若无其事进了餐厅；谈情说爱吧，心不在焉，据说，有一次向"林妹妹"求婚时，思想又开小差，结果误将纤纤玉手当成通条硬往烟斗里塞，痛得美女大叫，落荒而逃；生活方面吧，马虎拖沓，闹出的笑话层出不穷，比如，一次他一边读书一边煮鸡蛋，待到揭盖取蛋时，才发现锅里只是一块怀表，又比如，有一次他请朋友来家吃饭，佳肴上桌后却突然有了灵感，便独自奔入内室，朋友愕然，左等他不出来，右等他也不出来，干脆自己把盘子吃个精光，只留一堆鸡骨头，然后不辞而别，良久，牛顿回到餐桌时，看见盘中骨头，以为自己吃过晚饭了，便又转回内室继续发呆。

　　关于牛顿的科学成果，在其各类传记中几乎都有铺天盖地的介绍，所以，本回反而不作为重点；并且，作为一名"万能科学家"，本回也不可能穷尽他的所有成果，哪怕只是罗列清单。比如，他在经典物理方面的成果主要集中在1687年7月5日出版的《自然哲学的数学原理》一书中，其核心就是"万有引力"和"牛顿三大运动定律"等。这些内容，对如今的任何一位中学生来说，也许都能倒背如流，更无须此处再重复了。但它们的科学价值却巨大无比，甚至奠定了此后3个多世纪，一直到今天的物理世界观，并成为现代科技的基础。特别是他通过论证"开普勒行星运动定律与万有引力理论的一致性"，证明了"地面物体与天体的运动都遵循相同自然定律"，从而为"太阳系中太阳的中心地位"提供了强有力的理论支持，终于让教皇口服心服，不再坚持"日心说是异端邪说"的观点了。在力学方面，牛顿阐明了动量和角动量守恒的原理。在光学方面，他的成果主要集中在1704年出版的《光学》一书中，他发明了反射望远镜；并利用三棱镜将白光发散成可见光谱，从而创立了颜色理论。在数学方面，牛顿是微积分学的发明者之一，他还证明了广义二项式定理，提出了趋近函数零点的"牛顿法"。在经济学方面，他还提出了使用至今的"金本位制度"。此外，他还系统表述了冷却定律，研究了音速，在幂级数方面也有重要贡献等。

　　从激励读者成为科学家的角度来看，牛顿还有一项不该被忽略的贡献，那就是他创立的科学方法论。爱因斯坦也说：牛顿才是找到"用公式清楚表述物理规律"的第一人；他从这些规律出发，用数学思维，逻辑地、定量地演绎出了范围很广的、与经验相符的现象；牛顿是完整的物理因果关系创始人，在他之前，还没有实际结果能支持"物理因果关系的完整链条"。那么，牛顿的科学方法到底是什么呢？概括说来，主要有4个。

　　1）"实验→理论→应用"法。通过实验，归纳出理论；再将理论应用于实际问题；将实际世界，与其简化的数学表述公式，反复加以比较。

　　2）"分析→综合"法。在研究困难问题时，先用分析法，再用综合法。这里的"分析"是从整体到部分，"综合"是从部分到整体。换句话说，从结果到原因，从特殊原因到普遍原因，一直论证到最普遍的原因为止，这就是分析法；综合法，则假定原因已找到，并已将它定为原理，再用该原理去解释由它引发的现象，并证明该解释的正确性。

3）"归纳→演绎"法。它与上述"分析→综合"法是相互结合的。具体来说，从观察和实验出发，用归纳法得出普通结论，即得到概念和规律；然后，用演绎法推演出各种结论，再通过实验加以检验、解释和预测。

4）"物理→数学"法。将物理概念和定律，尽量用数学方式精确表述。

1689年，是牛顿的"分水岭"之年：在此前的46年中，"天才病"的正面特点得以充分发挥，牛顿也成了历史上最伟大的科学家；但是，在此后的约40年中，"天才病"的负面特点也表现得淋漓尽致。不过，也许是出于对牛顿的善意尊重，过去的许多传记都有意无意地淡化了这些内容；同时，也许是出于尊重事实，过去也有不少传记将牛顿的负面言行上升到道德和人品的高度，甚至对他进行了无情攻击。本回则首次从病理角度试图做一些客观分析，以便更好地理解这位巨人，感谢他为人类所做的不可替代的贡献。

牛顿的后半生非常风光：46岁时，同时当选为英国国会议员和皇家科学院成员，此后便逐渐疏远科学领域，甚至有时表现出"对科学的厌恶"；53岁时，被任命为英国皇家铸币厂厂长，一直到去世；60岁时，成为英国皇家学会会长，任职长达24年之久；62岁时，被安妮女王封为爵士。不过，牛顿后半生的许多事情都颇有争议，下面仅举几例并略加分析。

最不可思议的事情，是牛顿花费了大约40年时间一门心思研究神学，而且沉溺于其中不能自拔。他否定哲学的指导作用，虔诚地相信上帝，埋头撰写了大约100万字的神学著作；甚至，在遇到难以解释的天体运动时，竟提出了"神的第一推动力学说"；他还说："上帝统治万物，我们是他的仆人，我们敬畏他、崇拜他"。当然，后来的事实证明，作为一位神学家，牛顿是失败的。比如，这位智商高达290的天才，利用《圣经》推算了地球的年龄后得出的结果竟是，地球只有6 000岁，连"万岁爷"都称不上！又比如，他1692年至1693年间，在答复本特莱大主教的4封信中竟然"严格论证"了造物主的存在性。虽然我们不知牛顿为啥要研究神学，但是，他对神学如此痴迷，却是可以解释的：因为，"天才病"的中性特点就是"极度热衷于某些特定事物"。换句话说，在牛顿上半生中，"科学"就是那个"特定事物"；在下半生中，那个"特定事物"就替换成了"神学"而已。另外，牛顿研究神学必定失败，这也是可解释的，因为"天才病"的负面特点之一就是"缺乏对他人情感的理解"。换句话说，所有"天才病"患者都不可能在神学上取得成功。想想看，与科学主要研究"物"不同的是，神学则主要研究"心"，因此，"以心比心"便是成功神学家的重要基础，而"天才病"恰恰就缺乏该基础，除非某位"天才病"患者的"心"刚好与社会上绝大多数人的"心"相一致，而这种可能性显然微乎其微。

其次，牛顿的后半生，花费了大量时间，与同时代的许多著名科学家进行了无休止的争吵。无须过问细节，只需统计一下，便可断定：问题很可能出在牛顿身上。而这又是"天才病"的主要共性，因为他们"社交困难"并且"会有反复的妄想行为"。比如，在与莱布尼茨争论微积分的优先权时，牛顿的某些做法就太出格，甚至利用自己的"英国皇家学会主席"特权，暗中操纵一个"公正的委员会"来发表调查报告正式谴责莱布尼茨的剽窃行为，结果这份"谴责报告"竟然是出自牛顿自己之手。后来的事实也表明，牛顿的过激行为造成了英国与欧洲数学界的长期敌对，最终严重损害了英国利益。又比如，在与著名物理学家胡克的纠纷中，胡克向牛顿阐述自己见解的信确实在先，牛顿成果中引用该见解的事实确实在后，就算是偶然"撞衫"也没必要从此就以对方为敌，将正常的学术讨论放大为人身攻击，更不该又利用自己的特权下令在英国皇家学会拆除胡克的所有肖像，以致后者的肖像真的失传了。

除神学外，牛顿花费时间最多的另一件事情竟然是炼金术，并且他撰写的炼金术手稿长达50多万字！这又让人匪夷所思，因为，当时化学元素的概念已建立，至少学术界已经知道：金，是一种元素，它不可能由任何别的不含金的物质转化而来。莫非只有牛顿一人不知道该结果，从而使他成了人类"最后一位炼金士"？除了"天才病"之外，该行为再也找不到别的解释了。此外，牛顿在担任英国皇家学会主席期间，几乎成了独裁者：没他的同意，任何人都不能被选举。这显然也属"非正常行为"。

1727年3月31日，伟大的牛顿停止了与所有人的争论，享年85岁。不管他生前有过多少"非正常行为"，这些都不足以降低其影响。人们在他的墓碑上，镌刻了这样的墓志铭："欢呼这样的荣耀吧，一位多么伟大的人物，曾生活在我们的世界上！"英国为他举行了国葬，并将他葬于西敏寺，这也算是一种盖棺定论吧。书中暗表，能安息在西敏寺，本身就是对死者的崇高敬意。历史上，英国的许多名人都葬在这里，比如达尔文、狄更斯、丘吉尔等。

牛顿生活的年代，相当于中国的明末至清雍正五年；而牛顿的代表作《自然哲学的数学原理》，出版于清康熙二十五年。由于大清帝国的禁海行动，致使以《自然哲学的数学原理》为代表的欧洲文艺复兴科学成果被挡在境外长达150年之久。在此期间，西方科学突飞猛进，而清朝则沉溺于"天朝上国"的美梦中不能自拔。直到1840年的鸦片战争，哥白尼"日心说"、开普勒的"椭圆轨道"、牛顿的"万有引力"等，才伴着洋枪洋炮打入了我国。这些科学成果，与中国当时奉为圭臬的"天动地静""天圆地方""阴阳相感"等传统观念水火不容，因此在学术界和思想界等引起了轩然大波，不但唤醒了国人对科学真理的认识，也为戊戌变法提供了舆论准备。康有为、梁启超和谭嗣同等，无一例外地从牛顿学说中找到了维新变法的根据，尤其是牛顿在科学上的创新精神更鼓舞了当时希望变革的众多仁人志士。

第四十六回

文艺复兴压轴戏，莱布尼茨创奇迹

之所以称本回为"压轴戏",原因之一是,主人翁的人生"表演"实在太精彩了,他不但是顶级哲学家和科学家,还是思想家和外交家,更是历史上少见的通才,被誉为"17世纪最博学的亚里士多德",罗素甚至说他是"一个千古绝伦的大智者"。他的成就至少横跨数学、力学、化学、法学、哲学、神学、医学、外交学、历史学、逻辑学、物理学、地理学、解剖学、动物学、生物学、植物学、气体学、航海学、地质学、语言学、心理学、政治学、伦理学、概率论和信息科学等40多个领域。用培根的话说,他把所有知识都纳入了自己的研究范围。原因之二,若按时间顺序,他刚好是文艺复兴时期的最后一位科学巨匠。所谓"文艺复兴",就是从14到16世纪人类经历的一次罕见的思想大解放运动,它使人性从集权的束缚中得以解放,个人的价值得以肯定,个人不再被当作权力机构的附庸;于是,社会各方面都发生了翻天覆地的巨变。文艺复兴在各领域都催生了众多巨人,文坛三杰(但丁、彼特拉克、薄伽丘)和美术三杰(达·芬奇、米开朗琪罗、拉斐尔)等自不必说,在科学领域也是群星灿烂。比如,从本系列书第三十二回的哥白尼开始一直到本回主人翁莱布尼茨,在短短的100多年时间里,竟然就扎堆式地出现了15位"鼻祖级"科学家,平均约10年就有一位。细心的读者也许已发现,如此高密度的情况,在此前的人类历史上还没有过先例呢。

为啥会出现这种扎堆现象呢?你读罢本回后也许就有部分答案。实际上,从某种角度看,在文艺复兴时代,崇尚科学已蔚然成风,衣食无忧如波义耳者,沉溺于科研;穷困潦倒如帕斯卡者,也醉心于科研;贵族如惠更斯者,还是想搞科研;平民如列文虎克者,仍离不开科研。须知,在文艺复兴时代,做科研基本上都是无利可图,甚至还得自掏腰包。因此,若按常规思维,做科研若非"为利",那就该是"为名",但本回主角的做法又让人匪夷所思,因为,除极少数论著被发表外,他的绝大部分成果都分散在成千上万封信件和私人手稿中,生前压根儿就没公开过;即使联合国教科文组织专门设立了"世界记忆项目"来收集他的遗作,但截止到2010年,收集工作也仍未最终完成。看来,唯一的解释就是,莱布尼茨真的是无欲无求,是为了科研而科研!设想一下,如果"做科研"已成为老百姓的生活必需品,那还何愁不出大师,哪能不出成果呢。

莱布尼茨,就是那位喊出"世界上没有两片树叶完全相同"的人,全名戈特弗里德·威廉·莱布尼茨。他只比牛顿小3岁,于1646年7月1日生于神圣罗马帝国莱比锡的一个书香门第。但很可惜,他既生错了地点,也生错了时间。因为,在他出生前28年中,他的祖国一直就是一场残酷战争(史称"三十年战争")的主战场,经济遭到了极大破坏，60%的人口被杀；在他出生后仅仅2年，即1648年，战争虽然结束了，但却是荷兰独立了，法国兴起了，瑞典兴起了，而他的祖国德意志却被分裂了，在其境内数百个领主统治着各自的公爵领地、侯爵领地、伯爵领地、主教辖区和自由市等。换句话说，莱布尼茨的一生始终都背着"国际劣等民族"的标签。这当然对他的思想、工作和生活等都会产生重大影响，特别是他的哲学等成果更打上了深深的时代烙印。比如，他终生都在从事"和平研究"，致力于为不同群体构建"和解方案"，调解各宗教间的冲突，甚至从哲学上寻找不同群体间的一致性等。幸好本书是"科学家列传"，可以只聚焦于他的科学成就，否则，还真不知该如何取舍选材呢。

莱布尼茨的家也曾是望族，他晚年时甚至自称贵族。他祖父三代都是政府官员，父亲是莱比锡大学的教授，母亲也是教授的闺女。莱布尼茨是家中的老二，上有一个异母哥哥，下有一妹妹。他出世时，父亲已年过半百。因为是老来得子，所以父亲非常宠爱莱布尼茨，甚至亲自手把手教儿子读书写字。只可惜，他6岁那年父亲就去世了，但却给他留下了一个私人图书馆。7岁时，他进入莱比锡的尼古拉学校读书。莱布尼茨从小就天资聪颖，智商高达220，有很强的自学能力，不但自学了艰涩的拉丁文和希腊文，而且，从8岁开始就进入父亲遗留的图书馆阅读了大量书籍，尤其对德国文学和历史、神学及逻辑学等感兴趣，以至终生都在不断研究逻辑学。

15岁时，莱布尼茨进入莱比锡大学，并开始显示他的卓越才华，不但在哲学、数学、法学、修辞学、拉丁文、希腊文和希伯莱文等主修课成绩上名列前茅，而且还博览了众多自然科学著作，特别是在自学欧几里得《几何原本》时对数学产生了浓厚兴趣。16岁时，他获得哲学学士学位。他17岁转入耶拿大学，并于次年获得哲学硕士学位。20岁时，他被阿尔特夫大学法学院录取，并于次年获得博士学位。同年，他还完成了自己的处女作《组合术》，它其实是数理逻辑的先声，试图冲破传统逻辑学的三段论束缚，其缜密的分析和大胆的设想，受到了莱比锡大学的高度评价，甚至同意授予他讲师资格；阿尔特夫大学也愿意聘他为教授。但却都被他婉拒了，因为他想到丰富多彩的现实中去，不想被封闭在"象牙塔"中。而后来的事实也证明，莱布尼茨的众多成果特别是科学成果确实都不是在正襟危坐的办公室中做出的，而是在颠簸的马车中，在做外交家期间的业余时间里完成的。这就更让人大跌眼镜了。如果当年他全身心地从事科学研究，那其他科学家还有事儿干吗？

莱布尼茨终生未婚，他的人生经历大致可分为6个阶段。

第1阶段，21到26岁。这时，他主要是法学家和博学家，与科学无关，所以此处略去细节。不过，此阶段他干了一件事，对其科学生涯有重大影响。因为，他秘密设计了一个"挑拨离间"计划，试图鼓动法国攻打波兰，以达到"坐山观虎斗"的目的，从而减少法国对其祖国的威胁。

第2阶段，26到30岁。为了实施"挑拨离间"计划，他亲自来到法国首都巴黎，哪知却阴差阳错地进入了科学领域，不但取得了自己的主要科研成果，而且于1673年4月19日被选为英国皇家学会会员。那时，他只有27岁。

第3阶段，30到40岁。他既当过图书馆长，也当过采矿工程师等。此时，他虽做过不少工程建设和技术开发工作，但其科学价值都不大，所以，为突出重点，此处也忽略不述。

第4阶段，40到50岁。他主要是哲学家、历史学家和档案专家，也与自然科学相距较远，此处仍然略去。

第5阶段，51到68岁。他主要是外交家。不过，在1700年时，54岁的他终于促成了"德国柏林科学院"的成立，并担任首任院长。据说，他还曾向康熙皇帝写过信，建议在北京设立科学院，结果当然被拒，也许后者只对成立"康熙打油诗社"感兴趣呢。

第6阶段，从68岁到1716年（康熙五十五年）11月14日，莱布尼茨以70岁高龄去世为止。这是他的晚年阶段，其间所做的与科学相关的事情，恐怕主要是与牛顿及其弟子们争论微积分学的发明权吧。此事已在上一回介绍过，所以此处仍然略去。

纵观莱布尼茨的上述6个阶段，不难看出他真正做自然科学研究的阶段，只有26到30岁这4年，准确地说是这4年的业余时间。别忘了，他的本行专业是法学或哲学，压根儿就与自然科学无关。换句话说，莱布尼茨的科学成就，只不过是在4年的业余时间里所做的跨界工作而已！伙计，怎么样，"人比人，比死人"吧！

那么，莱布尼茨在巴黎"挑拨离间"4年的业余时间里，到底都取得了什么科学成就呢？欲知详情，且听下面分解！

莱布尼茨到巴黎后，"有意栽花"的"挑拨离间"显然"花未发"；但他"无心插柳"的科学研究却"柳成荫"。因为，他在巴黎认识了另一个"喜欢广交江湖朋友"的著名科学家，对，就是本书第四十三回的惠更斯，并拜他为师。惠更斯还真讲义气，他竟然毫无保留地将帕斯卡、笛卡儿等前辈未曾公开发表的若干遗著送给了徒弟，以至于他们的某些作品正是通过莱布尼茨的手抄本才得以保存至今。比如，笛卡儿著于1628年的《指导我们心智的规则》一书，之所以能在1701年被正式公开出版，就归功于莱布尼茨的精心收藏，否则，可能就要失传了。

在惠更斯的指导下，本来是文科生的莱布尼茨，像变戏法一样，竟然闪电般地于1675年11月11日发明了微积分，准确地说是与牛顿分别独立发明了微积分。那位看官间啦，微积分到底为何物？嘿嘿，对理工科专业来说，它几乎是每位学生的高等数学必修课，所以，根本不用再介绍。对文科专业来说，可这样解释：微积分是由文科生在业余时间顺便研发的一整套数学理论，它由微分和积分两部分组成，合称为微积分。微分可用于计算行星轨迹，描绘波浪运动，求解若干难解方程，确定函数的最大值和最小值等；积分是微分的逆转，可用于确定物体的重心，旋转体的惯性运动等。总之，一句话：若无微积分，就没有现代高科技。

莱布尼茨和牛顿分别独立发明的微积分，虽然殊途同归，但还是各有特色。比如，在巴黎从事"挑拨离间"活动期间，莱布尼茨是从求切线问题出发发明了微分，并公布于1684年；从几何求积问题出发，运用分析学方法发明了积分，并公布于1685年。牛顿则是从力学角度，运用集合方法发明了微积分并将它用于运动学，并且在1665年左右将其结果陆续告诉了一些朋友。比如，1669年，牛顿就把一篇短文送给了他的老师英国剑桥大学巴罗教授，巴教授又把它送给了别人；但是，在1687年前，牛顿始终未发表过相关成果。另外，牛顿发明的微积分，只是适用于连续的情况；而莱布尼茨的微积分，则同时适用于连续和离散两种情况。还有，与牛顿相比，莱布尼茨的体系好像更优：一方面，莱布尼茨比较完整地建立了微积分法则和公式体系，特别是创造了一套非常方便，如今已被通用的微积分符号体系；另一方面，莱布尼茨的方法是代数的，概念更清晰，术语更系统，逻辑更严密，让人更容易懂。莱布尼茨还是使用变量的第一人，他创立的微积分才是真正的变量数学，是数学中的一场大革命。但是，无论是对牛顿还是莱布尼茨，有一点却是共同的，那就是，他们发明的微积分都受到了巴罗教授等的启发，并摆脱了巴罗的几何描述，而使微积分成了一门独立学科。微积分刚诞生时，其实并未被普遍认可，甚至遭到了来自著名学者的各种围攻，比如无穷小量的处理就是一个头痛的问题。当时数学家们只能接受实数概念，而对虚数则持怀疑态度，于是，"虚数乘以无穷小"就无法给出相关的几何解释，而某些瞬间的速度变化却可能刚好是这种情况。虽然莱布尼茨自己也曾一度对微积分的价值表示过怀疑，但幸好他坚持下来了，否则，后果不堪设想。

莱布尼茨的第2项重大科学成果，就是他在"所有推理都是计算"的哲学理念指导下于1673年完成的机械计算机。它是1642年帕斯卡的加法计算机的升级，不但能做加减法，还能完成乘法、除法、自乘、开平方和立方等运算。这些机器，在会计、管理、测量、科研及数学制表方面，不但能提高速度，还能提高精度。很幸运的是，其中一台机器被保留了下来，至今仍收藏在汉诺威国家图书馆。

莱布尼茨在巴黎期间所获得的第3项伟大发明，只不过是区区几页薄纸，至今仍收藏在德国郭塔王宫图书馆。该发明的灵魂，其实只有一句话：0与1是一切数字的渊源。换句话说，莱布尼茨极其精炼地描述了二进制。虽然二进制在今天已家喻户晓，但它的重大意义一般人可能还不知道。各位设想一下，如果没有二进制，那就没有今天的电脑；没有电脑，就没有信息化社会；没有信息化社会，那你家里的电视、冰箱、洗衣机，你办公室的电话、空调、复印机等，反正你身边的几乎所有电器都将下岗。那么，伙计，请问你还能活吗？

据说，莱布尼茨在发明了二进制后还给数字"7"赋予了神秘的内涵。他在写给好友布维的信中说："第1天的伊始是1，也就是上帝；第2天的伊始是2，…，到了第7天，一切都有了。所以，最后的这一天，也是最完美的一天；因为，此时一切都已创造出来，故在二进制中数字7被写成'111'，只含1而没有0。"他还说，只有用0和1来表示数字时才能理解"为什么第七天才最完美，为什么7是神圣的数字"。此外，"7"的特征"111"，还与"三位一体"相关联。

而非常巧合的是，莱布尼茨的这位好友布维刚好是一位"中国通"，且当时正在中国传教，还当过康熙皇帝的数学老师。布维对易经也很感兴趣，曾在1701年给莱布尼茨寄去过一张"伏羲六十四卦方位圆图"。莱布尼茨惊奇地发现，该图正好与64个二进制数相对应，而"阴"和"阳"则分别对应于二进制的0和1。因此，莱布尼茨认为：中国的八卦是最早的二进制记数法，二进制是具有普遍性的、最完美的逻辑语言。为了表示他对中国古代文明的向往和崇尚，莱布尼茨把自己研制的一台乘法计算机送给了康熙皇帝；可惜，这台乘法计算机也许被后者打入了冷宫，谁叫这台机器不会写诗呢。

其实莱布尼茨的科学成果还远不止上述几项。比如，他还创立了拓扑学，发明了符号思维，提出了单子论，开创了形式逻辑等。在结束莱布尼茨科学事迹前，我们再结合他的实际情况，介绍并分析两个真实案例。希望借此提醒各位：科学研究有时真像薄薄的一层窗户纸，如果不捅破，那就只能是"山重水复疑无路"；一旦"窗户纸"

被捅破，就将"柳暗花明又一村"。

案例一，莱布尼茨几乎是在发明二进制的同时，又制造了当时全球最先进的乘法计算机。但是，非常出人意料的是，他的计算机，竟然与二进制无关！这不能不说是人类的一大遗憾，作为如此伟大的科学家，智商如此高的"超人"，如果当初他幸运地捅破了那层窗户纸的话，那么，现代计算机的诞生日期，也许会被提早300年；今天的科技水平，也许会更高！若从"事后诸葛亮"角度来分析的话，当时的莱布尼茨也许以为在二进制和计算机之间隔着一堵铜墙铁壁呢！你看，当时计算机的关键部件是转轮，若按十进制，每个转轮便可代表10个数字；但是，若按二进制，那将需要超过4个转轮才能表示同样多的10个数字。于是，对相同位数的数字进行计算时，二进制所需要的转轮数将至少是十进制的3倍多。如此一来，过多的转轮将使得相关的进位系统非常复杂，还会增加机器的制造难度，甚至使用起来也更不方便。比如，过多转轮之间的摩擦力太大，手摇计算时也较吃力等。但是，如果当初莱布尼茨有意去捅破这层"窗户纸"的话，没准仍然会有所收获。比如，他不用二进制，而是采用大于10的N进制，那么，他造出的乘法计算机将威力更大，因为，此时的转轮个数会更少，一个转轮就可代表N个数字，机器会更简单，成本更低。

案例二，如今许多中国人都在遗憾：唉，二进制本来是周文王发明的，可惜文王只将它用于表示八卦图而已。猛然一听，好像有道理；但仔细分析后，你将发现，这又是一层"窗户纸"，而且还是单向透明的"窗户纸"。实际上，若从二进制角度去看八卦，那么，八卦当然是一种二进制；但是，若从八卦去看二进制，那就很容易让人产生"铜墙铁壁"的错觉。这是因为二进制有两个关键点：其一，是二进制表示，这当然与八卦表示是等价的；其二，更重要的是二进制计算，而它正是过去几千年来中国人未能捅破的那层"窗户纸"。若不信，请问，谁曾考虑过诸如"乾卦+震卦=？"或"坎卦÷坤卦=？"等问题，虽然这些问题并不难解。

其实，在中国历史上，我们未曾捅破的类似"窗户纸"还真不少。比如，从火炮的角度去看鞭炮，后者显然可以理解成一种特殊的火炮，一种威力很小的火炮；但是，若从鞭炮角度去看火炮，那又是一层几千年来未被捅破的"窗户纸"，为此我们付出了被列强欺侮数百年的惨痛代价。

所以呀，伙计，请随时关注身边的常见现象吧；没准看似铜墙铁壁的东西，只是一层"窗户纸"；没准哪天你也成了伟大的科学家，而其功绩仅仅是因为你大胆捅破了某层"窗户纸"而已。

第四十七回

富兰克林探雷电，美国独立他宣言

伙计，听说过美国吗，见过美钞吗？我说的可是那张面额最大的百元美钞哟！如果见过，那就好办了。因为本回的主人翁就是百元美钞上的那个人，本杰明·富兰克林，一位随时都在"探索别人美德，寻找自己恶习"的人。

此兄可厉害啦，从科学角度看，他是美国首位享誉全球的科学家，避雷针的发明者，闪电本质的发现者；从道德角度看，他被景仰为"圣人"和"人间的普罗米修斯"；从历史角度看，他被称为"美国之父"，是美国的"开国三杰"和《独立宣言》的起草者之一，也是唯一同时签署美国最重要三项法案的建国先贤。这三项法案分别是美国《独立宣言》，英美结束战争的《巴黎和约》及《美国宪法》。总之，在西方人眼里，他几乎是十全十美的天才。法国人甚至为当时还健在的他树了雕像，上书至今仍家喻户晓的铭文：他从空中抓住了雷电，从暴君手中夺得了民权。

富兰克林的祖上当然不是美国人（那时还没美国呢），而是出自英格兰桑普敦郡的一个打铁世家，一个富有冒险传统的世家，拥有几十亩薄田，所以，也算得上小康之家吧。由于"造反"失败，富兰克林的老爸及妻儿等5人被"充军发配"到英国的殖民地——北美港口城市波士顿，那时还只是蛮荒之地。由于水土不服，再加接二连三又生了4个孩子，老爸的原配夫人就过早去世了。后来，老爸续弦娶了早先移民的教师闺女阿比亚·福尔杰，她就是富兰克林的生母，一个体格健壮、贤惠善良的女人，也是一个特别能生孩子的妈妈，前后共生了10个子女！

老爸在英国时，本是小有名气的铁匠，可"充军"到波士顿后却英雄无用武之地；于是，就改行开起了家庭作坊，生产蜡烛和肥皂。由于他精于商道，再加恪守信誉，所以，生意越做越好，全家很快就"脱了贫"。老爸的爱好很广泛，也很聪明，琴棋书画样样会，吹拉弹唱门门通。当然，老爸最有特色的爱好就是生孩子：他一生中共养育了17个孩子。除夭折的4个之外，其他孩子都很有出息，这主要得益于老爸很关注子女教育。富兰克林是家中的第15个孩子，于1706年（康熙四十五年）1月17日诞生在波士顿。

儿时的富兰克林，虽然生活略显贫寒但却非常幸福：每当吃饭时，哨子一响，"呼啦"一下，从桌下、树上、田间、地里等犄角旮旯儿魔术般的闪出十数个调皮蛋，争先恐后挤上饭桌；很快，一大锅粗粮就在父母的慈爱目光中，在叽叽喳喳的打闹和说笑声中，在温馨祥和的气氛中，被一扫而光了。富兰克林天生聪颖好学，很早就能识字，被邻居文盲大妈夸为"神童"，深得父母宠爱，8岁时就进入文法学校，并很快成了优等生。1年级结束时，他嫌课堂内容太简单，干脆一下子就跳到3年级，并摩拳擦掌欲取得更好成绩。可是，天公不作美，正在这时，老爸的生意受挫，家中经济情况骤然恶化，富兰克林便被转入另一所学费更低的技工校。仅仅1年后，哥哥约瑟结婚了；这本来是件喜事，但按当时的传统，已成年的哥哥得自立门户，于是，家里也就失去了一个好帮手。万般无奈的老爸只好让富兰克林彻底辍学，回家帮忙，而且一干就是两年。从此，年仅10岁的富兰克林便结束了他终生所受的全部学历教育；当然，他的自学生涯也同时开始了。每天一大早，他都对自己说："懒鬼起来吧！别再浪费时间了，将来在坟墓里，有足够的时间让你睡。"

那么，富兰克林是如何自学的呢？这就得从他自撰的墓志铭"印刷工富兰克林"中寻找答案了！确实，从12岁开始，富兰克林先后在波士顿、费城和伦敦的多家印刷厂当了整整10年印刷工，直到22岁为止。在此期间，他从学徒迅速成长为业务骨干，因为他相信"懒惰行走得那么慢，以至于贫穷很快就赶上了它"。你也许会纳闷，当印刷工，哪有时间、精力和资料用于自学呢？嘿嘿，这便是富兰克林的高明之处了！

你看，当学徒时，他的主要工作就是搬运各类已印好的书籍；这些东西难道不是拿来就能读的吗？所以，只要有空闲，富兰克林就一心扑在这些印刷品上，管它啥内容都狼吞虎咽地阅读，有什么就读什么，从不抱怨。实际上，富兰克林始终相信"我未曾见过一个早起、勤奋、谨慎、诚实的人抱怨命运不好，良好的品格，优良的习惯，坚强的意志，是不会被任何命运打败的"。除了勤奋之外，他还非常谦逊，认为"对上司谦逊，是一种责任；对同事谦逊，是一种礼遇；对部属谦逊，是一种尊贵"。

晋升为排字工后，别人都只是照猫画虎把原稿变成铅字就行了，根本不管被排的内容是什么；而富兰克林则反复阅读原稿，这不仅是因为他工作认真，而是他把原稿当作自学课本了。实际上，他咬定"读书使人充实，思考使人深邃，交谈使人清醒"。

再升为印刷校验工后，富兰克林不但自学相关校验稿，而且还思考其中的观点，并开始发表独立见解，他认为"读书是易事，思索是难事，但两者若缺其一，便全无用处"。比如，针对多本刚刚印刷的书籍，他在《新英格兰时报》上匿名发表了好几篇书评，并引起了较大反响；其某些过激言论，甚至还惊动了警察当局。

因工作需要，他被调离生产一线转入市场营销后，虽不能直接接触印刷品了，但却有机会经常与书店打交道，于是，他便主动结交了一批书店学徒，请求对方在下班前将新书借给他，他连夜阅读，并在次日上班前再将这些书籍完璧归赵，这正是他的理念："想要有空余时间，就不要浪费时间"。书中暗表，正是富兰克林的这段传奇经历，促使他后来组建了整个北美的首家"公共图书馆"：大家自愿捐书，供所有人免费借阅，并按时归还。此举对北美启蒙运动，发挥了不可替代的重大作用。

富兰克林的这种勤奋苦读精神感动了一位名叫亚当的富商，后者便将自己的私人图书馆对他全面免费开放；终于，富兰克林可以自由阅读几乎所有自己感兴趣的书籍了，知识也能成系统、有条理地被积累起来了。据说，作为一名著名作家，富兰克林的文学功底就是因此而奠基的；他的许多思想，也是在这期间形成的，比如"学而无术者，比不学无术者更愚蠢""凡事勤则易，惰则难""没有准备的人，就是在准备失败""选择朋友要慢，改换朋友要更慢""真话说一半，常是弥天大谎""蚂蚁最勤奋，但它们却最寡言"等。

从科学研究角度看，22至37岁期间是富兰克林的蓄势待发期。在该阶段，他虽仍为"科盲"，但是，在经济方面，他已基本实现了"财务自由"，拥有了自己的报刊《宾夕法尼亚新闻》，开办了费城第3家印刷厂；赢得了印制宾州纸币的肥差，实现了名利双收；出版了多本畅销书，特别是《美洲历书》，以幽默生动的语言、平易近人的形象，不但风行美洲，而且还远销欧亚。在成家立业方面，他虽经离奇的曲折，总算于1730年9月1日娶回了自己心爱的媳妇，并分别于1731年、1732年和1743年生下了两儿一女。在政绩方面，他开始进军官场，组建了联合救火队，改进了警务夜巡制度，当选了宾州议会文书，就任了费城邮政局长并连任16年之久。邮政局长之职使他大开眼界，因为，从此他就能读到更多报纸杂志，洞察全美的最新科技成就。在修身养性方面，他制订并严格实施了"自我完善计划"，特别是他的13项道德约束（节制、沉默、秩序、决心、俭朴、勤勉、诚恳、公正、中庸、清洁、镇静、贞节、谦逊等），不但成就了他健康的体魄，还促成了他伟大的发现，更托起了他辉煌的事业，以至整个北美洲都把他当作"圣人"来景仰。在学习外语方面，虽已近而立之年，但他还是以惊人的毅力掌握了法语、德语、意大利语和西班牙语等，为随后的国际交流扫清了障碍。在珍惜时间方面，他的座右铭是"今天乃是我们唯一可以生存的时间，既不要为未来的漫无目的而苦闷，也不要为昨天的逝去而伤怀。"在为人处事方面，他对所有人以诚相待，与多数人和睦相处，与少数人经常往来，只跟一个人亲密无间。在学术方面，他发表了《试论纸币的性质和必要性》一书，从而奠定了他在美国金融界的鼻祖地位；组建了学术交流机构"共读社"，将各界有志之士团结起来，共同研讨社会科学和自然科学的若干热点问题。此举为他赢得了广泛的社会名望，在"共读社"中，大家既能交流思想又能增进友谊，还能丰富知识，所以，其影响越来越大，成员也越来越多。

从37岁起，衣食无忧、功成名就的富兰克林准备穿透历史了，他将主要精力聚焦于科学研究。其实，当时他纯粹是一个"科盲"，只是坚信"一个人失败的最大原因，就是自信不足"而已。由于缺乏基本的科学训练，又无名师指导，刚开始时这位"科盲"显然只是"无头苍蝇"，在科研领域里毫无目标地乱闯乱撞，东一榔头，西一棒槌：一会儿研制热效能更高的火炉；一会儿又改进街边路灯，以延长其寿命；一会儿观察蚂蚁行踪，研究它们如何交流信息；一会儿又试图发现鸽子的群居规律等。不过，从整体上看，他的科研能力还是在迅速提高。比如1743年10月左右，富兰克林在阅读上周积压的各地报纸时，偶然发现：一则"遭受强烈风暴袭击"的新闻在多个地方被报道，但时间却是相互连接的。为啥会出现这种情况呢？他对照地图一看，原来这些受袭地点也是相互连接的。于是，他做出了一个大胆猜测：这可能是同一个风暴，只是它在各地不断移动而已！经反复验证后，富兰克林终于在气象学方面取得了重大成就，发现了气流，结束了单纯依靠目测预报天气的历史，更奠定了现代气象学中"天气分析"和"天气图"的基础。

如果富兰克林的科研始终都处于这种"见异思迁"的随机状态的话，那当然就不可能成为伟大的科学家。幸好，1747年，富兰克林将目光盯上了当时的科学顶峰——电学理论。那时他压根儿就是一个电学门外汉；其实，当时全人类对电的了解也几乎都为零，只知道"电能发生电火花""人接触电火花后，会感到震动""丝绸摩擦玻璃会产生电""松脂摩擦皮毛也会产生电"等。当时最先进的电设备，也只是一种名叫"莱顿瓶"的原始蓄电池而已。也不知借助了何方神力，"科盲"富兰克林竟在短短几个月内真就揭开了电的神秘面纱，并指出：摩擦不能产生电，只能将电从一种物质转移至另一种物质，因为，每个物体都是带电的；电是一种单纯的"流质"，平常它以一定比例在物质中弥漫着，又能被其他物质特别是水和金属所吸引。

富兰克林的这些电学成果，准确地说是静电学成果，后来被整理成著名的"电荷守恒定律"，并成为物理学的基本定律之一。它指出：对于任何一个孤立系统，不论发生什么变化，其中所有正电荷与负电荷的代数和将永远保持不变。换句话说，若某一区域中的电荷增加或减少，那么，必定有等量的电荷进入或离开该区域；若在一个物理过程中产生或消失了某种电荷，那么，必定有等量的异号电荷同时产生或消失。至今，电学中的许多常用名词，比如正电、负电、充电、放电、电池、电击、电工、电枢、电刷、电容器、导电体等，都是由富兰克林提出的。总之，他为近代电学发展铺平了道路。比如，他启发库仑发现了电荷间相互作用力的著名定律，他促使法拉第对电介质进行深入研究等。

上述静电研究取得突破后，富兰克林再接再厉，把目标瞄准了雷电。当时，人们只知道雷电有巨大的破坏性，但对其本质却一无所知。有人说它是"上帝之火"，有人说它是"天神发怒"，还有人说它是"毒气在空中爆炸"，更有人说它是"雷公和电母在打架"；虽有个别科学家猜测它只不过是"电火花"，但却始终无法证实。关于富兰克林的雷电研究，最著名的传说是，1752年6月，他冒着生命危险，利用风筝从空中取下雷电，从而证实了"雷电的本质也是电"。但是，由于本书是"科学家列传"，在科学方面将尽量严谨，所以，在认真分析了各方资料后，最终决定不采用该传说，正如我们未曾采用"牛顿被苹果砸出万有引力定律"的传说一样。因为，一方面，人若被雷电击中，就算万幸没死也会瞬间失去知觉，那怎能就凭此断定"雷电是电"呢？另一方面，科学实验最讲究"能重复验证"，请问，历史上谁曾成功重复过这个"风筝接雷"实验？虽也曾有两位大胆的俄国科学家，于传说的次年（1753年7月26日）以身试雷，结果都献出了宝贵生命！实际上，最近美国Discovery频道的著名节目《流言终结者》，在第4季的第5集中也以严格的实验方法证明了：如果富兰克林当年真的触摸过风筝导下的雷电，那他必死无疑。

但是，富兰克林确实发现了"雷电的本质是电"，他也确实发明了避雷针。而真实的发现过程可能与"风筝传说"刚好相反：不是富兰克林把雷电取回了人间，而是他在人间造出了雷电。因为，当时富兰克林已经知道：尖头物体能吸入和放出电火花！换句话说，"吸入电火花"过程，就是避雷针；"放出电火花"过程就是人造雷。实际上，富兰克林早在"风筝传说"的3年前（1749年11月）就得出了"闪电和电完全一样"的结论，他给出的证据是雷电与尖物放电，有许多共同之处，比如，都会发光、光色都为蓝色、光线都曲折、运动都迅速、都可由金属传导、爆炸时都能发出响声、都能在水中传导、都能杀伤生命、都能熔化金属、都能引燃物体、都能产生硫磺味、都能在穿过物体时把物体分裂等。1750年5月，富兰克林在给英国朋友去信时更详谈了"金属棒尖放出或吸入电火花"的奇妙性，并附上了一篇题目冗长的文章，叫作《电的性质和效力之探讨及1749年从费城几次实验中获得的使建筑物、船只等免遭雷击的方法》。1751年春，45岁的富兰克林终于出版了代表作《电学的实验和研究》。它是电学理论的奠基之作，从而确定了作者的电学鼻祖地位。这也很好地诠释了他的一句名言：能忍耐的人，才能达到他的既定目标。从此，他作为科学家，成功穿透了历史！

正当46岁的富兰克林在科研方面不断取得突破，并准备继续高歌猛进时，国际国内形势却发生了巨变。情节虽很复杂，但故事梗概大约是这样的。当时，有两个世界超级大国——英国和法国，他们谁看谁都不顺眼，于是，只好擂台见高低，你一拳，我一脚，打得好不热闹。终于，上半场结束了，鼻青脸肿的双方进入中场休息阶段。为增强下半场的战斗力，英方决定向自己的美洲殖民地加税。山姆大叔刚想不服，英方二话不说，冲上来就是一通胖揍。多年的积怨终于火山爆发，擦干鼻血的山姆一咬牙："不干了，老子要独立！"。于是，在华盛顿等的领导下，山姆与黑奴团结起来，与英方打成一团。富兰克林一看，扔掉手边的科研，掐指一算，哦，该向诸葛亮学习，赶紧"联吴抗魏"，于是，一溜烟就出使法国巴黎等地大打"三国牌"。经过长达28年的谈谈打打，打打谈谈，用尽了苦肉计、离间计等36计，借了"东风"又借"西风"，烧完"赤壁"又烧"联营"，终于在1783年，全场结束：各方签署《巴黎和约》，英国同意美洲殖民地独立。"隆中对"成为现实，"三国"正式鼎立。华盛顿、富兰克林、杰斐逊等"刘关张"们赶紧签署了《美国宪法》等重要开国文件。于是，作为政治家，富兰克林又穿透了历史！

1790年（乾隆五十五年）4月17日深夜11点，富兰克林这位"与诚实和勤勉相伴一生"的盖世英雄，在其孙子的怀中安静地闭上了双眼，享年84岁。4天后，费城举行了最隆重的葬礼，数万人为他送殡，全城服丧一个月，以示哀悼。同年7月17日，经济学鼻祖亚当·斯密也驾鹤西去。

其实，富兰克林的故事压根儿就没完。在科技方面，他还解释了北极光、发现了感冒原因、墨西哥湾的海流、呼出气体的有害性等；他还发明了蛙鞋、摇椅、玻璃琴、高次幻方、双焦点眼镜、颗粒肥料等。在军事领域，他是一位能征善战的将军，而且坚持："送给敌人的最好东西是宽恕，送给对手的是容忍，送给朋友的是真心，送给孩子的是好榜样，送给父亲的是尊重，送给母亲的是能让她以你为荣的品行，送给自己的是自尊，送给所有人的是慈悲"。在行政方面，他制定了新闻传播法、议员选举法、近代邮信制度，还曾任美国首位邮政局长。在外交方面，他更是谈判高手。在慈善方面，他捐建了富兰克林·马歇尔学院、筹建了宾州大学、促成了全美首家医院等。

第四十八回

数学四杰他第三，盲眼巨人他顶天

在数学领域有这样一个智商高达305的"神人"，他的名字几乎无人不知、无人不晓，因为他的成果可以伴随我们从小学读到博士后，从菜鸟升到数学教授。以他名字命名的各种成果更是多如牛毛，几乎覆盖了数学的各主要分支，像什么欧拉线啦、欧拉角啦、欧拉定理啦、欧拉解法啦，等等。反正，"欧拉某某某"的东西，多得数也数不清。他推导公式的速度，赛过我们背公式的速度；他写书的速度，赛过我们看书的速度；他发表论文的字数，赛过我们写过的所有字数；就算他闭着双眼研究数学，数学院士也得甘拜下风。据不完全统计，他一生共撰写了论文856篇，专著31部，还有大量的学术交流信件等；在20至76岁漫长的56年科研生涯中，平均每年要写800多页论文，是历史上最多产的数学家；在他身后，圣彼得堡科学院为了整理他的遗稿，整整忙活了近100年。他的成果不但数量多，而且质量还很高。比如，他的代表作《无穷小分析引论》就地位显赫，是史上对数学发展影响最大的7部名著之一；他解决了著名的七桥堡问题，构建了组合拓扑学的雏形，攻克了著名的巴塞尔问题等。就算你已忘记了所有数学知识，或将它们都还给了老师，那你也肯定能回忆起欧拉的贡献，因为许多简捷而常用的数学符号（比如e，π，$f(x)$，$\sin(x)$，$\cos(x)$等）都是由欧拉首创的。他与阿基米德、牛顿和高斯一起被合称为"数学四杰"。

总之，用法国伟大的数学家拉普拉斯的话来说：在数学领域内，整个18世纪都是欧拉一个人的世纪！用数学大师高斯的话来说：学习欧拉的著作是认识数学的最佳捷径。

如此"神人"从哪来？嘿嘿，当然从娘胎里来呗！实际上，欧拉1707年（康熙四十六年）4月15日生于瑞士巴塞尔，他只比富兰克林小1岁。欧拉的家族是一个工匠世家，直到他曾祖父时都还是主要靠开磨坊和缝制马具等为生。到了祖父那一代才意识到"万般皆下品，唯有读书高"，于是，欧拉的祖父"咬着牙，勒紧裤带"，供欧拉的父亲上了大学，从而为家族的"咸鱼翻身"奠定了基础。欧拉的老爸以神甫为主业，但却是数学"发烧友"，不但经常溜进大学课堂偷听伯努利教授等大师的数学讲座，而且还省吃俭用攒钱买了不少数学名著，像什么欧几里得的《几何原本》、丢番图的《算术》、韦达的《标准数学》等。反正，老爸对数学已经入了迷，以至于当欧拉出生，家人兴高采烈冲进书房报喜要老爸给儿子取名时，老爸便将他正在阅读的一本数学书《几何实习》的作者之名（13世纪意大利数学家莱昂哈德）原封不动地抄给了家人。所以，本回主人翁的全名是莱昂哈德·欧拉；不过，为了尊重历史和习惯，下面仍称他为"欧拉"。

欧拉的首任启蒙老师，当然非他老爸莫属。这位数学"发烧友"，不但按常规教儿子说话、数数、认字、学拼音，而且还把许多高深的数学问题编成故事，以培养儿子的兴趣，把数学种子早早播入了欧拉的心田，像什么龟兔赛跑呀、黄金分割呀、费马猜想呀等。反正，馋得欧拉恨不能立即长大，马上进入数学天地。特别是德国数学家鲁道夫穷其一生计算圆周率以至死后的墓碑上都刻着其35位精度 π 值的故事，更是深深震撼了欧拉幼小的心灵。于是，在读中学时，刚刚10岁的欧拉竟然真的开始认真研读鲁道夫的代表作《代数学》，还煞有介事地与一位业余数学家认真讨论书中的相关定理和证明；让后者又惊又喜，把自己的本事毫无保留地全都传授给了小欧拉。

13岁时，欧拉以优异成绩考入了全国历史最悠久的高等学府——巴塞尔大学，不但成为该校年龄最小的学生，而且还同时选修了6个专业：哲学、法学、数学、神学、希腊语、希伯来语等。更神奇的是他竟然只用了短短2年，在15岁时就大学毕业了！在大学期间，欧拉的最主要收获是遇到了一个贵人，准确地说是遇到了一家贵人。这一家可不得了啦，他们是历史上罕见的数学大家族——伯努利家族，前后4代共出了10余位世界级的著名数学家。更主要的是，这一家子不但在学术上指导欧拉，还在生活和工作等方面长期地、无私地、全方位地帮助欧拉。也许他们早就发现了欧拉那非凡的气质和无可比拟的数学天赋吧，因为他们始终都相信：欧拉一定会成为前程远大的数学家！

为避免外国人冗长而相似的姓名把人物关系搞乱，也由于在庞大的伯努利家族成员中，与欧拉关系最密切的主要是其中的父子两位：约翰·伯努利和丹尼尔·伯努利，所以，下面将分别简称他们为老伯努利和小伯努利。前者视欧拉如亲儿子，后者视欧拉如亲弟弟。

硕士选专业时，出于就业的实际考虑，欧拉的爸爸和妈妈都强烈要求欧拉攻读神学，以便毕业后子承父业当神甫，可是欧拉却想继续读数学。于是，老伯努利就亲自出马了，因为他要挽救一个难得的数学天才。经过N番苦口婆心的家访，在动之以情、晓之以理之后，"顽石"终于点头了，欧拉被允许继续攻读数学硕士学位。事后才知道，这位数学"发烧友"之所以让步，是因为他其实是老伯努利的忠实崇拜者，偶像都"跪求"自己了，哪还敢再端着什么架子呢，只剩下暗地里偷着乐吧。果然，欧拉未负老爸和贵人一家的厚望，只用了不足一年，就在16岁时获得了硕士学位；接着，又一鼓作气，用区区三年时间，在19岁时就获得了博士学位。在此期间，欧拉还随手甩出3篇论文，像飞镖一样"唰唰唰"，就轻松解决了弹道计算和船桅最佳布置等多个令权威们一直头疼的问题。惊得巴黎科学院，赶紧破例为他颁发奖状。

20岁后，欧拉博士离开学校，也离开了祖国，正式开始了自己的科研生涯。关于随后的经历，主流分类法是以其工作地点为依据，划分为如下3个阶段。

其一，初到圣彼得堡。由于小伯努利的极力推荐，应俄国女皇叶卡捷琳娜一世的盛情邀请并在著名数学家哥德巴赫的帮助下，1727年5月17日，20岁的欧拉入职圣彼得堡科学院数学部，并在那里工作了14年之久。其间，欧拉于1731年成为物理教授；于1733年接替小伯努利的职位，成为数学所所长。

其二，德国期间。1741年6月19日，受普鲁士腓特烈大帝的邀请，34岁的欧拉离开圣彼得堡科学院到德国，参与组建柏林科学院，并在那里工作了25年。其间，他在微分方程、曲面微分几何等方面取得了若干开创性成就。

其三，再返圣彼得堡。1766年，59岁的欧拉又从柏林回到圣彼得堡，并在那里度过了余生。

但是，由于本书是"科学家列传"，是希望激励读者成为科学家，所以，我们放弃了上述分类法，而是首次按欧拉眼睛的个数将欧拉的科研生涯重新分为3个阶段：两眼阶段、独眼阶段和全盲阶段。

20至28岁期间，年轻力壮的欧拉两眼炯炯有神。此外，在"天时"方面，有俄国皇帝护佑，欧拉全无后顾之忧，只需一心做科研就行了；在"地利"方面，圣彼得堡科学院聚集了当时全球一大批顶级科学家（比如，数学家哥德巴赫、天文学家德莱尔、理论力学家赫尔曼等），大家互相启发，你追我赶，不出成就都难呀；在"人和"方面，更有伯努利全家的倾力帮助，特别是小伯努利的现场指导（实际上欧拉是小伯努利的科研助手）使得欧拉如虎添翼。总之，在该阶段，无论欧拉取得多大的成就都不足为奇，因此不是本回的重点。在27岁那年，1734年1月7日欧拉迎娶了自己的新娘柯黛琳娜·葛塞尔，科学院附中美术教师的闺女。后来，他们生养了13个子女，其中仅有5个活到成年。欧拉也像自己的父亲那样非常重视子女教育，常常是一手抱着宝宝，一手拿着专著，生活事业两不误。

28至59岁期间，是欧拉的独眼阶段，此时他已右眼失明。关于他视力受损的原因，有多种版本：一说是，他曾直视太阳；二说是，他在22岁左右参与了绘制俄国全境地图，其间用眼过度；三说是，他长期工作太投入，缺乏眼保健；四说是，他3年前曾患过一次致命高烧，失明只是其后遗症而已。总之，无论是哪种原因，这对欧拉来说都是一个沉重打击。但是，如果你以为欧拉的科研会因此而受到影响的话，那就大错而特错了；实际上，刚好相反，眼疾使得欧拉更加珍惜时间，对科研更投入，以至于无论在什么场合，只要一见到数学公式，他就会立即情不自禁地计算起来。他的计算轻松畅快，既像自然呼吸又像鹰翔蓝天。

右眼刚失明没多久，心情沉重的欧拉化悲痛为力量，决心与时间赛跑：只要生命不息，他就计算不止。于是，仅在一年后，即1736年，欧拉就完成了两卷本巨著《力学》，对刚性物体的运动首次给出了严格准确的数学描述，被物理学界公认是继牛顿发现"运动学三大定律"之后又一个十分重要的里程碑。欧拉也因此被称为"现代分析力学的奠基人"。他的恩师老伯努利更是连连来信，称赞他为"最驰名和最博学的数学家""数学家的灵魂""无与伦比的欧拉"等。恩师的这些夸奖，虽涉嫌"爱徒心切"，甚至可能是想给弟子雪中送炭，鼓舞士气，但至少说明欧拉确实没被残眼打垮。

据统计，欧拉的绝大部分水平最高的成果其实都是在独眼阶段完成的，以至于另一位著名科学家弗雷德里克曾盛赞欧拉为"独眼巨人"。比如，34岁时，他解决了著名的七桥堡问题；40岁时，出版了代表作《无穷小分析引论》；48岁时，出版了另一部代表作《微积分概论》，终于将牛顿和莱布尼茨创立的微积分系统化，使其真正成为一门完整的学科，从而奠定了18世纪的数学分析基础，难怪全球数学家们都尊称欧拉为"数学分析的化身"。从数量上看，独眼阶段，欧拉撰写的论文超过380篇，这些成果使他成了变分法的先驱、刚体力学的鼻祖、流体力学的奠基者、弹性系统稳定性理论的开创人等。

其实，欧拉一生中，最精彩的时光是59岁以后，那时他已全盲。在此期间，欧拉与魔鬼展开了全面的斗智斗勇，并最终大获全胜。

故事是这样开始的。据说，也许是妒忌欧拉的众多辉煌成就，也许是憎恨独眼欧拉的不服输，魔鬼终于勃然大怒使出了绝命招：在1766年，"咔嚓"一声，魔鬼就关灭了欧拉左眼开关。从此，欧拉两眼完全失明。伙计，请你设身处地想一想，假若你是欧拉，假若你已儿孙满堂功成名就，那你会怎么办呢？别说已全盲，就算是身体仍然健康，估计许多人也会颐养天年，首选退休吧；就算遇到特别不服输的"老黄忠"，面对两眼一抹黑，你还能做什么呢？最多找个助手，口述回忆录而已吧！但是，欧拉就是欧拉，只见他对魔鬼鄙视一笑，然后"啪嗒"一抬手就打开了心灵之灯，从此，开启了长达17年的心算之路，并最终成为史上"心算第一人"。甚至，欧拉的所有论著中，超过一半的论著是在其全盲期间完成的！看来，还真是"天才，根本不需要眼睛"呀!

啥叫心算呢?心算就是不借助任何工具,只运用大脑进行的计算。如今,心算虽已不再神秘,因为许多学生都拿它来培养计算技巧,作为增强注意力、记忆力和思维能力的手段。与普通人心算不同的是,欧拉的心算对象是没有答案的世界难题,是谁都不懂的冗长而复杂的数学公式。

大约在1773年,即全盲后的第6年,欧拉依靠心算竟然成功解决了一个悬疑100多年的世界难题:"任何一个自然数,都可分解成4个整数的平方和"。这个问题到底有多难呢?早在1621年,法国数学家巴切特就首先向它发起了冲锋,结果以失败告终;数学"怪人"费马虽声称他能"用无限递降法给出证明",但却只是口说无凭,没任何证据;就连笛卡儿这样的大师,在绞尽脑汁后也连连摇头承认"实在太难了,我不敢碰它"。但是,这个超级难题却被一个盲人仅用心算就给轻松解决了,这难道不是奇迹吗?为了纪念这一伟大成就,如今数学界将该结果称为"欧拉恒等式"。

魔鬼见一计不成,便再施一计,既然全瞎挡不住欧拉,那就干脆直接结果其性命吧!在1771年,在一个狂风劲吹的严冬,欧拉的家遭到了猛烈"火攻":窗框燃了,门斗燃了,房顶和屋檐也燃了,整个院子成为一片火海。家人在慌乱中四处逃蹿,64岁的盲人欧拉被困在书房里不知所措,幸好一位侍从冒死救出了主人。但是,一切早已化为灰烬,欧拉的全部藏书和论著手稿更是荡然无存,半个多世纪的研究成果和心血全都付之一炬了!

正当魔鬼自以为得逞时,欧拉却擦干眼泪,毅然开始了难以想象的"数据恢复"工作。他请来助手,花费了整整一年时间,竟然一字不漏地口述了所有被焚毁的论文。接着,欧拉开始反击,开始向新的研究课题进军了。伙计,别忘了,此时的欧拉已年近古稀。他在学生克拉夫的协助下,很快就完成了三大卷本的光学专著《曲光学》,首次用数学分析方法处理了光波的振动方程,给出了光的反射和散射等定理,对望远镜、显微镜等光学仪器的原理和设计做出了重要贡献。次年,他又完成了厚达775页的天文学著作《月球运动理论》,对牛顿都害怕的"三体问题"进行了深入研究,给出了如今称为"欧拉第二月球定理"的重要结果,为天文力学贡献了一部不朽的传世佳作。

恼羞成怒的魔鬼终于服输了,承认拿欧拉本人一点办法也没有。哪知,就在欧拉稍一大意时,那魔鬼却反手一击,轻取了欧拉夫人的性命。1773年12月,欧拉一生的忠实伴侣柯黛琳娜,在与丈夫同甘共苦生活了40年后与世长辞。悲痛欲绝的欧拉送走老伴后，更加清醒地意识到了时间的紧迫性，于是，更加勤奋，笔耕不辍。他很快又用法文，写成了另一套3卷本的巨著《船舶操纵及结构理论》。由于该书对航海非常有用，所以刚一出版就迅速被翻译成俄文、英文和意大利文等，在多国畅销。统计数据显示，原配夫人去世后的9年里，反而是欧拉一生中创造力最旺盛的阶段，仅在1776年这一年中，69岁高龄的全盲欧拉竟撰写了56篇重要论文，共计上千页之多！这正应验了培根的名言：奇迹多是在厄运中出现的。

魔鬼发疯了，它见残害欧拉家人也无济于事，就在1782年3月17日，将欧拉的恩师兼朋友小伯努利送上了西天。老泪纵横的欧拉为了感激伯努利全家对自己一生的帮助和鞭策，决心再做出几个重要科学成果，以此来纪念小伯努利。果然，在1783年初，欧拉向圣彼得堡科学院提交了一条重要定律，如今被称为"欧拉二次互反律"，它被认为是18世纪数论领域中最重要、最有创造性的一个重大发现！虽然欧拉在生前未能给出相应证明（因为仅仅几个月后，欧拉也去世了），但是，1788年，法国数学家勒让德给出了部分证明；1801年，德国数学大师高斯给出了全部证明；再后来，高斯、希尔伯特等许多著名教授都曾试图对该定律进行扩展；直到1950年，才最终由数学家沙法兰维奇给出了普适的二次互反律。

1783年9月18日，像往常一样，欧拉一边辅导孙子们学数学一边推导气球运动的计算方程，突然感到一阵绞痛，烟斗从手中滑落。欧拉扑向桌子喃喃道："我要死了，我要死了……"，然后便失去了知觉。当晚11点，欧拉的心脏停止了跳动！法国数学家康多西在悼词结尾中沉痛地说道："他停止了生命，也停止了计算！"

欧拉的一生博览群书，学识渊博，兴趣广泛，精力充沛。他几乎同时在自然科学各个领域展开探索，在当时的每一个学科中都有所建树，有所贡献。他把数学分析方法应用到光学、声学、电学、磁学、天文学、物理学、生理学、弹道学、航海学、流体力学等各领域，有力推动了这些学科的发展。他为电磁现象推导的相关方程，启发了法拉第和麦克斯韦创立电磁理论。欧拉还是一个理论联系实践的杰出工程师，他在舰船建造、齿轮改造、水渠改造、火炮设计、城市规划、地图勘绘、土木建筑等方面，都做出了不可磨灭的贡献。

最后，让我们用法国数学家拉普拉斯的一句名言来结束本回：读读欧拉吧，他是所有人的老师！

第四十九回

上帝造物混沌生，林奈命名秩序兴

恩格斯在其代表作《自然辩证法》中，把16-17世纪的自然科学萌芽时期称为以牛顿和林奈为标志的时代。这里的林奈，便是本回的主人翁。

坦率地说，刚开始时我还真不敢拿林奈去比肩牛顿：一是因为，对动植物命名的"双名法"特别是对其重要性理解不透；二是因为，从"事后诸葛亮"角度看，该命名法好像没啥高科技含量，不过薄薄一层窗户纸而已；三是因为，该命名法也并非林奈首创，而是他将此前200多年由博安兄弟发明的方法完善后普及开来而已。但是，经全面认真分析后，我们才发现林奈确实是一位伟大的科学家，更是"激励大众成为科学家"的好榜样。

成为科学家的途径各不相同：既有大家熟悉的主流渠道，像欧拉、牛顿等那样，在当前热点领域取得突破，让其他科学家佩服得五体投地；也有像列文虎克、富兰克林等那样，偶然开拓全新的科学领域，魔术般地由"科盲"突然变成科学家；还有像本回主人翁这样，将过去被忽略的"宝珠"从尘土中挖出来，让它重放光彩，自己也由"学渣"变成了科学家，正如林奈自己所说的那样"从未有人像我这样，将科学转型"。当然，更有其他未知的传奇等着你开发。所以呀，伙计，你完全有机会成为科学家哟！

面对众多眼花缭乱的动物和植物，在林奈之前由于没有统一的命名法则，致使相关研究困难重重，比如同物异名或异物同名、学名冗长、语言文字相互隔阂等。而林奈的主要成果就是完善并推广了动植物命名的"双名法"，它其实就是给每个动植物的物种取一个正式的学名而已。顾名思义，每个动植物的学名都由两部分组成：属名和种加词。其中，"属名"是拉丁语化的名词，"种加词"是拉丁文中的形容词。通常，在种加词后面也可再加上命名人及命名时间等信息。比如，白三叶草的学名是 *Trifolium repens L.*。其中，Trifolium 是"属名"，是名词；而 repens 是"种加词"，是形容词；最后的 L. 是"命名者"，此处即林奈的通用缩写。自从"双名法"在生物学界被普及后，植物王国的混乱局面就变得井然有序了。"双名法"不但促进了植物学的发展，而且也使林奈本人成了近代植物分类学的奠基人。

面对上述"双名法"，猛然一看，许多读者可能都会与我们一样对该成果表示不服，因为，类似的命名法在中国古代每家每户都很普遍，甚至连文盲都会。你看，古代中国人的3字名都有标准的结构：第一个字是姓，另一个字是自己在家族中的辈分，剩下的字才是自己的特色。比如，当你穿越到中国古代的某山村后，你只需看看花名册便可知晓各村民之间的血缘关系：同姓比异姓更亲；同姓中辈分规律相同的家庭，又比辈分规律不同的更亲；辈分规律相同的家庭当中，辈分字高的人是长辈，哪怕他的实际年龄可能更小等。总之，我们仅凭村民们的姓名就能清晰地画出该村的"血缘树"。当然，林奈"双名法"的一个主要功能也是显示各物种之间的类似"血缘树"。比如，老虎与猫的血缘关系就比与熊的更近，虽然从体型上看熊虎更像，但是虎与猫却都属于猫科动物。又比如，蝙蝠与耗子的血缘关系其实比与燕子的更近，虽然从飞行本领看蝙蝠与燕子都能飞，但是蝙蝠与耗子却都属于哺乳动物等。但是，古人的"辈分命名法"和林奈的"双名法"有一个本质区别：前者是先有命名规则后，再给新生儿取名；后者则是先有了世间万物而且还是杂乱无章的万物后，再给它们取名，并且要达到以下目的。

1）所有物种都可取名，相同物种的名字必相同，不同物种的名字必相异。

2）仅仅通过动植物的名字就能判断它们彼此之间基因的亲疏程度，甚至知晓某些物种的相关特性，哪怕从未见过该物种。

为此，林奈将当时已知的所有植物，按从远到近的血缘（基因）关系分为8个层次（种、属、科、目、纲、亚门、门和界等），并对8 800多种植物进行了逐一命名，几乎达到了无所不包的程度：使得同种的植物，比异种的血缘更近；同种属的，比同种异属的血缘更近；同种属科的，比同种属异科的血缘更近，等等。提醒诸位，此项工作可不简单哟，因为，对每一种植物都必须进行反复鉴别，搞清它到底属于哪个种属科目纲等才能最终给出其学名。君不见，至今在媒体上，仍常有许多生物学家们，为了确定某物到底属哪个科目而争得面红耳赤吗？形象地说，若将古人的"辈分命名法"比喻为"打哪指哪"的话，那么，林奈"双名法"的真正实施，其实就可比喻为"指哪打哪"。所以，林奈的功绩，不仅仅是给出了一个取名原则，而是真的按此原则给出了众多植物的学名；更了不起的是，以实际结果证明了该"双名法"的可行性和优越性，从而奠定了近代生物分类学的基础。林奈也成了整个18世纪最杰出的科学家之一。

哦，我终于懂了，为啥要拿林奈比肩牛顿呢？原因就在于他们发现大自然的运行规律，牛顿发现了物质世界的规律，而林奈则发现了生物世界的规律。所以，他们都取得了突破性的成就，都是伟大的科学家。

其实，从远古开始，人类就一直非常重视动植物的分类。比如，大约在2 000年前的西周时期，中国古人就将动物分为鸟、兽、虫、鱼等4类。其中，鸟，是鸟类；兽，是哺乳动物；虫，包括大部分无脊椎动物；鱼，包括鱼类、两栖类、爬行类等低级脊椎动物及鲸、虾、蟹、贝等。亚里士多德也曾把动物分为热血和冷血两类。17世纪末，英国植物学家还曾把当时所知的全部植物进行了属种分类。但是，直到林奈提出的"双名法"，人类才终于找到了简捷而有效的命名法，并沿用至今；1758年，"双名法"被人们推广到动物分类学；甚至，从1980年1月1日开始，"双名法"还被人们扩展到细菌等领域。另外，据不完全统计，截至1799年，全球共出现过50多种动植物的分类体系，但经实践检验后都被逐一淘汰了，最终仅剩"双名法"。

好了，关于林奈成果的伟大性，此处就不必再论证了。其实压根儿也用不着我们去论证，因为过去300多年的历史事实就是最有力的论证；甚至整个18世纪生物学的进步都离不开林奈的功绩。那么，本来是"学渣"的林奈，到底是怎么成功的呢？这肯定不是因为他与欧拉同龄。故事还得从很久很久以前说起。

话说，在拥有"北欧花园"之称的瑞典斯莫兰地区，有个穷得叮当响的放牛娃，他从小就爱花如命，几乎成了"花迷"。他总是一边放牧，一边护花：要么给玫瑰浇水，要么给牡丹施肥，当然更忘不了欣赏百花之美。终于，"花仙子"倍受感动，便"下凡"嫁给了他。这个"花仙子"就是村中牧师的女儿，林奈的妈妈。后来，放牛娃继承了岳父的牧师职位，夫妻俩过着穷困而幸福的生活，每天精心呵护房前屋后的万紫千红，享受着彼此的爱意浓浓。时间到了1707年5月23日，小两口的爱情终于结晶了，小宝宝像花一样降生到了人间。给长子取什么名字呢？那时，"双名法"当然还未问世，于是，情系植物的老爸便意味深长地将"椴树（Linné）"作为儿子的名字，其发音便是"林奈"，全名是卡罗尔·林奈。

受父母言行的影响，"跟屁虫"林奈从小就对花花草草产生了浓厚兴趣，凡遇不认识的植物总要穷追其名，父母当然也乐意解答，并趁机将更多的故事添油加醋讲给儿子听。为了培养林奈的记忆力，父母定下规矩：凡已回答的问题，绝不再重答第2次。所以，林奈对植物的名称非常敏感，甚至达到了过目不忘的地步。在4岁时，他就被"花迷"老爸称赞为"小植物学家"了。

老爸非常重视宝贝的文化教育，林奈7岁时，就给林奈请了家庭教师；10岁时，就送他上了小学；17岁时，再升入中学。智商并不低的林奈，也许已陷入了植物海洋而不能自拔，其考试成绩始终都比较稳定，永远都在班里的倒数几位中徘徊：证明题吧，他不认识它；计算题吧，它不认识他；填空题吧，他和它彼此互不认识。反正，及格的滋味从未尝过，白卷行动从未少过；林奈同学绝对是一位典型的"学渣"，甚至是"学渣"中的"学渣"。老师捶胸,"唉,朽木不可雕!";老爸顿足,"唉,这可咋得了!"

正当老爸要下决心让19岁的儿子辍学回家学皮匠,以便今后有个手艺混饭吃时,林奈人生中的第一位贵人出现了,他就是林奈的物理老师——罗思曼博士。也不知罗博士的"天眼"是咋开的,反正他发现林奈非同一般,今后在植物研究方面必有成就。罗博士不但强烈请求"花迷"老爸继续让儿子读书,而且还干脆把这位"学渣"接到自己家里,不但管吃管住,还向林奈提供了大量有关植物学的书籍,这使得林奈的植物知识从感性上升到了理性,从零散上升到了系统,从身边扩展到了全球,从"下里巴人"上升到了"阳春白雪"。更重要的是,林奈首次知道了:哦,原来植物学是一门正式学科,是值得终生为之奋斗的事情。特别是在罗博士的指导下,他认真研读了《植物学大纲》,还对照插图采集了很多标本,并仔细观察,专心思考,甚至已开始研究植物归类的问题了。更幸运的是,20岁那年,林奈不但以优异成绩从中学毕业,而且还考上了隆德大学。

也不知林奈交了啥好运,穷哈哈的他在隆德大学又遇到了第二位贵人——司徒比教授。司教授是一位博物学家,收藏了众多动物、植物和矿物标本,还对植物学特感兴趣。他俩一见如故,彼此大有相见恨晚的感觉;共同的爱好,很快就让他们成了"忘年交",司教授更让林奈寄宿到自己家中。这样一来,穷学生林奈,不但省下了住宿费,而且还可零距离地从教授那里学到更多的植物学知识,并使过去自学的许多内容得到了空前提升。尤其重要的是,司教授还教会了林奈如何压制蜡叶标本,该技巧对他后来的事业起到了重要的推动作用。

一年后,21岁的林奈转学到了更加自由开放的乌普萨拉大学。这时,昔日的"学渣"早成了"学霸";他要么泡在图书馆,要么待在植物园,疯狂地吸取着植物学方面的"营养"。虽然他是全校最出色的优等生,但同时也是最困难的穷学生。别人吃肉,他喝汤;别人棉袄,他冻伤;别人点灯,他偷光。老爸已穷得几乎供不起大学生了,正当23岁的林奈即将被"半斗米"压垮的时候,第三位贵人又闪亮登场了。他就是路得白克博士,该校的著名植物学及医学教授。原来,路教授被林奈的勤奋好学所感动,决定以巧妙方式来帮助这位"学霸":他不但聘请林奈为自己的助教,还为他提供了免费住宿,更将一门重要课程《植物学》的讲授任务转给了林奈。后来,在路教授的极力推荐下,1732年,25岁的林奈被录取参加了瑞典科学院的一次带薪野外考察活动;在此期间,他发现了100多种新植物,收集了不少宝贵资料,并将结果发表在《拉帕兰植物志》上。一颗植物学"新星"便冉冉升起了。

大学毕业后，27岁的林奈于1734年移居到瑞典的达那拉省，一边考察自然资源，一边开业行医，并结识了当地的名医莫勒及其家人。这位莫大夫可不得了啦，绝对是火眼金睛，只一眼就看透了林奈：这穷小伙子压根儿就不是做医生的料，不过将来会大有前途。目前，他只是缺少一个博士学位而已。

"小林呀，我愿意资助你出国读个博士，你意如何呢？"莫医生自信满满地等着对方的感激。哪知林奈却待在那里欲言又止，"我，我，我更想娶伊丽莎白，您的女儿"，半晌小林才嗫嚅道。"臭小子，你说啥？！"惊呆了的莫医生，像触电一样弹起来，吼道："咋不早说呢，我也正有此意嘛！"这时，伊丽莎白也冲出来抱住父亲撒娇。原来，这两位年轻人的"地下工作"早就开始了。

1735年，林奈怀着未婚妻的爱，揣着准岳父的钱，出瑞典，经丹麦，跨德国，终于在荷兰取得了医学博士学位，并首次提出了以植物生殖器官为标准的分类法——"双名法"，使全球植物学家们茅塞顿开。书中暗表，生殖器官可用于植物分类的依据是什么呢？这样说吧，植物由根、茎、叶、花、果、种等六大器官构成；其中根、茎、叶是营养器官，花、果、种是生殖器官。营养器官受外界环境影响大、变异大，而生殖器官受外界环境影响小、变异小，因此可较准确地反映出物种间的进化、亲缘关系。

博士毕业后，林奈干脆"一不做，二不休"，又在荷兰、英国和法国考察了三年，充分利用这里丰富的自然资源和科学文献，取得了一生中最重要的科研成果。比如，林奈代表作《自然系统》初版时只有区区12页，待到后来的第17版时内容已厚达2 500多页，成了植物学巨著，在欧洲各国引起了空前轰动。林奈也被称为"植物大王"，以至于林奈无论走到哪里都会受到英雄般的欢迎。林奈的各界崇拜者更是铺天盖地：植物学家们感谢他找到了"指南针"，结束了植物界的紊乱状态，使大家在浩瀚的植物海洋中不再迷失方向；普通市民们惊叹他发现了生物界的如此惊天秘密；王公贵族们更是对他礼遇有加，借此表现自己的贤德之仁。西班牙国王、德国哥廷根大学、俄国圣彼得堡科学院等个人或单位争相发来聘书，希望林奈前往任职。当然，最终，还是爱情占了上风。

1738年9月，31岁的林奈衣锦还乡，受到了祖国的热烈欢迎，并马上被选为"斯德哥尔摩科学院"主席，国王也封他为"骑士"。当然，对林奈来说，这一年最高兴的事情是，他终于与自己的心上人伊丽莎白修成了百年之好。1740年，路得白克教授（对，就是那第三位贵人）退休后，林奈便接了恩师的班，成为乌普萨拉大学的植物学及医学教授。从此，林教授开始了30多年稳定的教学科研生涯，其间共发表论著180多种。特别是1753年，46岁的林奈又出版了他的第2本代表作《植物种志》，这是他历时7年的心血结晶，其中共收集了5 938种植物，并用"双名法"给出了统一命名。1737年，他又完成《植物属》一书，并不断再版，直到1764年的第6版。此外，林奈还发现了植物杂交法，为19世纪的植物杂交研究奠定了基础。1771年，林奈写完最后一本专著《自然系统增补》后身体逐渐衰弱，终于在1774年中风卧床，连说话都困难，更无法写作了。

在乾隆第三次东巡盛京那年（1778年）的1月10日，在经受了8年病痛折磨后，伟大的博物学家林奈终因膀胱溃疡，与世长辞，享年70岁。在安葬仪式上，这位被若干贵人帮助过的穷小子得到了只有皇族才能享受的荣誉。同年5月30日，伟大的作家、哲学家、法国启蒙运动的先驱伏尔泰以84岁高龄去世；7月2日，哲学家、教育家、作家卢梭也病逝于法国。

林奈去世后，受到了世界各地长期而广泛的纪念。1788年，伦敦建立了"林奈纪念馆"，并收集了他的许多手稿和动植物标本。美国芝加哥大学为他树立了全身雕像。他的祖国瑞典，动作更多：在100克朗钞票上印上了林奈的肖像；先后建立了多个"林奈博物馆"和"林奈植物园"等；1917年成立了"瑞典林奈学会"；更在林奈诞辰300周年之际，将2007年定为"林奈年"等。

回顾林奈的一生，确实有许多东西值得深思。

首先，林奈的成功，有一个重要的"天时"因素，那就是17世纪后人们搜集到了海量的动植物及其标本和化石等，到了18世纪，对这些生物品种进行科学分类就已变得非常紧迫。林奈正是生活在这样一个"需要英雄"的时代，而他又刚好构想出了定义生物属种的原则，并创造了统一的命名系统，因此，他就成了英雄；否则，他也可能会像早期前辈那样永远也成不了英雄，或只能是"英雄无用武之地"。

其次，林奈之所以能取得如此成就，一是因为他对植物的特殊感情和好学精神；二是因为他具有广博的经历及有利的外部条件等；三是因为他重视前人的工作，虚心取人之长并加以发展。比如，1729年，林奈从法国植物学家维朗特的《花草结构》中受到启发后，就把植物的雌蕊和雄蕊数目用于了植物分类。

再次，若按当时传统的科学领域（数学、物理、天文等）去要求林奈的话，那最多只会徒增一个"学渣"；若林奈只是像他老爸一样终生喜爱花草植物，那他即使能搜集到大量标本，最多也只能感动另一"花仙子"嫁他；若没有众多贵人在关键时刻帮一把，那可能永远也不会产生林奈这位科学家；若林奈动口不动手，只是提出"双名法"规则而不去具体实践，特别是不对当时已知的全部植物进行命名，那"双名法"也不会被最终认可，只可能重蹈200多年前博安兄弟的覆辙，让"双名法"成为"无名法"并最终被遗忘。

总之，科学家林奈的成功告诉我们：条条大道通罗马，同样，条条大道也通科学家之路。

第五十回

质量守恒露天机，物理化学揭秘密

伙计，考你一个"脑洞"问题。你也许已知，宇宙的最低温度是绝对零度，就是开尔文温度标定义的零点或 -273.15 摄氏度。但是，请问宇宙的最高温度是多少度？要想回答该问题，首先得了解温度或热的本质，即某物体的温度其实代表了组成该物体的粒子运动程度。理论上，当所有的粒子都停止运动时，物体便达到最低温度；但是，当所有粒子的速度都为最高的光速时，相应的温度便达到了最高温度，又称为普朗克温度，其值约为 1.417×10^{32} 开尔文。虽然该结果的获得归功于爱因斯坦、开尔文等众多科学家，但是，解决该问题的核心思路却来自于本回主人翁——米哈伊尔·瓦西里耶维奇·罗蒙诺索夫，因为是他首先发现了热的本质。

与他在圣彼得堡科学院的同事欧拉相比，对国内读者来说，罗蒙诺索夫这个名字可能相对较陌生，甚至压根儿就没听说过；但是，若在俄罗斯，这个名字绝对家喻户晓，而且比欧拉还知名，因为他是俄罗斯的民族英雄，俄罗斯的骄傲，俄罗斯的"科学之父"，俄罗斯的"语言之父"，俄国的"文艺复兴式"人物，俄国文学界的"彼得大帝"，俄国首个化学实验室的创建者，俄国第一所大学的创办者，俄国"百科全书式"的巨人等。更奇怪的是，他还是圣彼得堡科学院的首位俄国院士。原来，圣彼得堡科学院虽位于俄罗斯，也由俄罗斯资助，但其选人标准却纯粹国际化。由于那时俄国的科技还较落后，所以，除了扫地大妈和看门大爷等之外，在整个科学院几乎就没有俄国人的影子。这也是罗蒙诺索夫倍受俄国人推崇的历史背景。

可惜，由于本书是"科学家列传"，所以，对罗蒙诺索夫的其他贡献，此处将忽略不计，虽然明知他是伟大的语言学家、历史学家、教育家、哲学家和诗人等。又由于本书立足于全球，所以，对各科学家的区域性贡献将不得不忍痛割爱。

罗蒙诺索夫的代表性成果，你肯定早就听说过。比如，他于1756年发现的"质量守恒定律"。对，就是中学化学课上，人人必修的那个定律：在任何封闭系统中，不论发生何种变化或过程，其总质量始终都保持不变。换句话说，任何变化包括化学反应和核反应等都不能消除物质，只能改变物质的原有形态或结构，所以该定律又称为"物质不灭定律"。如今，该定律已是自然界的基本定律，且普遍存在；后来，又被发展成为"能量守恒定律"；再后来，爱因斯坦提出相对论后，人们终于发现"质量守恒定律"与"能量守恒定律"原来是同一个定律，如今它们已被统称为"质能守恒定律"。

但是，可能出乎你意料的是，这位罗蒙诺索夫之所以能进入科学殿堂，却完全得益于他的诗写得好。更意外的是，他的科学家之路纯粹是由若干"误会"甚至"乌龙"

铺就的，否则，他本来应该是一位老实巴交的渔民。最意外的是，此兄脾气很古怪，特别是在圣彼得堡科学院工作的那几年，更是得理不饶人，没理也闹三分。当然，这是从局外人角度来说的，若从俄罗斯爱国群众角度来看，他的胡搅蛮缠也许就变成英雄行为了。

传奇故事是这样开始的。从前，在俄国很北很北的北部，在快要靠近北极圈的地方，有一个库尔岛。岛上有一个"命很硬"的孤儿，全家都死光了，他却还顽强地活着，而且捕鱼技术越来越高，身体也越来越棒，竟然在30岁时还拥有了自己的小渔船，成了"船老大"，娶回了自己的漂亮媳妇，1711年（康熙五十年）11月19日生下了自己的宝贝儿子罗蒙诺索夫。后来，原配夫人早逝，船老大又娶了二房；二房又被"克死"，再娶了三房。书中暗表，为啥要说这么多"房"呢？因为，正是这位三房后妈的凶狠才最终促成了本回主人翁的离家出走，从而为人类贡献了一位伟大的科学家。不过那是后话，此处暂且按下不表。

望子成龙的父亲，恨不得儿子像气球那样能被立即"吹大"成人，好与自己一起把小渔船变成大渔船，把一条船变成两条船；于是，当罗蒙诺索夫还不满10岁时，老爸就迫不及待地带他上船实习，并自豪地指点着"江山"，好像茫茫大海都是他家鱼池一样。如何靠海鸥找鱼群，如何判断天气变化，如何躲避浮冰，收网有何诀窍，鱼儿如何保鲜，大风大浪中怎样掌舵，等等；无论儿子问还是不问，老爸都像填鸭一样滔滔不绝地传授着家传秘方。可哪知，儿子对"指点江山"并无兴趣，反倒喜欢"激扬文字"。北极光是咋回事儿呀，海水夜间为啥会发亮呀，潮起潮落为啥都很准时呀；几个问题下来，目不识丁的老爸便无招架之功了。刚开始时，老爸还假装勉强应付，接着便"王顾左右而言他"了，最后干脆原形毕露：打鱼就打鱼呗，管些闲事干吗！

最让老爸迷茫的是，自己的媳妇，罗蒙诺索夫的亲妈，竟然也赞同儿子认字。"那字又不是鱼，既不能吃，又不能卖，学它干啥"，每当看到母子俩"叽里呱啦"读《圣经》时，老爸总会抱怨几句。幸好村里有位退休神甫，不但认得几箩筐字，而且还收藏了不少书籍。架不住罗蒙诺索夫母亲的反复央求，神甫便成了罗蒙诺索夫的首任启蒙老师，神甫的藏书也成了罗蒙诺索夫的自学教材。后来，罗蒙诺索夫还偶然拥有了自己的两本书，《算术》和《斯拉夫语语法》。它们虽然很难读，但罗蒙诺索夫还是从中既学会了加减乘除等基本运算，也知道了文字单词的若干结合规律，为他日后成为语言学家迈出了微小的一步。功夫不负有心人，14岁时，罗蒙诺索夫还真成了村中的"大笔杆子"：张家来信了，得请他读读；李家拟合同，得请他写写；王家年终收支账目，更得请他算算。反正，这位"秀才"已成了村中红人。书中暗表，罗蒙诺索夫这两本书的来历也颇具传奇：他先用一只小海象，换得了阅读权；再用"在荒郊坟场待一夜"的勇敢，最终取得了两书的所有权。

父亲在"三房"的怂恿下，觉得儿子越来越不靠谱，终于下决心，出手干预。只见他，首先来一招"借力打力"，让儿子早早成家；可是，罗蒙诺索夫哪肯就犯，启动"太极神拳"，以柔克刚，以拖抗婚。父亲暗笑，广请媒婆布下"八卦阵"，四面围攻；罗蒙诺索夫沉着应战，使出"三十六计，走为上计"，欲溜之大吉。父亲果断"一夫当关"，切断儿子的经济来源，试图不战而屈人之兵；罗蒙诺索夫心一横，以无招胜有招，终于金蝉脱壳。1730年，19岁的罗蒙诺索夫只身一人逃出渔村，赤手空拳潜入了俄国首都莫斯科。

饥肠辘辘的逃婚者刚一进城，就被荷枪实弹的卫兵逮了个正着。原来，那天恰好是女皇安娜·伊凡诺夫娜加冕的日子，于是，"笔杆子"就被"枪杆子"当成了"二杆子"，不容分说关进了稽查所。"哈哈，谢天谢地，总算吃了顿饱饭"，摸着圆肚子的罗蒙诺索夫在铁窗里暗自庆幸道。哪知，更意外的事情还在后面等着他呢！当得知罗蒙诺索夫能读会写后，一脸严肃的牢头很快就找来了扎伊科罗斯基学校的教务主任；后者对罗蒙诺索夫进行了简单面试后就强行将他送入自己的学校，并要他承认自己是贵族子弟。突然天上掉馅饼，对本来就酷爱读书的罗蒙诺索夫来说当然是求之不得哟，实际上，罗蒙诺索夫的名言就是"对我来说，不学习，毋宁死"；况且，还是让他当贵族呢，又不是当坏人。这是咋回事儿呢？书中暗表，原来，当时俄国有一条规定："所有适龄贵族子弟，都得上学读书；父母隐瞒者，处以鞭笞；学校监管不严者，校长将被严惩。"另一方面，扎伊科罗斯基学校是皇家重点学校，连彼得大帝也曾多次光临。近日某皇室成员又将亲自视察该校，可是就在这节骨眼上，一位已交学费的一年级贵族子弟却突然逃学，玩上了失踪。万般无奈之下，学校和家长只好合谋"偷梁换柱"。于是，已近20岁的罗蒙诺索夫，便鹤立鸡群地与一帮小屁孩儿一起挤进了小学一年级教室。

哪知，本该是"临时演员"的罗蒙诺索夫却入戏太深，难以自拔。他仅用3个月时间就自学完了一年级的全部课程，接着又大胆向学校申请跳级。学校为感谢"李鬼"当初"救火"有功，更由于罗蒙诺索夫确实成绩优异，也许还有怕"露馅"的成分，学校破例同意他升入二年级。从此，罗蒙诺索夫正式成为了一名小学生，还享受了学校的各种津贴，钱虽不多，但足够吃个半饱。当第一张"馅饼"还没吃完时，"吧唧"，第二张"馅饼"又砸中了这位假贵族。原来,经元老院批准,学校要优选一批学生公费前往圣彼得堡科学院深造,并作为今后出国留学的"苗子"。经公平、公正、公开的全面考核,罗蒙诺索夫过关斩将,终于以第一名的成绩笑到了最后。1735年元旦,24岁的罗蒙诺索夫告别了可爱的老师和同学,告别了阴差阳错的学校,告别了生活了5年的莫斯科,与其他幸运学生一起踏进了圣彼得堡科学院的大门,开始以大学生身份全面进修德语、拉丁语、数学、地理、物理、舞蹈、绘画、修辞学和世界史等课程。在圣彼得堡科学院期间,罗蒙诺索夫零距离接触了许多顶级科学家,不但为今后的人生找到了榜样,也破除了对科学家的神秘感,更坚定了自己也要成为科学家的决心。

一年后,1736年9月23日,25岁的罗蒙诺索夫结束了在圣彼得堡科学院的进修生活,被公派到德国马尔堡大学留学,师从著名的物理化学教授沃尔夫。德国良好的实验环境、丰富的图书、自由的学术研读氛围,让罗蒙诺索夫如虎添翼。他"冬练三九,夏练三伏",学业进步"嗖嗖"往上蹿;第二年,就在权威杂志《德国科学》上发表了自己的处女作,并大胆质疑了导师的某些学术观点。沃尔夫对弟子的"不敬",不但没生气反而大加表扬。在导师的精心栽培下,罗蒙诺索夫终于练就了"卧似一张弓,站似一棵松";并且,在许多方面都表现出色,像什么"南拳和北腿,少林武当功,太极八卦连环掌",反正,他样样都精通!

正当罗蒙诺索夫打算把近期的众多好消息告诉父亲时,却突然收到了家人的来信:父亲突遇巨浪,葬身鱼腹!父亲的去世,使罗蒙诺索夫更加清晰地认识到,只有科学才能为人类创造更美好的生活,并且科学能给青年以营养,给老人以慰藉,给幸福生活锦上添花。于是,他化悲痛为力量,更加勤奋地学习。在马尔堡大学的3年期间,他不但掌握了力学、数学、化学和水利工程学等课程,还精通了德语和法语,培养出了严格的治学态度,特别是大胆质疑、小心求证、不盲从权威的科学精神。

1739年,28岁的罗蒙诺索夫从马尔堡大学结业后,按照圣彼得堡科学院的安排,前往德国工业城市弗赖堡实习,师从亨克尔教授。哪知这位导师与徒弟罗蒙诺索夫一样,都是固执己见的"犟牛"。起先,师徒俩只是学术观点不同,相互争执;后来,终于情绪失控,发展成了"全面战争"。于是,新版"罗蒙诺索夫逃婚记"又上演了。只不过,这次的故事情节是,犟徒一赌气,要回国;犟师釜底抽薪,让大使馆拒签;犟徒声东击西,闪现荷兰,试图借道回国;犟师"无为而治",果然又成功地"无不为"。犟徒仍不服输,宁愿四处流浪,结果又被逮了个正着。原来,某位普鲁士骑兵溜号,犟徒便被"抓了壮丁",被强行穿上军装,日夜守卫在德国的边境线上。正当犟徒万念俱灰时，突然，"咔嚓"一声惊雷，天上又开始掉馅饼了，而且还是特大号的"馅饼"：房东的女儿齐西尔于1740年6月嫁给了他。一年后，第二个"馅饼"又砸将下来，祖国终于找到了这位失踪的游子，并于1741年6月8日将他接回了圣彼得堡科学院。

伙计，请注意，到现在为止，已经30岁的罗蒙诺索夫，虽不敢说是一事无成，但确实还没有任何能成科学家的迹象哟，而且简直就是一个典型的俗人！你看他，回国做的第一件事就是与院长讨价还价，争职称：一上来，就狮子大开口，开价要"教授"；院长也不是吃素的，还价时就"拦腰一刀"，只给了一个"助研"。"唉，不会做小事的人，也做不出大事来"，罗助研一边自我安慰，一边给出了第2次开价，"副教授"；这次院长干脆不还价了，直接不理。哪知，一年后，院长却主动上门向罗助研求救了。原来，女皇马上过生日，科学院准备献上一首颂诗，可众院士们写的赞歌实在太差，难登大雅之堂，于是，院长只好屈尊央求那时已是著名诗人的罗助研了。后来嘛，双方"成交"，皆大欢喜，而且那首颂诗还深得女皇青睐，甚至还亲自给罗副教授颁发了奖状。从此，罗诗人就"朝中有人好办事"了。

"职称"初战告捷后，罗副教授又发起了"实验室之战"，这次他想申请专款建设化学实验室。可是，一个普通副教授，而且还是靠诗歌评上的物理副教授，哪会有此待遇呢！于是，院长不批，他就找院长吵；同事不理解，他就跟同事闹。反正，三天一大吵，五天一小闹，最终，搞得一大批院士联名上书，声称必须对他加以惩处，否则将全体辞职。于是，可怜的罗副教授又招来了牢狱之灾，被监禁长达6个月之久，直到1744年1月才终于恢复自由。出狱后，罗副教授好像学乖了，不再吵闹，只安心做科研，并于1745年8月魔术般地成了圣彼得堡科学院院士和化学教授。可谁曾知道，他其实是绕过了科学院直接上书女皇，请求宫廷拨款创建化学实验室。

1746年，又是罗蒙诺索夫的幸运年。6月20日，他在圣彼得堡科学院首次用俄语作了一场实验物理报告。这不但具有科学意义，更具重大的政治意义。因为，在历史上，俄语或俄国人从来就没登上过如此神圣的科学讲台。一时间，全国沸腾，百姓们奔走相告，人人骄傲，个个自豪，甚至都惊动了女皇本人。报告效果也出奇地好，于是，几天后，他写给女皇的申请书，竟意外获批了！又经过了2年多的筹建，终于在1748年左右，由俄国人自己建造的首个化学实验室闪亮登场了。从此，罗院士便以实验室为家，成天泡在那里，自信地吹响了科学冲锋的总攻号。后来的事实也证明，罗院士的主要科学成果确实都是在该实验室中完成的。

在自己心爱的实验室里，罗院士绝对是"身轻好似燕，豪气冲云天"，没日没夜地"外练筋骨皮，内练一口气"，科研方面更是进展迅猛，很快就能"棍扫一大片，枪挑一条线"。仅仅几个月后，他就在1748年2月16日写给同事欧拉的信中说："自然界所发生的一切变化都是这样的：一种东西失去多少，另一种东西就获得多少。因此，如果某个物体增加了若干物质，另一物体必然有若干物质消失。我在梦中消耗了多少小时，那么我必然失眠多少小时，如此等等。因为这是一条普遍规律……"换句话说，这种观点其实就是"质量守恒定律"和"能量守恒定律"的雏形。又经过了大量的实验之后，1756年，45岁的罗蒙诺索夫终于宣布"参加反应的全部物质的重量，等于全部反应产物的重量"。这就是今天熟知的，作为化学基石的"质量守恒定律"。从此，一位伟大的科学家就终于诞生了！

罗蒙诺索夫的另一项代表性成果，是他开创了物理化学这一新学科。过去，大家都认为物理和化学是两门各自独立的学科，而罗蒙诺索夫却认为物理、化学和数学是三胞胎，三者之间有非常密切的关系。他形象地把物理和化学称为人的双手，把数学称为人的眼睛。一个科学家要研究物体内部的结构，必须借助双手（物理、化学）和眼睛（数学）。他发现，在研究一个物体的物理特性时，可以了解其化学特性；反过来，在研究某物体的物质特性和化学过程时，又可以了解其物理特性。终于，在1752年，他写成了《精确的物理化学引论》一书，奠定了物理化学的基本理论。

罗蒙诺索夫的科学成果还有很多，此处就不细述了。当然，总体来说，他的科研黄金期很短，只有从1748至1757年这短短的9年时间。这一方面是因为他起步较晚，37岁后才真正进入状态；另一方面是因为他"收官"较早，后期的主要精力都局限于俄国内部了，当然，这对一个科学刚起步的国家来说是完全可以理解的；第三方面的原因是他寿命很短，仅仅活了54年。实际上，在郑板桥病逝那年，即乾隆三十年，更准确地说是1765年4月15日，罗蒙诺索夫因患重感冒不幸逝世。

第五十一回

亚当·斯密定乾坤，道德情操国富论

伙计，我敢打赌，一看见本回题目，你很可能马上就会质疑：亚当·斯密是经济学家吧，啥时成科学家了呢？嘿嘿，别急，且请听我慢慢道来。本书之所以要为他立传，主要原因有两个。

原因之一，本书所指的科学家，并不仅仅限于自然科学家，对以经济学家为代表的社会科学家也是敞开大门的，只可惜，此前没人能满足入选标准而已。而亚当·斯密作为经济学的主要创始人，他将当时零星的经济学说系统整理后，使之成为一门独立的学科，其社会影响之大，无论是从地理上的广度还是从时间上的长度，在近代科学史中都属首屈一指。

你看，他的代表作《国富论》宛若经济学"圣经"，是影响人类历史进程的、少有的划时代巨著，至今仍对经济学有重要的指导作用；自1776年首次出版以来，一直在世界各地畅销，经久不衰达200多年，获得了各方好评。比如，美国政治经济学家熊彼特说："《国富论》不仅是最成功的经济学著作，也可能是除达尔文《物种起源》之外，迄今出版的最成功的科学著作"；英国历史学家巴勒说："从最终效果看，《国富论》也许是人类迄今最重要的书，它对人类幸福做出的贡献，超过了所有名垂青史的政治家的总和"；英国经济史学家哈森说："《国富论》标志着经济史上的一个新纪元，或说是一场革命"。

他的另一专著《道德情操论》，也是情感伦理学的开山之作，其影响也一直延续至今。它利用同情的基本原理，阐释了正义、仁慈、克己等一切道德情操的产生根源，揭示了人类和谐发展的基础，以及人类行为应遵循的一般道德准则等。长久以来，人们对该书也是好评如潮。比如，美国经济学家弗里德曼说："不读《国富论》，不知啥叫'利己'；读罢《道德情操论》，方知'利他'才问心无愧"；英国经济史学家罗尔说："别忘了，《国富论》与《道德情操论》是同一作者；若不了解后者的哲学基础，就无法理解前者的经济思想"。

原因之二，这也是斯密入选本书的主要理由，因为斯密提出了一个非常重要的概念："看不见的手"。其原话大概是说："在充分竞争的自由市场中，每个人都试图用其资本，来使其产品价值最大化。一般来说，他并不想增进公共福利，也不清楚能增进多少公共福利，他所追求的只是个人安乐和个人利益；但是，当他这样做时，就会有一双'看不见的手'，引导他去达到另一个目标，而该目标绝非他所追求的东西。由于追逐个人利益，他却经常促进了社会利益，甚至，其效果大于他真正想促进的社会效益"。该思想还可简化为，在充分竞争的自由市场中，无论各方的既定利益是多么千差万别，但是都有一只"看不见的手"，它通过调整仅仅一个指标（价格），就能使得各竞争方的利益最大化。若这只"看不见的手"只出现在经济学中，那本书对它的兴趣将大打折扣；但是令人惊讶的是，这只"看不见的手"几乎无处不在，而且对包括自然科学在内的许多分支都具有重要的启发作用。比如，在作者最近的学术专著《安全通论》中，我们惊奇地发现，在网络空间安全的攻防对抗中，无论系统多么复杂都有一只"看不见的手"，它通过仅仅调整一个指标（安全熵），就能使各方的利益最大化。另外，在以天体运行为代表的物质系统中，万有引力难道不是那只"看不见的手"吗？在生物进化系统中，"物竞天择，适者生存"，难道不是那只"看不见的手"吗？在以马尔萨斯"人口论"为代表的生态平衡系统中，促进生态平衡的那股力量难道不是来自那只"看不见的手"吗？中医追求阴阳平衡时，难道不是在调用这只"看不见的手"吗？《博弈论》中著名的"纳什均衡定理"，难道不是在量化这只"看不见的手"吗？维纳在其《赛博学》中提出的"反馈、微调、迭代"原理，难道不是那只"看不见的手"的作用效果吗？任何封闭系统中，促使熵增的力量，难道不是来自这只"看不见的手"吗？大自然和人类社会的许多基本规律，难道不是这只"看不见的手"的杰作吗？至于微观经济学中的均衡理论嘛，更是这只"看不见的手"的数学化了。总之，只要愿意，你时时处处都能感觉到它，这只"看不见的手"。

好了，下面该讲讲这只"看不见的手"的主人了。

在列文虎克逝世那年（即1723年，雍正元年）的年初，有位名叫亚当·斯密的英格兰大律师，突然被一只"看不见的手"抓去了"阴间"。两个月后，大地主的闺女、大律师的遗孀玛格丽特产下了一个大白胖小子。妻子思夫心切，便将老公的名字原封不动地取给了儿子，于是，本回的主人翁亚当·斯密就问世了。从此，这对孤儿寡母就相依为命。妈妈经常给儿子讲父亲的英雄事迹，特别是父亲在担任海关官员期间巧妙处理各种经济纠纷的传奇，惹得儿子好不自豪，暗自下决心，长大也要当经济学家。后来，果然如其所愿，儿子不但成了经济学家，还像父亲一样当上了海关官员。

斯密虽无父爱，但他却是妈妈的全部，倍受无微不至的呵护，也被寄予了无限期望，"含在嘴里怕化了，捧在手里怕摔了"，所以从小就被妈妈养得性格内向柔弱。特别是4岁那年，小斯密独自玩耍时竟被人贩子的那双看得见的手给偷走了。一时间，天崩地裂，鸡犬不宁，街坊四邻全都被斯密的妈妈发动起来，对方圆数十里的犄角旮旯进行了地毯式的搜索；好不容易才大海捞针，斯密的妈妈从一位吉卜赛女郎那里夺回了自己的心肝宝贝。从此，妈妈对儿子更是寸步不离。也因此，成年后的斯密，其性格便具有鲜明的两重性：一方面，他作风严谨、品德高尚、胸襟宽阔、才华过人、卷帙浩繁、不受羁绊；另一方面，他少言寡语、盛气凌人、不求精准、名声不佳、主张自由放任等。

小斯密虽不善言谈，但却善于观察，勤于思考，记忆力超强；且经常因陷入深思，而不能自拔，一边发呆一边喃喃自语。甚至，数十年后，他在《国富论》中还回忆了幼年时代观察隔壁制钉厂的生产流水线情况。若非本人亲述，你无论如何也想不到，一个小屁孩儿，从轰隆隆的车间中看到的不是热闹或好玩，而是工人们的分工与合作，以及因此而引发的效率提高和成本降低等问题！看来，他真是天生注定的经济学家呀！9岁时，斯密进入柯卡尔迪市立学校。他学习勤奋刻苦，喜欢读书，更喜欢提问，而且他提出的许多问题明显超出了同龄孩子。他的数学和拉丁文成绩都很优秀，尤其爱好文学，甚至还创作过剧本，也出演过几部戏剧，从而深得校长器重。于是，中学毕业时，14岁的斯密便被校长推荐到格拉斯哥大学攻读文科专业。

在格拉斯哥大学，斯密本来是文科生，但对其人生轨迹影响最大的却是一位数学老师，西姆森教授。当西教授发现自己的学生斯密是一位勤于思考的"好苗子"后，便常常给这株"好苗子"额外"施肥"，教给他许多"数学武林秘籍"，还送了不少"葵花宝典"。这不但燃起了斯密对数学的浓厚兴趣，还给他打下了坚实的数学基础，从而为他成为经济学家铺平了道路。西教授对斯密的影响之深，以至于后者终生都念念不忘，甚至在临终前修订《道德情操论》时，还特意增加了一段话以感激当年西教授等的指导。他说："我有幸受益于两位数学家，而且从我的角度看，他们是当代最伟大的数学家，格拉斯哥大学的罗伯特·西姆森博士和爱丁堡大学的斯图尔特博士。他们始终都默默无闻地工作，对自己的成就充满自信；从不介意外界的评价，更未因被忽视而感到丝毫不安。"

在格拉斯哥大学，还有另一位老师（哲学教授哈奇森）也极大地影响了斯密的一生。这位哈教授顶住当时意识形态方面的重重压力，不但启迪了学生们的良知，指明了思想方向，还唤醒了自由主义精神。以至于斯密的处女作，《道德情操论》的整个理论体系，就是在哈教授的启发下而提出来的；实际上，该书的许多思想轮廓，也都形成于斯密一边听哈教授讲课一边积极思考之中；当然，课后与哈教授的众多面对面讨论更是有效的"催熟剂"。总之，正是这位哈教授，在最合适的时间，将最合适的一粒思想种子播撒到了最合适的学生心中，从而使得它迅速生根、发芽、开花、结果，并最终长成了参天大树。所以，在半个世纪后，在被母校选为名誉校长的仪式上，在回忆母校的教诲之恩时,斯密饱含深情地说:"永远不能忘记弗兰西斯·哈奇森老师!"

在格拉斯哥大学的第3年,由于成绩优异,17岁的斯密获得了一笔奖学金,并于1740年7月7日被推荐到牛津大学继续深造,他在那里待了整整6年,直到1746年8月。刚到牛津时,斯密就敏锐地发现,这里虽很摩登,但老师们思想保守,工作缺乏积极性,学术气氛沉闷。于是,在潜意识中,他就启动了自己的经济学细胞,开始广泛收集素材,认真分析原因,并最终得出了颇具说服力的结论:牛津大学的工资体系有问题,因为老师们的收入与其勤奋状态无关。看来,对斯密来说,经济学思想很早就已植入骨髓了。在牛津大学期间,斯密有得有失,有悲有喜,而且悲和喜好像还都成对出现。

在第一对"悲喜包"中,悲的是,在牛津大学课堂上他几乎没学到啥东西;喜的是,他总算于1746年夏天获得了牛津大学的学士学位,并以此为"敲门砖"解决了随后的就业问题。

在第二对"悲喜包"中,喜的是,牛津大学巴利澳尔学院图书馆的丰富藏书,让他大开眼界,以至他像扫描仪一样,几乎把所有图书都存入了自己的"大脑数据库"中,为随后数十年的"知识挖掘"和"大数据分析"提供了充足素材,更为经济学鼻祖的诞生"备好了孕"。悲的是,由于用脑过度,再加缺乏体育锻炼等,斯密的健康状况迅速恶化,坏血病和头颤症时有发生。特别是1743年秋天,他的怠惰症急性发作,不但浑身发懒无力,甚至动作都难以控制,生活几乎不能自理;整整3个月,除了睡觉就是在轮椅上度日。所以呀,伙计,适当休息,其实是为了更好地工作,正所谓"磨刀不误砍柴工"嘛。至少在劳逸结合方面,咱不能向斯密学习;若非要学习,也是拿他当反面教材。

在第三对"悲喜包"中,悲的是,斯密不仅阅读了许多"正能量"书籍,而且还竟敢阅读某些"反动书籍"。比如,经同班同学举报,他在阅读哲学家休谟的《人性论》时就被抓了现行。不但图书被没收,还受到了严重警告和记过处分,若非他平时成绩优异,可能要被开除学籍的。喜的是,正是因为这本"反动书籍"最终打通了正在构思中的《道德情操论》的"任督二脉",使斯密由"山重水复疑无路",突然"柳暗花明又一村"。后来,斯密就成了休谟的忠实崇拜者;再后来,大约在1750年,斯密与休谟首次见面后,他们俩就互为忠实崇拜者了。以至于在1773年,重病中的斯密担心自己"来日不多"时,便立遗嘱指定休谟为自己的遗稿管理人;哪知,休谟却先于偶像去世,而且在其遗嘱中竟然也不约而同地指定"斯密为自己的遗稿管理人"。幸好，他俩没在同年同月同日死，否则还真不知该如何处理遗稿呢，由此可见，他俩的友谊之真。人生得一知己，足也！这对斯密来说，当然也算一件大喜事。

23岁从牛津大学毕业后，《道德情操论》的撰写工作便提上了斯密的议事日程。于是，他先回家与妈妈一起待了两年，也算是一边"啃老"，一边"半闭关"创作《道德情操论》吧；因为他还得时不时打点零工，挣点"银子"。后来，因为"地主家里的余粮"实在不多了，所以斯密便于1748年（时年25岁）去爱丁堡大学当了一名讲师。再后来，由于导师西姆森教授和哈奇森教授的积极推荐，斯密便于27岁那年回到母校格拉斯哥大学，担任教授长达16年。在此期间，他一边授课，一边创作。经过十数年磨一剑，终于，在1759年，36岁的斯密出版了首部专著——《道德情操论》。哇，一时间洛阳纸贵，读者奔走相告。老师得买一本吧，学生更得买一本吧，官员也要一本吧，于是，你一本我一本他一本，乐得书店老板合不拢嘴，赶紧在橱窗里为斯密塑起了半身雕像。赶时髦的文艺青年，茶余饭后要谈谈《道德情操论》的学习心得；普通青年，也得在家中显眼处摆上一本《道德情操论》，以示高雅；至于搞怪青年嘛，也不甘落后，争相模仿斯密的声调讲话，因为斯密略带结巴，所以也容易"东施效颦"。

其实，斯密对人类科技还有一项重大贡献，只是常被忽略而已。那就是他拯救了伟大的发明家瓦特，对，就是那位发明蒸汽机的瓦特。当时，20岁的瓦特落难，从伦敦长途跋涉来到格拉斯哥，却四处找不到工作；正在上天无路入地无门之际，格拉斯哥大学的教务长斯密力排众议，请他做了学校的"临时工"。若说这次聘任只是机缘巧合的话，那么，随后斯密给予瓦特的全方位帮助就绝对是"伯乐识马"了。特别是斯密于1762年升任副校长后，次年就安排瓦特改进当时最先进的"纽可门引擎"。果然，仅仅5年后，瓦特就成功试制了单向蒸汽机！因此，若说瓦特是"蒸汽机之父"的话，那么格拉斯哥大学就是"蒸汽机之母"，而斯密则可以说是"蒸汽机之媒"。当然，瓦特对"伯乐"的恩情也始终没忘，当他1809年发明了雕刻机时，他完成的第一个作品就是斯密的一尊象牙头像，虽然那时恩人已去世近20年了。

《道德情操论》大获成功后，斯密就瞄准了下一目标，对，就是巨著《国富论》的创作。但是，这次任务何等艰巨，面临的困难多如牛毛。

困难一，需要进行大量的、广泛的实地考察，以获得众多微观数据。若只待在大学里，显然找不到足够的"实地"；如果辞职前往各处的"实地"，那又有谁愿意接待一位无业游民呢，当然就更不可能实施"考察"了。幸好，机会总是青睐有准备的人。1764年，一位年仅13岁的贵族子弟巴克勒公爵想要出国游学，这就需要聘请一位德高望重的私人教师陪同前往，不但待遇奇高，而且还能借机前往多个国家和地区进行实地考察。于是，41岁的斯密毅然辞去副校长之职，与公爵一起踏上了"去西天取经之路"。因此，第1个困难也就这样轻松解决了。实际上，经过3年左右的游学，斯密几乎走遍了法国和瑞士的各主要城市，直到1766年11月才重返祖国。

困难二，需要与上层精英进行大面积交往，因为只有他们才知道宏观数据，从而才能通过具体分析相关的宏观和微观数据，发现若干经济规律。自从"攀"上了巴克勒公爵及其父母等贵族后，第2个困难也就迎刃而解了，甚至许多上层人士都会"送上门来"，主动结识本不擅长于社交的斯密先生。

困难三，需要足够的时间搞创作。这个难题的克服，也与巴克勒公爵密切相关。因为，按当初的游学协议，斯密在其有生之年中，每年都将能从公爵那里获得一笔丰厚的生活津贴。所以，游学一结束，衣食无忧的斯密便立即搬到妈妈身边，隐居整整10年，全力以赴投入《国富论》的创作。在此期间，除了经常与休谟进行学术讨论之外，几乎就与世隔绝了，直到1776年3月9日《国富论》在伦敦正式出版。这时，斯密已经53岁。

从本书角度看，《国富论》出版后的斯密就不必细述了。但是，有一件事情必须交代，那就是在1784年，与他终生相依为命的老母亲以90岁高龄去世了。妈妈的死虽可算"喜丧"，但仍对斯密造成了很大打击，以至于在仅仅6年之后的1790年（乾隆五十五年）7月17日，斯密便随母亲而去了，享年67岁。非常可惜的是，在去世前，斯密请求其好友将他的所有未发表手稿统统付之一炬。唉！

回顾斯密的一生，好像真有一只"看不见的手"，在一步一步地、稳稳地将他推上经济学的"皇帝宝座"。当然，这只"看不见的手"，有时也会调皮捣蛋。比如，年轻时，斯密爱上了自己的女神；可惜，那只"看不见的手"，却将她推给了别的男人。中年后，虽有一堆美女爱上了功成名就的斯密；可惜，那只"看不见的手"，又把他推向了远方。总之，他爱的人，人家不爱他；爱他的人，他又不爱人家。于是，阴差阳错，咱们的主人翁斯密便终生未婚。

当然，伙计，只要你读完此回，我坚信，那只"看不见的手"一定会给你带来无穷好运。祝你成功哟，耶！

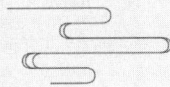

第五十二回

祖孙三代观天文，莫非下凡太阳神

伙计，太阳神阿波罗之名，家喻户晓；但是，太阳神之职可能少有人知道。实际上，他除了主管光明、预言、医药、畜牧等之外，还有一个重要职责，那就是主管音乐。阿波罗还有一个妹妹名叫辛西亚，又称月亮女神，她从小就对父亲宙斯许诺做永远的处女，同时也像月亮紧跟太阳那样对其太阳神哥哥很是崇拜，恨不得寸步不离。太阳神与主管文艺的女神相爱后生有一儿子，名叫俄耳甫斯；这小子生来就具有非凡的艺术才能，甚至仅凭琴声就能使人神陶醉，就连洪水猛兽也会在瞬间变得温顺。至于太阳神的孙子的情况嘛，传说中没细节，咱也不敢瞎编；不过，读完本回后，你就有答案了。

上面为啥要花费一大段笔墨来复述传说中的太阳神家族呢？因为，他家摊上事儿了，而且，还是摊上大事儿了！原来，在最近一次天庭"学科评估"中，太阳神负责的音乐学科已"噌噌"掉到了最后一名。于是，天庭决定对太阳神给予严重警告，同时，将其家族相关成员按序贬谪到人间，从事无限期的音乐修行，直到上帝满意才能重回天宫。幸好阎王爷突发良心，将他们"投胎"到了一个专业还算对口的人家。于是，1738年11月15日，阿波罗就被"投胎"到德国小镇汉诺威，并被取名为弗里德里希·威廉·赫歇尔，即本回主人翁；12年后，1750年3月6日，太阳神的妹妹月亮女神也被"投胎"了，取名为卡罗琳·卢克雷蒂娅·赫歇尔（以下简称妹妹）；又过了42年，1792年3月7日，太阳神的儿子俄耳甫斯又被"投胎"了，俗名为约翰·弗里德里希·威廉·赫歇尔（以下简称儿子）；再过了若干年，儿子的儿子，即神仙谱中没记录的那位，也被"投胎"了，俗名为亚历山大·史都华·赫歇尔（以下简称孙子）。

为啥要拿天上的太阳神一家比拟人间的赫歇尔一家呢？因为这两家实在太相像了，至于像到什么程度，请你听完后自行判断吧。好了，天上的"斗争背景"交代完了，下面就该聚焦人间故事了。

话说主人翁赫歇尔，呱呱坠地后睁眼一看，唉，好可怜哟，咋生在了苦大仇深的"贫下中农"家里嘛！祖先都靠卖苦力吃饭，主要从事园艺等手工业。父亲总算甩掉了"农业户口"，但只不过是禁卫军乐团的一名小乐师而已，主要负责敲敲边鼓，偶尔也吹奏一曲双簧管。这难道就是阎王爷发善心的"专业对口"吗？按理说，凭父亲的收入，也应该温饱没问题，可是阎王爷又捣蛋，"稀里哗啦"就让父亲生了9个孩子，虽有3个夭折，但架不住还有6个子女要供养呀！因此，诸如上学读书之类的事情，赫歇尔压根儿就甭想了，能吃饱肚子就已谢天谢地了。不过，这倒为本回节省了不少篇幅，否则还得小学、中学、大学、博士等啰唆一大堆呢。

赫歇尔从小就喜欢音乐，很早就显露出了艺术天赋：4岁时，就跟老爸学拉小提琴，后来又吹双簧管，并很快就成了出色的演奏者；16岁时，更与老爸成了同事，也加入了禁卫军乐团。小伙子吹拉弹唱无所不会，其双簧管更是绝妙无双，所以，许多乐团都争相前来"挖墙脚"。可惜，18岁时，英法"七年战争"爆发，为了不被"抓壮丁"，赫歇尔只身偷渡伦敦，改名换姓，东躲西藏，四处流浪。可哪知，由于其音乐天赋，赫歇尔在英国竟然成功了：先后担任过音乐教师和演奏师，还成了大受欢迎的作曲家；特别是在22岁左右，更受到了林顿勋爵的赏识，进入了达勒姆郡军乐团；28岁时，又被任命为八角教堂风琴手。他的许多音乐作品，甚至流传至今。书中暗表，天上主管音乐的"学科负责人"下凡人间，能不成功吗！

赫歇尔34岁时，赫歇尔的妹妹就像月亮紧追太阳一样，也千里迢迢从德国追随哥哥来到英国。哇，一时间，英国演艺圈可不得了啦：妹妹的精彩表演，加上哥哥的美妙演奏，宛若一对"双星"在伦敦上空闪闪发光。从此，他们有了稳定收入，不必为生计而奔波了。实际上，他们的知名度越来越大，地位也越来越高。可是，正当赫歇尔兄妹势如破竹，准备冲刺音乐界的"珠穆朗玛峰"时，突然他们不约而同来了一个180度大转弯，双双杀入了与音乐八竿子打不着的天文学领域，并开始了整个后半生的天体观察，甚至最终退出了文艺圈！

针对这种华丽大转身，凡间的解释是，为了提高音乐水平，赫歇尔便开始深入研究乐理，于是就读到了史密斯的乐理专著《和声学》；正是这本书，使赫歇尔成了史密斯的忠实崇拜者；于是，他爱屋及乌，也迷上了史密斯的另一部跨界专著《光学》，终于被领进了天文学领域。原来，《光学》是一部论述望远镜和显微镜制作技巧的著作，特别是书中有关"望远镜与恒星发现"的内容，更激发了赫歇尔的天体观测愿望和雄心。作为"跟屁虫"的妹妹，当然是"哥哥做什么，她就跟着做什么"，所以，也就毫不犹豫地跳进了天文圈。

针对赫歇尔兄妹的这种华丽大转身，仙界的解释是，在伦敦音乐界成功后，阿波罗与月亮女神便认定音乐修行已完成，下凡任务结束了，当然就该回天宫家里了。可是，家在哪儿呢？依稀记得好像在天上，至于是在太阳系还是在宇宙中的某团星云里，那就不得而知了！于是，唯一的办法就只有对天上的所有星星进行地毯式的搜索。反正，如果自己这辈子没找到回家的路，那就让儿子继续找；儿子没找到，再让孙子找；子子孙孙，无穷无尽，直到最终找到某个熟悉的星球，或找到某团曾"旅游"过的星云。于是，赫歇尔便在无意中开创了"恒星天文学"，让人类在宇宙找呀找，一直找到今天，而且还越找越欢，大有不愿收场之势。书中暗表，你也许很纳闷：连小学都没毕业的赫歇尔，仅凭一个望远镜咋就能发现天空的那么多秘密呢？嘿嘿，想想看，若你从天宫下凡而来，若你已在天上住过几辈子，那么发现这点小秘密不是易如反掌吗！

好了，无论是凡间解释，还是仙界解释，管它哪个合理，管它哪个正确；反正，从此以后，赫歇尔兄妹就盯上了天上的所有星星，甚至以观天为乐，一夜不落。刚开始时，他们只是借别人的望远镜；后来，想购买自己的望远镜时才发现钱袋子不给力。于是，赫歇尔一咬牙，决定自行设计和建造望远镜！但是，咬牙容易，实施难呀。待到真正要建造望远镜时，赫歇尔才发现困难重重。

首先，建造望远镜需要磨制特殊镜片。从1773年开始，35岁的赫歇尔就亲手磨制镜片，这一磨就磨了整整半个世纪。伙计，磨制镜片可是一项既枯燥又繁重的劳动哟，而且还需要高度智慧。想想看，要将一块铜盘磨成预定的、极其光洁的凹面形，要求其表面误差小于头发丝，中途还不能停顿，其难度远远超过将铁棒磨成绣花针。所以，赫歇尔经常得连续磨片十余小时，中途吃饭都只能由妹妹帮忙像婴儿那样一口一口地喂。磨片的成功率极低，有时甚至连续失败200多次。一年后，赫歇尔终于造出了第一架口径为15厘米、长为2.1米的反射望远镜；51岁时，他又造出了当时全球最大的望远镜，其镜片直径达1.5米，镜筒长12.2米，镜头重达2吨！该"巨型大炮"在使用的当夜就发现了土星的第一颗卫星土卫一，两个月后又发现了土卫二。据不完全统计，赫歇尔一生中磨制的反射镜面多达400余块。特别是，他还对望远镜的设计原理进行了许多重大改进，既减少了折射光的损失，也提高了聚光的效率。后人便将其发明的新型望远镜称为"赫歇尔望远镜"。

其次，磨制镜片的铜坯也并非普通铜料，而是反射率高达60％的白青铜合金。由于镜面口径太大，超过了铸造厂的加工能力，因此赫歇尔又不得不从磨镜工再次改行成冶金工。他将地下室改为冶炼房，亲自动手将铜、锡、锑等原料混合冶炼，经多次试错终于找到了各种金属的最佳搭配比例，浇铸出了理想的镜坯。他以此制成的望远镜，精度竟超过了当时的格林尼治天文台的望远镜。据不完全统计，赫歇尔一生制作了多达76架各类望远镜，其中还有一架被送到了中国。

制作望远镜只是手段，而真正的目的是仰望星空。对被贬的太阳神和月亮女神来说，是想找到回家的路；对人间的赫歇尔兄妹来说，是想探索宇宙的秘密。管它是啥目的，反正从18世纪70年代末开始，赫歇尔就在妹妹的协助下，一边制造望远镜，一边对星空进行无缝扫描，整个过程历时19年，被后人称作"第一期星空巡视"；

1780年，又开始了"第二期星空巡视"；1781年，再启动了"第三期星空巡视"。正是在这一次又一次的巡视中，赫歇尔兄妹以其罕见的毅力和敏锐，发现了宇宙的众多惊人奥秘，再一次显示了他们那神仙下凡般的超人本领。

比如，即使啥都没看见，他们仍然发现了太阳的红外辐射秘密。故事情节是这样的。谁都知道，月亮和太阳是地球上感觉最明显的天体。很早以前，人类就相信月亮是冷的，比如嫦娥的崇拜者们就一直向往"广寒宫"。但是，太阳是热的还是冷的呢？1800年，赫歇尔发现：当他用温度计测量太阳光谱的各部分时，在光谱中红端的外侧温度反而最高，而此处却完全没有肉眼可见的颜色。于是，他得出结论：太阳光中包含着处于红光以外的不可见光线（现在称为红外辐射）。这不但证明了太阳是热的，更是人类首次探测到天体的红外辐射。

又比如，即使只看见了一点圆弧，他们仍然发现了太阳系的惊天秘密，具体说来，是发现了天王星。故事情节是这样的。1781年3月13日晚上，在双子座附近，赫歇尔注意到了一颗较亮的陌生新星，它既不在已有的星图上，也肯定不是一颗恒星。这是因为根据当时的望远镜水平，恒星看起来始终都只是一个小星点，而该星却呈现了蓝绿色小球面。经过连续10天的观察，赫歇尔发现这个新天体竟然还在缓慢移动，其轨迹近似于圆形，它与太阳的距离比与土星的距离远出约1倍。终于，赫歇尔断定，这是一颗新行星，即天王星！该发现让人耳目一新，太阳系的疆界一下子就被扩大了1倍！后来，赫歇尔又发现了天王星的两颗卫星，即天卫三和天卫四。书中暗表，其实，自1690年以来，天王星已被别人观察并记录了至少19次之多。只可惜，每次都被误认为是暗弱恒星而放过了，因为，当时人们认为太阳系的范围只到土星为止。这再一次说明，科学发现特别是重大科学发现确实需要大胆突破，不能囿于既有框架。

再比如，即使是只看见了7颗恒星在动，他们仍然发现了银河系的惊天秘密，具体说来，是他们发现银河系在动，太阳系也更在动。故事情节是这样的。自从"地心说"被推翻后，"日心说"便取而代之。人们普遍认为：在太阳系中，所有天体都在围绕太阳转，而太阳本身却保持静止。但是，早在唐代时，我国天文学家就已发现与汉代的测量值相比，某些恒星的位置在变化。赫歇尔对当时已知在动的全部7颗恒星进行了仔细观察，结果又意外发现：它们的运动方向竟然是一致的！于是，他由此推断：太阳也在运动，并且是在向武仙座运动！果然，50年后，另一位天文学家使用更可靠的方法证实了赫歇尔的猜测：太阳正率领着地球等众多"子孙"朝着武仙座旁的天琴星座运动，其相对于邻近恒星的速度为每秒19千米。

还比如，即使看见的东西是模糊一片，他们仍然发现了宇宙的惊天秘密，具体说来，是发现了星云的本质，提出了天体演化理论等。故事情节是这样的。随着望远镜水平的不断提高，人类发现了越来越多的星云；甚至赫歇尔本人就发现了2 500个星云。但是，星云的本质是什么呢？长期以来，这一直是一个谜，甚至有些天文学家认为星云就是会发光的流体。而赫歇尔用其高倍望远镜却发现：在某些星云中，偶尔存在着恒星个体。于是，赫歇尔便提出了自己的星云理论：所有星云，其实都是由若干恒星组成的；星云之所以看似白茫茫一片，那是因为恒星离得太远，无法分辨而已。他还猜测，存在着由众多恒星聚集而成的巨大天体。赫歇尔还把恒星密集的球状星云与疏散的星云相比较，结果发现其结构形式还可显示出引力的大小。于是，他提出了天体演化理论：在太空中，恒星最初是分散的，但随着引力的作用将渐渐聚集起来，形成更加密集的星云。

赫歇尔兄妹还做了一个非常"荒唐"的决定，他们要数一数天上到底有多少颗星星，并且还想了解：在不同地方星星们如何分布。天啦，这是人做的事吗！除了下凡的神仙，谁还敢有此想法！可是，"蠢人"赫歇尔说干就干，他首先把天空均匀地分成638个区域，然后，经过数十年如一日的、单调枯燥的1 083次计数，真的数出了每个区域中用望远镜能看到的恒星数量：超过十万！结果，他惊讶地发现：越靠近夜空中的那条乳白色光带（银河），每单位面积上的恒星数目就越多，且在银河平面方向达到最大值，而在与银河平面垂直的方向上星星数目则最少。这样的恒星分布，意味着什么呢？经反复观察和分析，赫歇尔终于发现：恒星均匀分布在一个形如"磨盘"的空间里，而太阳系则大约位于靠近中心的地方。当从地球看向"磨盘"直径方向时，便可看到一些较近的恒星；反向时，则是数目更多的、更远的、更暗的恒星。而大量的、十分遥远的恒星，由于亮度太暗、肉眼不能分辨，所以人们只能看到白茫茫的光带，即银河。于是，赫歇尔就这样用统计恒星数目的方法，提出了"银河系为扁平状圆盘"的假说，并绘制了第一张银河截面图，开创了对银河系结构的研究。

赫歇尔及其家族的天文传奇故事实在太多了。除了早年的音乐事业之外，赫歇尔几乎将自己的一生都献给了天文观察事业。他50岁时才结婚，甚至生命的最后一刻还在搞科研，直到1822年8月25日与世长辞，享年84岁。也许是天意，赫歇尔84年的生命，恰好是他所发现的天王星绕太阳公转一周的时间。

赫歇尔的妹妹，也正像太阳神的妹妹月亮女神那样，终生未婚，永远都是处女；也像月亮紧跟太阳一样，妹妹也处处紧跟哥哥赫歇尔，哥哥到哪里她就到哪里，哥哥搞文艺她就搞文艺，哥哥观天文她就观天文。与哥哥朝夕相处50年，即使是哥哥去世后，她也仍以哥哥为榜样，继续在天空中找呀找，好像真的是在找回家的路一样，直到1848年以98岁高龄去世。其实，妹妹也是一位了不起的科学家，一方面，赫歇尔的许多成就也有她的功劳；另一方面，她自己也是人类的首位女天文学家，独立发现了14个星云与8颗彗星，还对星表做了修订，补充了561颗星。为纪念她在天文学上的突出贡献，小行星281"卢克雷蒂娅"便是以她中间的名字命名的。此外，在月球的虹湾区，亦有一个以她名字命名的环形山。

赫歇尔的独子也正像太阳神的儿子俄耳甫斯那样，子承父业，继续在天空中搜寻。他发现了3 347对双星和525个星云，记录了68 948颗恒星。特别是1849年，他出版的《天文学概要》更是对当时天文学的最好总结，堪称当时的《时间简史》，对全世界都产生深远影响；此书还以《谈天》为名被翻译成中文，引进到了晚清时的中国。

赫歇尔的孙子亚历山大·史都华·赫歇尔，也成了著名的天文学家，尤其擅长研究彗星和流星雨。

总之，赫歇尔一家几代人的贡献，几乎涵盖了天文学的各主要方面。为纪念他们一家子，欧洲在2009年5月14日用火箭发射了"赫歇尔太空望远镜"，它也是迄今为止人类发射的最大的远红外线太空望远镜。此外，2 000号小行星被命名为"赫歇尔"。

本回马上就要结束了，天文爱好者也许会提醒：为啥忘了写"双星"呢，它可是赫歇尔的重大发现之一哟；因为它表明牛顿定律是普遍规律，也适合太阳以外的所有星系！嘿嘿，伙计，别急！其实，不是我们忘了，而是1981年4月25日在英国格林尼治已举行了一场别开生面的"纪念赫歇尔发现天王星200周年音乐演奏会"。该音乐会上的所有节目，不论是交响乐还是奏鸣曲，也不论是协奏曲还是田园诗，全都是当年赫歇尔本人的作品。原来，赫歇尔自己就是人类少有的"音乐界和天文学界的双星"，赫歇尔兄妹也是形影不离的"双星"；在天文学方面，赫歇尔更是"双星"研究的奠基人。他证实了互相绕转着的"星界鸳鸯"（双星）的存在，还发现了848对物理"双星"，并进一步验证了：是牛顿万有引力在维系着双星的运动；其运动规则还遵循开普勒定律。

第五十三回

鸡窝飞出金凤凰，小二竟娶老板娘

伙计，居里夫人是人类第一位两次获得诺贝尔奖的科学家，你知道她第二次获奖的原因吗？对，因为她发现了镭和钋这两种化学元素。你知道美国科学家麦克米伦和西博格，为啥于1951年共享诺贝尔化学奖吗？对，因为他们发现了超铀元素镎。这样说吧，如果你明天能发现一种化学新元素，哪怕是摔跤捡来的或充话费送的，那么，恭喜你，请赶紧回家准备麻袋吧！干啥？嘿嘿，装诺贝尔奖奖金呗！反正，从如今的情况来看，基本上可以断定"得新元素者，得诺奖"，可见，要想发现一种新元素是多么不易呀！但是，本回主人翁卡尔·威尔海姆·舍勒，却足以让你拍案三惊。

第一惊，在其短短的44年生涯中，他竟一口气发现了氧、钼、钨、锰、氯、氮、钡、氟等至少8种化学新元素。他还发现了30多种新的化合物。比如，在无机物方面，他发现的无机酸类至少有磷酸（1774年）、砷酸（1775年）、钼酸（1778年）、钨酸（1781年）等，发现的其他无机化合物至少有氟化氢（1771年）、砷化氢（1775年）、亚砷酸铜（1778年）、氰化氢和氰化物（1782年）等。在有机物方面，他发现的有机酸类至少有酒石酸（1770年）、草酸（1776年）、乳酸和尿酸（1780年）、柠檬酸（1784年）、苹果酸（1785年）、没食子酸和焦性没食子酸（1786年）等，发现的其他有机化合物至少有酪肽和骨螺紫（1780年）、乙醛和酯类（1782年）、甘油（1783年）等。特别是，当时的有机化学还很幼稚，在缺乏理论指导的情况下，他竟能发现十几种有机酸，确实相当不易。他的新发现之多，在整个18世纪的化学界几乎无人能出其右。此外，他还制成了许多化合物，比如锰酸盐和高锰酸盐（1774年）、硫化氢（1777年）、升汞（1778年）、乙醚（1782年）等。总之，他的杰出成就几乎覆盖了化学的各主要分支，包括但不限于无机化学、有机化学、矿物化学、分析化学、生物化学等；他大幅度推进了化学的进展，甚至可以说是他开启了现代化学研究的大门；他的许多杰出实验，都已成为现代化学教科书中最基础且不可或缺的标准实验了。

第二惊，支撑舍勒获得上述众多科学成就的外部条件非常简陋：房子嘛，不过地下室等废物空间利用而已；设备嘛，不过一些瓶瓶罐罐、杯杯盏盏等，其他化学家淘汰的二手货而已；原料嘛，不过污垢呀，铁屑呀，免费空气呀，屎呀尿呀，砖瓦石头呀，狗啃剩下的骨头呀而已；助手嘛，就甭想了，最多是家人或朋友，偶尔跑几次龙套而已。至于，科研经费嘛，嘿嘿，想要多少就有多少，当然，仅限于梦中，梦醒后还得自己掏腰包。

第三惊，其实也是最惊之处，那就是舍勒本人竟然连小学都未毕业，更别提什么学士、硕士或博士了。而且，所有这些科研工作都是他在店小二的工作之余，兼职完成的。另外，当时指导舍勒取得这些实验成果的理论，即所谓的"燃素学说"，从今天的观点来看，还是完全错误的。如果非要挖掘舍勒的科学家素质的话，那就是他的勤奋与执着，因为，除了挣点稀饭钱之外，他把自己的一切甚至生命都奉献给了化学研究，用他自己的话来说，"化学这种尊贵的学问，乃我终生奋斗的目标"。此外，他的一位好友回忆说："他有惊人的记忆力和理解力，但似乎只记得住与化学相关的事情；他有化学的独特思考方式，总想把任何事情都与化学联系起来"。

拍完上述"三惊"后，下面就该邀请主人翁舍勒登场了！

那是乾隆七年，即英国天文学家哈雷逝世的那年，准确地说是1742年12月19日，舍勒生于瑞典施特拉尔松。关于舍勒的家庭，有3种说法：其一是说，他父亲是当地的首富，只可惜在舍勒2岁时突然破产，于是，舍勒一家就赤贫了；其二是说，舍勒一家本属小康，可是，架不住"计划生育"没搞好，舍勒问世时已是第7胎了，所以，吃穿自然就犯愁了；其三是说，舍勒压根儿就是"穷二代"，上学读书等"阳春白雪"之事本来就与其家族无关。坦率地说，我们更相信"说法三"，因为，除了生日之外，有关舍勒的其他早期信息和家庭信息等几乎都是空白；这更像"贫下中农"的传统。

不过，管它哪种说法正确，有两点是肯定的：其一，舍勒从小就没钱读书，至少无缘上中学；其二，他14岁那年就被迫离家打工，到哥德堡的一家药店当学徒。不过，非常幸运的是，舍勒遇到了一位好师傅——药店老剂师马丁，一位好学的长辈，当地的名医，乐于助人的尊者。马丁不但具有高超的实验技巧，还整天手不释卷。于是，在师傅言传身教的影响下，舍勒不但在工作中认真学习制作各种化学药剂的本领，而且，在业余时间也勤奋自学，如饥似渴地阅读制药化学著作，学习流行的化学理论，自己动手制作仪器，并在卧室里进行各种化学实验。书中暗表，也许有读者会有疑问啦，药店为啥要做化学实验呢？嘿嘿，这就是中医和西医的相同处之一了：正如在古代中医堂郎中们会自己上山采药一样，古代西医药店，医生也得自己制药，而各种化学实验其实就是制药过程的一部分。换句话说，那时的药店，其实相当于现在的"制药厂＋医院＋售药铺"三位一体机构。那时的化学书和制药书也基本上混在一起，不分彼此。

据说，有天晚上，舍勒在宿舍做实验时一不小心引起了爆炸，将房顶都掀上了天，幸好没造成人员伤亡。不过，"熊孩子"的这一鲁莽举动还是把同事们吓得半死，他们纷纷向老板告状，要求严惩肇事者，甚至要开除舍勒。可是，师傅爱徒心切，经多方"抹稀泥"，总算大事化小，小事化了。不过，从此以后，师傅的要求就更严了，徒弟做实验也就更认真了，技能长进也更大了。经过8年的不懈努力，舍勒一边工作一边学习，还一边做实验，各方面进步都很大，不但从学徒成长为知识渊博、技术娴熟的药剂师，而且还淘到了自己的"第一桶金"——近40卷化学书籍和一套精巧的自制化学实验仪器。可正当舍勒准备大展拳脚时，药店却突然破产了，舍勒也失业了。于是，他只好告别师傅，孤身一人游荡于瑞典各大城市。

不久以后，22岁的舍勒，终于在马尔摩城的一家药店又找到了一份较稳定的"店小二"工作。也很幸运，这第2位东家也像当年的师傅那样，对他很理解，也支持他搞研究，甚至还单独腾出一套房子供他居住和安置藏书及实验仪器。从此，舍勒又开始了疯狂地读书和做实验。通过读书，舍勒学到了很多新奇思想和实验技巧，他几乎读遍了当时有关化学实验的各主要书籍，尤其是《化学实验大全》一书更让他茅塞顿开；通过实验，舍勒揭示了许多化学奥秘，还自创了许多仪器和实验方法，甚至还验证了前人的许多实验，包括《化学实验大全》中的几乎所有实验，并在数百万字的实验记录中提出了自己的观点和看法。这第2家药店，还给了舍勒一个意外惊喜，因为它靠近瑞典著名的鲁德大学，离丹麦名城哥本哈根也不远，从而为随后的学术活动提供了方便，也使他可及时了解全球的化学进展，买到最新的化学文献。据说，舍勒是一位典型的"月光族"，他把所有的"余粮"都换成了书籍，并坚信真正的财富不是金钱，而是知识。他勤学好问，为人正派，而且还乐于扶贫救困，因此，在学术圈中交到了不少真心朋友。鲁德大学讲师安德尔斯，便是舍勒的挚友之一；在其帮助下，舍勒不但学会了如何使实验系统化，如何撰写实验记录，甚至舍勒的第一篇论文，也是经这位讲师的亲自润色才得以在学术刊物上顺利发表的，从而使他正式进入了学术界。

28岁那年，即1770年，是舍勒的重要里程碑。这一年，他来到乌普萨拉，虽仍然只是药店剂师，但是，他却有幸认识了当时瑞典的著名化学家贝格曼。两人一见如故，而且，还有很强的互补性：一方面，舍勒的化学实验技能无与伦比，可帮助贝教授解决很多难题；另一方面，贝教授的理论水平很高，知识面很广，对舍勒进行了若干画龙点睛式的"开光"，使得后者苦恼了若干年的许多问题突然变得柳暗花明，宛如醍醐灌顶。两人珠联璧合，很快就取得了重大成果，以至于仅仅5年后（1775年2月4日）"店小二"舍勒就被增选为瑞典科学院院士了。

特别是，他发现氧气和氯气的故事，还颇有传奇色彩呢。关于氯气的发现，情节大约是这样的。由于冶金工业的迅速发展，从18世纪后期开始，矿石研究成了化学的热点。舍勒经过3年多的反复实验，认定一种名叫"软锰矿"的石头其实是一种新的金属氧化物，舍勒便将这种新金属称为锰。伙计，一种化学新元素，就这样被轻松发现了哟！舍勒还发现，软锰矿不溶于稀硫酸和稀硝酸，但却能溶于盐酸，并立即冒出一种令人窒息的黄绿色气体，即氯气；它与王水加热时所产生的气体很相像，既刺激肺部又使人咳嗽不止。伙计，氯气就这样发现了哟！舍勒再接再厉，又发现氯气微溶于水，使水略有酸味；氯气有漂白作用，能使蓝色纸条几乎变成白色，并能漂白有色花朵和绿叶等；氯气还能腐蚀金属；在氯气中，昆虫会立即死去，火也会立即熄灭。有读者问啦，这些细节你们是咋知道的，难道来自舍勒的论著吗？非也，其实舍勒的许多科研成果在生前都未公开发表，直到他诞生150年后和200年后，史学家们才分别从他的日记和书信等遗稿中恢复出了真相。比如，他当年收集氯气时，所使用的容器竟然是猪尿泡气球；又比如，他在1773年写给朋友的信里就说"如果把软锰矿溶解在盐酸里，就可得到一种黄颜色气体，它还有漂白作用……"

关于氧气的发现，情节就复杂多了。故事大约是这样的。其实早在1767年，25岁的舍勒通过"加热硝石"就已发现了氧气（他当时称之为"硝石挥发物"），但对其性质和成分却一无所知。为了揭示其奥秘，舍勒几乎废寝忘食，他曾给朋友写信说："为了研究它（氧气），我忘却了周围的一切。"后来，经反复实验，舍勒发现，"硝石挥发物"一遇烟灰粉末就会自动燃烧，并释放耀眼光芒。于是，舍勒意识到：若要研究这种气体，就必须研究火；而要研究火，就必须先把空气弄明白，否则就不能形成正确看法。书中暗表，舍勒的这种观点，其实已非常接近今天的"氧气助燃"观点了。

到1773年时，舍勒已能用多种方法制得比较纯净的氧气了，比如加热氧化汞、加热硝石、加热高锰酸钾、加热碳酸银和碳酸汞的混合物等。舍勒把这些实验结果整理成了专著《火与空气》，书稿本来于1775年底就提交给了出版社，可惜却被无故拖延了两年，直到1777年才正式出版。而英国化学家普利斯特里于1774年也发现了氧气并很快公布了相关论文，时间反而比舍勒还早。因此，现在人们都公认：舍勒和普利斯特里，各自独立发现了氧气。

氧气虽已被发现，但它平常躲在哪里呢？这个谜底，竟在阴差阳错中被舍勒给揭开了。其实，舍勒本来是想探索空气的成分，因为他注意到：点燃的蜡烛被罩上玻璃罩后，很快就会熄灭；若将玻璃罩内的空气全部抽掉，蜡烛也会立即熄灭；风箱将空气吹进炉堂后，火焰会更旺等。那么，物质燃烧为啥都需要空气呢，空气里到底含有什么东西呢？为了寻找答案，舍勒意识到：被测空气必须得封闭，否则就无法知道其成分。于是，他将各种不同的化学物质放入密闭容器里，一次又一次地试验。终于，有一天，他对密闭烧瓶中的白磷加热时，白磷突然燃烧同时出现火光和白烟。不久，火灭了，浓雾也散了，瓶壁上却沉积了些许白色物质。待烧瓶冷却后，他就把烧瓶倒扣水中，拔掉瓶塞。这时，怪事发生了：水充满烧瓶体积的1/5后，水面就不再上升了。多次重复后，结果都一样；甚至将白磷替换成点燃的氢气后，结果也仍然一样。这是咋回事呢？原先瓶中1/5的空气去哪里了呢？因为，若是装满空气的空瓶在水下拔掉瓶塞后，那水本该无法进入瓶中的呀！

难道烧瓶里剩下的那4/5气体，与燃烧中消失的气体是不一样的吗？为了找出答案，舍勒又进行了一连串实验。比如，在燃烧剩下的气体中，若分别放进蜡烛、木炭、白磷等，那么，蜡烛将立即熄灭、烧红的木炭将很快变黑、甚至连极易燃烧的磷也不肯着火；若将老鼠关进其中，它就会马上窒息而死。于是，舍勒断定：燃烧剩下的气体，的确与被"烧掉"的那部分气体不同。看来，空气中至少含有两种完全不同的成分。他将被烧掉的那种空气叫作"火空气"，剩下的能让老鼠窒息的空气叫作"浊空气"。舍勒进一步发现，"火空气"能让烧红的木炭火星迸裂，能让刚吹灭的木柴重新燃烧，能让烧瓶中的磷燃得更猛。此外，若将老鼠放在密闭的"火空气"中，即使一周后，它也照样活蹦乱跳。可见，与"浊空气"相反，"火空气"不但能助燃，还能维持生命。"火空气！火空气！"舍勒高兴得跳了起来。于是，空气中含有大量氧气的事实，就这样被传奇式地发现了。

33岁那年，即1775年，是舍勒人生中的幸福年，这倒不是因为他在年初当了院士，也不是因为好几所大学都想聘他为教授，而是因为他终于找到了自己的爱情，实际上，他为此还婉拒了教授之职呢。原来，在科平城有家著名的药店，男主人突然病故，年轻漂亮的女主人妮古娅显然慌了手脚。幸好，这时舍勒前来应聘，于是，既有药店管理经验又有丰富医药知识的"店小二"，便"英雄救美般"地出场了。果然，他一套"组合拳"下来，药店的业务便蒸蒸日上，不但恢复了往日繁荣，而且生意还越做越大。老板娘对这位"上帝派来帮忙的"药师非常满意，主动放权，让舍勒大胆经营。于是，舍勒便实际上成了老板。一来二去，两人的关系就像氧气遇到了火：舍院士有事儿没事儿，总要找老板娘汇报点工作，心里更是挤满了妮古娅、妮古娅、可爱的妮古娅；老板娘当然也清楚这"店小二"的醉翁之意，而且早就对他情有独钟了。于是，汇报工作的地点嘛，就么约在花前，要么定在月下。他俩互相爱慕，上班则"树上的鸟儿成双对"，下班则"夫妻双双把家还"。舍勒则更加努力地做实验，因为自从有了老板娘的倾力支持，实验资金、仪器、场所等都不用愁了，而且还有红颜陪伴，舍院士的科研进展就更加迅速了，真正实现了"从此以后双双飞"。

转眼间，10年过去了。1785年冬天，舍勒病入膏肓。"宝贝儿，只要我能站起来，咱马上就结婚吧"，舍勒飞出一个吻。"好的，听您的"，妮古娅笑出一朵云。1786年3月，他们终于订婚了；但两个月后，舍勒又病情恶化。"宝贝儿，我不行了，赶紧就在家里办婚礼吧"，"店小二"仰望着女神。"好的，听您的"，妮古娅含泪点头。1786年5月19日，他们正式结婚了。两天后（1786年5月21日），舍勒便撒手人寰，年仅44岁。

关于舍勒的直接死因有多种说法，比如死于哮喘病、死于风湿病、死于汞中毒等，但是学术界普遍认为，他其实是死于不良的化学实验习惯。因为他喜欢亲自"品尝"实验化合物，尤其依赖自己的视觉、嗅觉、味觉等感官，而对于化学实验者来说，这无疑相当危险，甚至是九死一生。更恐怖的是，他曾若无其事地品尝过剧毒氢氰酸，并平静得出奇地记下了"尝后感"："它气味奇特，但并不讨厌，味道微甜，使嘴发热，刺激舌头"。他还长期呼吸氯气，因此，患上哮喘病就顺理成章了。舍勒一生做过近千项实验，其中接触的许多化合物都对身体有害，再加他忽略防护措施，所以，英年早逝也就不奇怪了。

总之，舍勒确实将其生命，完全奉献给了自己喜欢的化学事业。不过，在保护自身安全方面，各位还真不能以舍勒为榜样，虽然我们真心感谢他为人类所做出的巨大贡献。

第五十四回

拉瓦锡惨遭斩首，库仑兄隐居留头

坦率地说，撰写此回时，心情特沉重，明知这与本书的喜剧风格背道而驰，但却仍然只是笑不出来，也更不愿意挖掘笑点！本想跨过该回的两位科学家不写（实际上已将库仑的简史推迟了约7年，并将他们合二为一，以减少悲度），但他们对人类的贡献实在太大，永远也无法回避，当然，也更不该被忽略。他们的悲惨命运特别是拉瓦锡被送上断头台更让人痛心，甚至让人不得不联想起耶稣，耶稣将众人的罪孽归咎于自身而毫无怨言地被钉在了十字架上。只不过，此时的十字架已被改装成断头台而已。两位受到的不公正待遇，真让人揪心，甚至让人不得不联想起"黑暗中世纪"的恐怖：想想看，教皇们一厢情愿地、毫无根据地认定上帝居于地球，于是，谁敢再认为地球动谁就将被烧死！

好了，既然躲不过，那还是让主角们分别登场吧。

拉瓦锡，全名安托万–洛朗·德·拉瓦锡，不幸于1743年（乾隆八年）8月26日，生在法国巴黎的一个贵族律师家庭；更不幸的是，在5岁时，因母亲过世而继承了一大笔遗产；最不幸的是，因天资聪颖，再加刻苦努力而成了"当朝红人"，甚至被全球化学界公认为"化学之父""现代化学之父"和历史上最伟大的化学家等。为啥此处多次使用"不幸"两字呢，因为，所有这些东西都将是改朝换代后给他带来杀身之祸的原罪。

任何一位学过中学化学的人都知道拉瓦锡。因为，是他，使化学从定性转为定量；是他，给出了氧与氢的命名；是他，预测了硅的存在。他的众多成果，已是化学课的必修内容。但是，如今留存的拉瓦锡生平却非常简单，以至简单得出人意料。一方面，这可能是因为作为一名壮年死因犯，当然不会有传记出版，无论是自传或他传；另一方面，即使是这些仅存的生平信息，可能也是他那死里逃生的媳妇冒险偷偷记录下来的只言片断而已。据说，拉瓦锡11岁时进入马萨林学校，老爸本来希望他子承父业，也当一名律师，但他却对自然科学更感兴趣。拉瓦锡18岁中学毕业后，便进入巴黎大学法学院，并获得了律师资格。当然，课余时间，他仍继续学习自然科学：刚开始时，对植物学产生了兴趣，经常上山采集标本；后来，又爱上了气象学；再后来，在地质学家葛太德的建议下，才师从巴黎著名的化学教授鲁伊勒，从此，便与化学结下了不解之缘。也许是命中注定吧，刚入化学之门时，拉瓦锡就对"燃素说"表示怀疑。这也是引发他后来被杀的重要学术原因，因为杀死他的那位"革命领袖"马拉是"燃素说"的忠实拥护者。21岁大学毕业后，拉瓦锡作为助手，参与了绘制法国首张地图的工作，并开始广泛采集矿产，研究城市照明，探索生石膏与熟石膏的转变等。1768年，年仅25岁的拉瓦锡当选为巴黎皇家科学院院士。27岁时，他通过精确测量，证实了著名的"质量守恒定律"。

28岁时，拉瓦锡迎娶了貌美如花的妻子——14岁的玛丽-安娜·皮埃尔波泽。她多才多艺，不但在修道院接受过正规教育，更精通多种外语。她替拉瓦锡翻译相关文献，绘制实验插图，并保存相关实验记录，她是丈夫的得力助手。在娇妻的全面支持下，拉瓦锡的科研进展更是迅速：29岁时，发现空气在燃烧过程中扮演了重要角色；30岁时，正式确认氧是一种元素；32岁时，出任皇家火药局局长；34岁时，在人类历史上首次正确解释了燃烧的本质，指出了"动物的呼吸，实质上是缓慢的氧化过程"；44岁时，建立了沿用至今的化学命名系统。

46岁，即1789年，对拉瓦锡来说是一个特别关键之年。一方面，在这一年，他发表了自己的代表作《化学基本论述》，提出了"元素"的定义；给出了第一个现代化学元素列表；使得零碎的化学知识首次被系统化；运用氧化说和质量守恒理论，对很多著名的化学实验结果给出了系统而圆满的解释；彻底否定了长期居统治地位的"燃素说"，并获得了全球化学界的广泛认可，引起了轰动。拉瓦锡的这部代表作，至今仍被认为是"化学史上划时代的巨著"；同时，也正是此书，彻底毁灭了"革命领袖"马拉心中的偶像，因此，拉瓦锡遭到报复也就只是时间问题了。另一方面，也是更重要的方面，这一年爆发了著名的"法国大革命"，特别是当年的7月14日，人们攻破了象征"前朝"统治的巴士底监狱，解放了被关押的七位囚犯：其中一位是犯有"放荡罪"的前朝贵族，两位是精神病患者，四位是造假者。换句话说，改朝换代了。

其实，新政府刚建立时，科学家还是有一定利用价值的。比如，法国大革命后的第2年，即1790年，拉瓦锡、孔多塞、拉格朗日和蒙日等"前朝"著名科学家还被巴黎皇家科学院安排为业务骨干，负责在新成立的"度量衡委员会"中制定度量单位标准。而且，天真的拉瓦锡还非常卖力，甚至还自掏腰包资助这些工作，他负责制定的长度单位"米"和质量单位"克"等，至今仍被全球通用。此外，他还积极为新政府设计城市照明，制定农业方案，贡献火药资料，提供探矿信息等。但是，随着"革命"的步步深入，科学和科学家就已成为"革命对象"了：学者是人民的公敌，学会是反人民的团体；科学院嘛，更是"反动学术权威"的老巢。刚开始时，新政府只是将拉瓦锡等6名"前朝"科学家开除出度量衡委员会，接着，拉瓦锡、拉普拉斯、库仑等顶级科学家就被赶出"巴黎皇家科学院"，后来仍觉"革命"不够彻底，于是，在1793年8月8日干脆把"巴黎皇家科学院"这个百年老店也给砸了个稀巴烂（直到20

余年后的1816年，才又重新恢复）；再后来，整个法国学术界都被"扫进了历史垃圾堆"。最后，新政府就该对科学家们进行肉体消灭了，1794年5月8日早晨，拉瓦锡就被"以革命的名义"送上了断头台，年仅51岁。当他向新政府恳求宽限几天行刑，以便整理自己的化学成就时，得到的回答竟是熟悉而令人毛骨悚然的断喝："法国不需要科学家，只需要为人民而采取正义行动！"。这再一次印证了那句名言：当一个政权开始烧书时，若任其发展，那它很快就会烧人了！

出卖拉瓦锡的"犹大"，名叫佛克罗伊。虽不知他是否也曾被30块银币收买过，但这位"人渣"，确实是拉瓦锡学说的忠实拥护者，长期受惠于拉瓦锡的多方帮助，而且还是院士。当风暴强劲，科学家们岌岌可危时，他毫不犹豫举起拳头就砸向了拉瓦锡；后来，当拉瓦锡被平反时，在隆重而盛大的追悼会上，厚颜无耻的他又毫不犹豫地举起拳头砸向了自己，并捶胸顿足，表演了泪雨闹剧，甚至还要抢话筒为拉瓦锡歌功颂德。

将拉瓦锡送上断头台的主推手，是马拉。此人也曾妄想当科学家，他在1780年的《火焰论》中创立了所谓的"燃烧学说"，并试图以此申请巴黎皇家科学院院士，结果却被时任院长的拉瓦锡给否了，因为马拉的学说基础是错误的"燃素说"。没当成科学家的马拉，对科学院和拉瓦锡充满了嫉恨，并摇身一变就成了"革命家"，甚至在法国大革命中叱咤风云。你看，马拉的那张嘴，当时是这样说的："法兰西公民们，我要向你们揭露大骗子拉瓦锡先生，他是地主的儿子、化学学徒、股票跑腿、收税员、火药会长、银行头子、皇帝的秘书、法国院士、瓦维叶的密友、巴黎食品委员会的渎职官、当代最大的阴谋家。这个年收入4万镑的家伙为了收税，竟耗用我们公民的3 300万银两修城墙，把巴黎变成密不透气的牢狱。他在攻克巴士底狱的当晚，把国家火药库搬进了巴士底狱。他还用恶毒的伎俩，妄图进入巴黎市管会！"控诉完后，马拉带头高呼口号："彻底埋葬这个人民公敌的伪学者！"于是，人们也跟着排山倒海般振臂高呼："埋葬拉瓦锡，埋葬人民公敌！"书中暗表，马拉的恶行虽最终得逞，但他自己也没得好死，而且还死在了拉瓦锡之前。在攻陷巴士底狱的4年后，即1793年7月13日晚，赤身裸体的马拉被女刺客杀死在了浴缸里。

拉瓦歇在断头台上的表现，也像极了背负十字架的耶稣。只不过耶稣是怀着"要爱敌人"的圣心，在受尽了打骂和侮辱后被钉在十字架上，慢慢受苦而死的；他死时，山摇地动、岩石崩裂，众人大为惊异：这真是神的儿子呀！而拉瓦锡则是面带微笑，怀着"要爱科学"的赤子之心，被飞速落下的斧刀瞬间断头而死的；他死时，也是山摇地动、岩石崩裂，人山人海的群众在愤怒高呼："革命万岁，革命万岁，埋葬拉瓦锡！"在临刑前，当被问及最后遗愿时，拉瓦锡平静地请求刽子手，在自己的头被砍下来后，请帮忙数一数看看自己的眼睛到底还能眨几下。原来，作为自己的最后一个科研课题，拉瓦锡猜测"人头刚被砍下时，大脑应该还有意识，而且还能发出指令"；结果，拉瓦锡猜对了，因为，他的头颅落地后眨了11次眼睛，最终才泰然"入睡"。也许，那颗头颅还在默念"恨你的，要待他好！诅咒你的，要为他祝福"吧！

拉瓦锡死后，他的肉身虽未像耶稣那样，3日后"复活"，40日后"升天"；但他的化学理论，却很快满血复活，而且，他的精神也早已升天。就在被处死的次年，即1795年，他的成就便获得了全球科学家们的一致公认，并促使18世纪的化学更加物理化和数学化。如今，在几乎所有化学教材中都可读到他的名字，子孙后代都在学习他的成果；特别是他所提出的新观念、新理论、新思想，为近代化学的发展奠定了重要基础。形象地说，拉瓦锡之于化学，犹如牛顿之于物理。难怪，法籍意大利著名数学家拉格朗日，痛心疾首，仰天悲叹："他们可以瞬间砍下拉瓦锡的头，但像这样的头，在整个人类，100年里也长不出第2个呀！"可惜呀，当时拉格朗日自己也正受迫害，只能眼睁睁地被"杀鸡儆猴"。

拉瓦锡死后，他夫人虽万幸未被砍头，但新政府却没收了她的全部财产，并将昔日夫妻俩的所有实验记录，仪器设备，手稿和藏书等全都销毁；并在随后的生活中，千方百计为难这位可怜的未亡人，甚至衣食来源都被切断。即便如此，一无所有的她，依旧克服重重困难，冒死撰写了拉瓦锡回忆录，记下了拉瓦锡的若干宝贵成果。后来，实在走投无路，她才又嫁了人，但她却在自己的名字中终生都保留着"拉瓦锡"这几个字，由此足见她对拉瓦锡的感情之深。在此，我们真诚地向她说一声"谢谢！"，如果没她，也许今人只会把拉瓦锡当成传说。真的，你看，本回的另一主角，库仑，就没这么幸运了。

库仑，全名查利·奥古斯丁·库仑，比拉瓦锡年长约7岁。但是，在"革命家"眼里，库仑也有3桩原罪：其一，1736年6月14日生于法国昂古莱姆的一个大户人家，老爸很有钱；其二，是前"朝"精英，在青少年时就接受过良好教育，甚至还在军队服役多年，为前"朝"的"国防建设"做出过重大贡献；其三，是名副其实的"反动学术权威"，被称为"土力学始祖"、18世纪欧洲最伟大的工程师之一、18世纪最伟大的物理学家之一，甚至，如今全球通用的电荷单位"库仑"也是以他的名字命名的。

因此，库仑的生平信息就几乎被抹成了一片空白。虽经多方信息挖掘，最终也只能恢复残枝败叶：库仑早年就读于美西尔工程学校，毕业后进入皇家军事工程队；8

年后，又在埃克斯岛等地服役；后来，因健康原因，被迫回家，因此，才有闲暇时间，从事科学研究。刚开始时，他重点研究工程力学和静力学。由于从事过多年军工建筑，所以，37岁时，他发表了第一篇论文，提出了计算应力和应变的分布方法；该方法作为结构工程的基础，一直被沿用至今。40岁时，他又发表了另一篇重要论文《最大最小原理在某些与建筑有关的静力学问题中的应用》，提出了土的抗剪强度准则，也称为"库仑定律"；给出了主动土压和被动土压的概念及计算方法，即如今的"库仑土压理论"。41岁时，在改良航海指南针过程中，他提出了磁针悬挂思想并发明了扭秤，从而能高精度地测量微力；还发现了"扭力和指针转角成正比"的重要事实，因而确立了弹性扭转定律。43岁时，在研究摩擦力时，他提出了润滑剂理论。45岁时，他发现了摩擦力与压力的关系，即如今著名的摩擦力定律："作用于物体表面的正压力，与摩擦力成正比"；还正确表述了滚动定律和滑动定律，并证明了摩擦因数和物体的材料有关等。46岁时，他当选为巴黎皇家科学院院士。总之，除了电学，库仑的研究还广泛涉及结构力学、桥梁断裂、材料力学、摩擦理论和扭力等。

特别是49岁时，他用自己发明的扭秤建立了静电学的著名库仑定律：两个电荷间的力，与两电荷的乘积成正比，与两者的距离平方成反比。该定律既是一个实验定律，也是牛顿引力定律在电学和磁学中的"推论"；因为，库仑借鉴了牛顿法，模仿"万有引力的大小与两物体的质量成正比"的关系，认为两电荷之间的作用力与两电荷的电量也成正比。作为电学史上的第一个定量规律，库仑定律实现了电学从定性到定量的飞跃；不仅是电磁学的基本定律，也是物理学的基本定律之一，为电磁学的发展，树立了重要里程碑。

与拉瓦锡类似，1789年也是库仑的关键年，这年他53岁。一方面，他的7卷巨著《电气与磁性》公开出版。在该书中，库仑对电的认识已发展到磁学理论高度，并仿照两个点电荷相互作用的情况，归纳出了两个磁极相互作用的定律；该书丰富了电学与磁学的计量方法，将牛顿力学原理扩展到了电学与磁学，为电磁学的发展找到了突破点。另一方面，那就是法国大革命在当年爆发。于是，库仑闪电般辞去一切职务，从此隐居，直到特别重视科学家的拿破仑登上皇位，才又勉强出山。虽然库仑因逃得快而幸免于被砍头，但是出山后的他却已"武功全废"，再也没啥建树了。毕竟，科学成就不是想有就有的。

1806年（嘉庆十一年）8月23日，库仑病逝于巴黎，享年70岁。请允许我们代表一切善良的人们，向拉瓦锡、库仑等所有受到过不公正待遇的科学家们，说一声：对不起!

安息吧，拉瓦锡；安息吧，库仑。你们对人类的杰出贡献永远都不会被磨灭，你们永远会被怀念的！

最后，向这两位伟大的科学家，送上一段福音：为正义受到迫害的人，是有福的，因为你们属于天国。

第五十五回

植物吞著招人爱，动物吞著遭人踩

1744年8月1日，在法国索姆省的一个破落贵族家里，数学本来就很差的退伍老兵巴蒂斯特，好不容易费了半天劲，掰着手指头，才总算又一次数清了自己的孩子个数。"没错，全都齐了，刚好十个"，丈夫直了直腰对躺在床上的妻子苦笑着说。"亲爱的，今后数孩子的任务，看来将更重了……"，妻子话音未落，突然一声啼哭，本回主人翁就冲出子宫来到了人间。顿时，满屋喜气，再看那老兵时，早把计数难题给忘到九霄云外了。抱起小儿子，左看右看，越看越想看；上瞧下瞧，越瞧越觉好。夫妻俩一合计，那就叫他"让-巴蒂斯特·拉马克"吧，反正，十个指头数完后，余下的那个就是他了。

本着"生一个是养，生一堆也是养"的大无畏精神，拉马克的父母对孩子们采取了"散养加野养"的开放政策：想上坡的就上坡，想下河的就下河；至于想读书的嘛，嘿嘿，只要能找到教会免费学校，那你想上啥课就上啥课。都说富人家的孩子任性，其实，穷人家的孩子才更任性。也不知拉马克上没上学，更不知他上的是啥学。反正，刚与"耶稣会"有过几次接触，他就想献身神学，结果计划还没订完，就又变化了；眼见几个哥哥当了兵，他也在17岁时就匆匆入了伍，据说还很勇猛，很快就升为中尉，并随军踏遍比利时、摩纳哥和荷兰等国，结果却意外受伤，又只好淘汰回家，到巴黎养病；刚听说祖国出了几项天文学成果，马上就幻想着仰望星空，结果，没几天就兴趣全无；刚在银行找到份低级工作，就信誓旦旦要当金融家，结果，屁股还没坐热，就又改变了志向；刚听了几场音乐会，就又迷上了小提琴，还打算成为艺术家，结果，再一次"逗你玩"；刚随渔民出了几趟海，就发现风雨预测很神奇，于是，就又想当气象学家，结果，毫无疑问，仅仅数日后冲天热情又烟消云散了；后来，总算听人劝说，下定决心开始学医，结果，学徒还未出师，就又炒了东家鱿鱼。光阴似箭，日月如梭，转眼间，拉马克就已是24岁的大小伙子了，虽然理想和梦想有过一大堆，但却始终一事无成。今后干什么？不知道！前途在哪里？不知道！凭什么吃饭？更不知道！

正当拉马克在人生道路上徘徊不定时，他却在巴黎植物园意外遇到了自己的首位贵人，就是他一直崇拜的偶像——法国著名思想家、哲学家、教育家、文学家卢梭（对，就是说过"人，生而自由，但却无处不在枷锁中"的那位卢梭），从而锁定了自己的人生，直到在贫病中逝世。更神奇的是，本来朝三暮四的拉马克，在卢梭的指导和严格要求下，竟然毫不犹豫地放弃了所有其他爱好，一心专注于植物学研究，且一干就是26年！

细心的读者也许会质疑啦，当时已56岁的卢梭，既不是科学家，也不是生物学家，最多只算植物爱好者，可他为啥要刻意引导素不相识的拉马克研究植物学；而且还花大力气，帮24岁的拉马克在巴黎植物园找到了一份"标本管理员"的工作呢？经过对各方素材的综合分析，我们发现，原来那时的卢梭可能已开始怀疑"上帝创造了生物，而且这些生物在漫长岁月中保持不变"的观点了；但自己作为名人，又不便草率发表任何观点，所以，为谨慎计，就需要鼓励专门人员，用科学的方法基于事实来给出答案；而拉马克刚好就是这样的专门人员之一。因此，卢梭才自建了一个小型自然博物馆，收集了大量的动植物及化石标本，还栽种了许多植物，并多次邀请拉马克等前往参观和仔细考察。

从1768年开始，拉马克就全身心投入了植物研究，要么在标本室里认真观察，要么在植物园里现场试验，要么在图书馆里查找资料；甚至为了节约路途时间，他还在巴黎植物园附近的平民区租借了一间小阁楼。就这样，冬去春来，日落日出，一晃10年就过去了。终于在1778年，34岁的拉马克完成了自己的3卷本巨著《法国植物志》。此书立即轰动了学术界，拉马克也被赞为"法国的林奈"。该书中，拉马克与卢梭共同创立的"二叉分支法"一直被沿用至今。可遗憾的是，这一年，卢梭却去世了；不过，拉马克的空前成功，对卢梭这位"伯乐"来说也该算是一种欣慰吧。在小阁楼里的这10年，穷小子拉马克还有一个重大收获，那就是他与房东的女儿，实际上已是自己的科研助手，经多年相恋终于结成了秦晋之好。

拉马克的第二位贵人名叫布丰，他也是当时著名的博物学家和作家，同时也是巴黎植物园园长，因此也算拉马克的"顶头上司"吧。当他读到拉马克的成名作《法国植物志》后，总觉还不过瘾，因为这本书的标本来源太过局限，甚至主要出自巴黎植物园本身。在征得拉马克同意后，布丰就安排他前往欧洲各国广泛搜集和采购植物标本，甚至让自己的儿子也全程陪同。于是，从1778年夏天开始，拉马克就遍游了保加利亚、罗马尼亚、意大利、葡萄牙、西班牙、匈牙利、奥地利、比利时、德国、荷兰等欧洲国家，直到1782年秋天才结束了4年的野外考察回到巴黎。在此期间，拉马克所经历的各种意外和危险之多，简直数不胜数：风雨雷电，司空见惯；蛇虫猛兽，早已见够。万幸的是，所有这些天灾人祸，全都被他神奇躲过；甚至，还多次遭遇劫匪，也都最终化险为夷。闲话少说，书归正传，拉马克满载而归，不但为巴黎植物园贡献了众多标本，而且还大大丰富了自己的植物学知识。

野外考察刚刚凯旋，在布丰等人的极力推荐下，39岁的拉马克于1783年顺利当选为巴黎皇家科学院院士。1789年，拉马克升任巴黎植物园标本室主任，同年又调入巴黎皇家科学院工作。在更高的平台上，拉马克果然不负布丰厚望，表现非凡，1791年出版了《植物学图志》并成为巴黎植物园负责人。1793年，拉马克被任命为法国博物馆生物学教授，负责讲授昆虫、蠕虫和微生物等内容。正是这次任命，结束了拉马克的26年植物研究生涯，再一次彻底改变了他的命运。因为，一方面，若无这次任命，则拉马克的后半生也许会享受无尽的荣华富贵，但同时也不可能成为世界级科学家，最多只能是"法国的林奈"而已。另一方面，经这次任命后，根据当时的社会环境，拉马克的晚年将注定穷困潦倒，注定被千人骂万人恨，甚至死无葬身之地，这一点也许卢梭早有所料；但同时，这一任命也成就了拉马克的科学梦想，否则，本书就不可能为他立传。这再一次表明，千秋利和万世功也需要付出沉痛代价；如何取舍，那就只能见仁见智了。

那么，从49岁开始华丽转身后的拉马克，到底想干什么呢？通俗地说，他其实只是想回答人们长期关心的一些基本问题。比如，动植物为啥有那么多种类？不同种类的差别是怎样造成的？种类之间都有什么联系？人是怎样产生的？那么，在其后半生的36年时间里，拉马克到底都做了些什么呢？

若用法律证据语言来说，其实拉马克的后半生，没干任何违法乱纪的事情，只不过是在无资料、无助手、无设备、无资金的条件下，单枪匹马取得了若干惊天动地的科学成就，彻底改变了人类世界观而已。比如，1801年，拉马克出版《无脊椎动物分类志》，从而奠定了"无脊椎动物学"的基础，并首次以文字形式提出了"进化学说"；1806年，完成《论巴黎附近的贝壳类化石》，揭示了古代无脊椎动物（特别是软体动物）的若干奥秘。特别是1809年，65岁的拉马克出版了《动物哲学》，全面提出了"进化学说"思想。在1819年完全失明的情况下，拉马克依靠口述和女儿的记录，于1820年完成了《人类意识活动的分析》；于1822年最终完成了7卷本巨著《无脊椎动物自然史》，更加系统地阐述了生物进化学说，如今称为"拉马克学说"。

若用大白话来说，他后半生所创立的"拉马克学说"，可简要解释如下。若将动物按自然次序分类，从简单的低等动物开始逐渐上升到复杂的高等动物，那么，我们将发现，生物界不仅具有多样性，也具有统一性。各物种间存在密切的内在联系，彼此间甚至有亲缘关系。物种是可变的，任何物种包括人在内都由另一个物种变化而来。生物是由简单向复杂，由低级向高级进化的；最简单的生物，可能由无生命的物质演化而来。环境变化是生物进化的主要原因，所有的家养动物就是人类祖先们用"改变它们生活环境"的方式驯化而来的。

若用学术语言来说，"拉马克学说"的主要内容包括以下6点。

1）地球的历史绝非几千年，地表并非固定不变，而是处于不断变化中。

2）生命存在于生物体与环境的相互作用中；低级生物可由非生命物质自然发生而来；植物和动物虽有重大的区别，但都有共同的基本特征；生命即运动，运动表现在多方面；生命是连续的、变化的、发展的。

3）物种之间是连续的，没有确定的界限，物种只有相对的稳定性；物种在外界条件影响下能发生变异；动物界普遍存在种间斗争，种内斗争则少见。

4）生物进化的动力，一是生物天生具有向上发展的倾向；二是环境条件的变化，必然引起生物发生适应环境的变异。环境变化的大小，决定着生物发生变异的程度；环境条件的多样性，是生物多样性的原因。

5）对植物和低等动物来说，环境的改变引起功能的改变，功能的改变引起结构的改变。而对具有神经系统的动物来说，环境的改变则先引起生活需要的改变，生活需要的改变又引起习性的改变，新习性的发生和加强引起身体结构的变化。凡经常使用的器官，则会发达进化；否则，就会萎缩退化（即用进废退）。后天获得的性状可遗传给后代（即获得性遗传），这样经过多代的积累，就会形成生物的新种类。

6）无论植物或动物，都按一定的自然顺序进化，由简单到复杂，由低级到高级。进化是树状的，人类大概是由高级猿类发展而来的。

有些朋友可能至此也还没明白，拉马克到底"动了谁的蛋糕"，他的科学成就很伟大嘛，没犯法呀！实话告诉你吧，拉马克摊上事儿了，而且还是摊上大事儿了，因为，他动了"上帝的蛋糕"！根据《圣经》的说法，一切生物都是由上帝创造的！至于为啥有那么多物种嘛，嘿嘿，上帝当初是手工制造，又不是标准生产线，哪会没区别呢。而拉马克却说一切生物都是由其他生物进化而来的，这就公开侵犯了上帝的"知识产权"，否定了万能上帝的创造功能，是对《圣经》的"亵渎"。因此，当罗马教皇看到拉马克的著作后，非常震怒，立刻指令法国皇帝拿破仑严查此事，严禁"拉马克学说"在社会上流传，并要求严惩拉马克。书中暗表，也许该教皇对历史不太精通，其实，早在古希腊时，就已出现进化思想了，比如认为陆地动物是从鱼类进化而来的。

拿破仑接到教皇指令后，也左右为难。因为，根据刚刚颁布的《拿破仑法典》，国民有言论和出版的自由，而拉马克的书显然算不上禁书；但这些书，特别是《动物哲学》，确有"亵渎"《圣经》的内容，必须对教会有个说法。于是，以爱惜科学家著称的拿破仑，便邀请另一位著名生物学家居维叶出面"和稀泥"。为啥请居维叶呢？因为，一方面，这时的居维叶是拿破仑的顾问；另一方面，居维叶还曾是拉马克的助手，而且正是因为拉马克的推荐，居维叶才当上了法兰西科学院的院士，两人关系素来较好，所以，居维叶是最合适的中间说客。

"和稀泥"的剧本，本来应该是这样的。第1幕，拉马克象征性地写篇悔过书，表示自己绝不反对上帝，或像当年伽利略那样承认相关内容只是纯粹的学术猜测而已；第2幕，拉马克积极配合，删除书中"亵渎"《圣经》的相关内容；第3幕，皆大欢喜，圆满落幕。可哪知，拉马克软硬不吃。于是，愤怒的拿破仑皇帝，便将原来的喜剧剧本改成了悲剧：命令法国科学院立即停发拉马克的工资和一切待遇；要求相关委员会研究决定，撤销拉马克的终身教授职务；通知后勤机构，让拉马克立即搬出法国科学院宿舍；组织"先进分子"对拉马克的"反动学说"进行猛烈批判。由于当时70%的法国人都信奉基督教或天主教，他们对上帝和《圣经》都深信不疑，因此，拉马克一家所承受的"全民式诅咒"的压力之大，是难以想象的。

在神权和皇权的双重迫害面前，拉马克没有低头，他毅然和小女儿一起搬进巴黎东区的"贫民窟"，像普通百姓一样依靠微薄的养老金过日子。虽然生活十分清苦，但他对自己的选择却始终不悔，依然坚持进化学说，认定它是真理，其重要科学价值总会在将来得到承认。即使在最困难的日子里，他仍对前来探望的朋友们说："科学研究使我受益匪浅，给我们带来了一种温暖和纯洁的乐趣；这种乐趣，足以补偿人生中因种种不足而带来的任何烦恼。"

但不可否认的是，拉马克的晚年生活确实相当凄惨：虽生养过许多孩子，但却大都英年早逝，最后只有两个女儿陪他到老，而且她们也都一个更比一个穷；虽结过4次婚，但妻子们要么先他而死，要么弃他而去，反正只剩他孤零零一人，而终日相伴的，除了科学，便是贫穷。他虽终生勤奋，但却始终没挣到钱：周游欧洲的那4年野外考察，冒着生命危险收集到的众多生物标本，本来可卖得一大笔银子，可他却无偿捐给了植物园；出版了多部畅销书，本来可赚得盆满钵满，可他却大方地给出版社让利，搞得自己"颗粒无收"；作为顶级科学家，本来有很高的薪金，可不知为什么，他却几乎永远都是"月光族"，直到去世前的一贫如洗。特别是75岁的他，双目失明后，更是既无医药费，也缺基本生活费。他在黑暗中被各种病痛折磨了整整10年，才于达尔文诞生的当年（1829年）的12月18日，解脱般地逝世于巴黎，享年85岁。

拉马克的悲惨故事还没完呢！他去世后，由于两个女儿实在太穷，竟然出不起安葬费。女儿们好容易翻箱倒柜，才凑够了几钱银子，将父亲埋在租期仅5年的墓地里。5年后，人类的伟大科学家、生物进化学说的早期主创者、巴黎皇家科学院院士、"法国的林奈"拉马克的骸骨便被移往公共墓地，以致后人再想凭吊时，竟然都找不到其葬身之地了。

更惨的是，拉马克死后，他的学说也受到了来自居维叶"灾变论"的严重挑战。为此，双方展开了长达6周的激烈辩论，不仅震动了法国朝野，也引起了欧洲各国科学家的高度关注。可惜，公开辩论的结果，却是以"拉马克派"的失败而告终。自此，拉马克的名字及"拉马克学说"，就渐渐淡出了法国。莫非拉马克真的错了？莫非他为自己的学说所付出的惨重牺牲，真的是白费了？

可是，历史又与科学家们开了一个大玩笑。就在拉马克的《动物哲学》出版50年后，1859年达尔文的名著《物种起源》问世了，进化论的思想终于被人们普遍接受了。幸好，达尔文没有忽略拉马克的巨大贡献，他在《物种起源》中对拉马克给出了高度评价，指出拉马克是关注物种起源的第一人，并说："（拉马克）这位值得赞扬的科学家，在1801年就首次发表了进化观点；1809年，在《动物哲学》中，又进行了系统化；其后，在1822年的《无脊椎动物自然史》的引言里，又充分发展了进化观点。在拉马克的这些著作中，他坚信一切物种，包括人在内，都是从其他物种变化而来的。他的卓越工作，唤起我们关注有机界和无机界的一切变化，这些都是自然法则作用的结果，而与神灵无关。"

又过了50年，1909年，英国举行了达尔文《物种起源》出版50周年纪念；同时在法国，也举行了拉马克《动物哲学》出版100周年纪念。此时，进化论学说已经澎湃于全世界；两位科学家的名字，并列于世界科学史册。虽然找到不拉马克的葬身之地，但世界各地人民还是纷纷捐款，在拉马克生前工作过的地方，巴黎植物园，为他树立了一座铜像。铜像下方，雕刻着他女儿柯丽力姬在绝境中经常用来安慰父亲的那段话："您未完成的事业，后人总会替您继续的；您取得的成就，后世也总会赞赏的！"

安息吧，拉马克；您的学说已发扬光大，您终于可以含笑九泉了！

第五十六回

科学天地一大神，现实世界一小人

一提起拉普拉斯这个名字，虽不敢说如雷贯耳，但在大学里几乎无人不知，无人不晓。比如，拉普拉斯展开、拉普拉斯变换、拉普拉斯定理、拉普拉斯方程、拉普拉斯函数、拉普拉斯积分、拉普拉斯分布、拉普拉斯向量等。总之，以他名字命名的东西，在各类教材中简直多如牛毛。但是，如果你以为已很了解他的话，那你就错了；因为，他身上的许多迷，都被过去的同类书籍有意或无意给回避了。本系书"科学家列传"始终认为，科学家也是人，也是普通人，对其伟大贡献当然要歌颂，但同时对其人性弱点也不该隐瞒，毕竟瑕不掩瑜嘛。所以，本回将通过尽量客观的事实，来还原一个尽量真实的拉普拉斯。

拉普拉斯的身世就是第一个迷。比如，他父亲到底是农场主，还是普通农民，还是公务员，还是贩卖果酒的货郎担，至今都无可考证，因为拉普拉斯从未谈及此话题。反正，他老爸肯定不是贵族或富豪，否则他就会像其同事拉瓦锡一样，在法国大革命期间难逃断头厄运。不过，有些信息还是确定的。比如，他1749年3月23日生于法国卡尔瓦多斯，全名为皮埃尔-西蒙·拉普拉斯；他还有一个姐姐，比他年长4岁；其家族成员都是默默无闻的小人物；他的一个叔父，虽为业余数学家，且好容易才混上个候任神父，却在拉普拉斯10岁那年英年早逝了。

早在小学时，拉普拉斯就已显示出了自己的非凡才能：记忆力很好，数学出众，还特善辩。他16岁时，中学毕业。17岁时，他考入卡昂大学艺术系，后转入神学系；这是因为他爸，希望儿子毕业后能成为教士。大二时，18岁的他就擅自辍学，怀揣一封压根儿就无用的推荐信，单枪匹马闯进了当时非常著名的数学家、物理学家、巴黎科学院院士达朗贝尔的办公室，并声称要到巴黎来征服数学世界。"又来了一位娃娃'民间科学家'"，达院士心中暗自好笑，于是顺手扔出一道早已准备好的"民间科学家杀手"难题，单等对方知难而退。可是，次日一早，拉普拉斯竟送来了难题答案。达院士怀疑背后有"枪手"，干脆现场再出一题，结果又被来者轻松拿下！"娃娃，你的真本事才是最好的推荐信嘛"，达院士又惊又喜，打量着眼前的年轻人。也不知是撞了啥好运，达院士竟成了拉普拉斯的第一位贵人，并主动提出要收拉普拉斯为自己的"教子"，还极力推荐他到巴黎科学院工作。

面对"嘴上无毛"的本科辍学生，科学院当然理直气壮地说了"No!"于是，达朗贝尔又推荐拉普拉斯前往巴黎军事学校，并在那里讲授基础数学等课程。21岁生日后的第5天，即1770年3月28日，拉普拉斯完成了第一篇数学论文《曲线的极大和极小研究》，改进了著名数学家拉格朗日的有关结果。此后3年内，他一口气完成13篇论文，广泛涉及当时数学和天文学的最新前沿，包括极值问题、差分方程、循环级数、机会对策、微分方程奇异解、行星轨道倾角变化、月球运动理论、卫星对行星运动的摄动、行星的牛顿运动理论等。当这些论文被提交给巴黎皇家科学院后，拉普拉斯终于以自己的实力敲开了科学"神殿"的大门：1773年3月，巴黎皇家科学院破格聘任他为最年轻的副研究员。从此，拉普拉斯便正式开始了走向"科学大神"的四阶段人生。

阶段一，24到29岁的青年期。此时，他精力旺盛，对于积分学、天文学、宇宙学、概率论、力学和因果律等诸多方面都有所研究，初露锋芒，形成了自己的风格，引起了学术界的重视。其间，他还与拉瓦锡一起合作过一段时间，共同测定了许多物质的比热，也为"能量守恒定律"的成熟做了一些前期工作。

阶段二，29到40岁的中年期。这也是他的鼎盛期，多项重大成果，比如著名的"拉普拉斯方程"就是此时完成的。在此期间，1783年，34岁的拉普拉斯被任命为军事考试委员会委员；由此，才引发了两年后，即1785年，刚刚晋升为院士的他遇到了自己的第二个贵人。当时，该贵人只是皇家炮兵学校的一名年仅16岁的少年考生，但仅仅14年后，该考生就通过"雾月革命"成了法兰西政权的最高执政官。对，他就是举世无双的拿破仑。该阶段，拉普拉斯还完成了一件重要的人生大事，那就是39岁那年，他娶回了19岁的美女夏洛特；婚后，育有一子一女，儿子后来还当了将军呢。

阶段三，40到56岁的壮年期。这也是法国大革命时期，社会动荡不安，他也卷入了政治旋涡。此时，他主要从事科学组织和教育工作，也悄悄做一些科研；当然，更主要的是总结前期成果。尽管已相当低调，但他还是在1793年巴黎皇家科学院被解散时，与拉瓦锡等一起惨遭清洗，还差一点也被送上断头台。万幸的是，那时他刚好被派到外地，一来是计算大炮弹道；二来是指导火药的制造。所以，他趁机带着全家逃离了巴黎，直到一年后才又回来，那时断头台不再用来对付科学家了。不过，由于巴黎皇家科学院已解散，所以，逃命回来的拉普拉斯，只好于1795年，即46岁那年，在巴黎综合工科学校凑合了一个教授职位；后来，又转任高等师范学校教授；再后来，于1796年，被任命为法国科学院院长。这是因为天上突然掉了"馅饼"：他昔日的考生拿破仑，竟然当了皇帝；而且，该皇帝对昔日的考官既感恩（因为当年录用了自己），也尊敬（因为拿破仑对科学家向来就很重视），所以，刚刚坐上"龙椅"，皇帝就迫不及待于1799年将拉普拉斯任命为内政部长，负责处理经济和警务以外的所有国内事务。可惜，拉普拉斯确实对不起这第二位贵人，更对不起被赋予的崇高地位和巨大权力。因为，他将行政工作搞得一塌糊涂，以至于仅仅6周后，拿破仑便不得不将他请下"神坛"，并换了一个上议院议员的"神龛"，重新将他供起来，闲起来；三年后，即1803年，又推选他为议长，并享受10万法郎的最高年薪。

阶段四，56岁后的晚年期。此时，他仍坚持科研和前期整理工作，主要成果有"拉普拉斯变换"等。其间，57岁时，他成为元老议员，并被拿破仑封为"伯爵"。64岁时，他又被拿破仑授予"留尼汪勋章"；同年，拿破仑兵败被迫下台，路易十八重登王位。而奇怪的是，拉普拉斯作为"前朝"宠臣，不但未被追究，反而官运亨通，甚至当年就又被新皇帝晋升为"侯爵"，四年后更被任命为法兰西学院院长。于是，本不擅长行政事务的拉普拉斯，便不可否认地背上了"墙头草、两面派"的标签，并被公认为"科学上的大师，政治上的小人，总是效忠于得势者，总是见风使舵"等。他被当时的人们严重鄙视，甚至连被流放的拿破仑也讥笑他说："拉普拉斯是一流的数学家，但事实表明，他不过只是庸官而已，只乐于把无穷小量的精神带入内阁"。客观地说，在"有奶便是娘"方面，世人还真没冤枉拉普拉斯，他在法国大革命的动荡期，无论怎么改朝换代，他都随波逐流，反复在"共和派"与"保皇派"之间"唱双簧"，是典型的机会主义者；他非常机敏，无论哪方上台，他都主动逢迎，且倍受宠信，每次政局巨变，他都能收获更多的富贵。不过，若从纯学术角度看，晚年的拉普拉斯已拥有广泛的国际声誉，他担任了英国伦敦皇家学会会员，还是德国格丁根皇家学会会员，且任俄国、丹麦、瑞士、普鲁士、意大利等国的科学院院士。总之，他是当之无愧的"科学大神"。

从科学研究的严谨性角度看，拉普拉斯还有一个毛病，那就是在他的著作中常常忽略别人的论述与功绩，让读者觉得其著作中的思想似乎完全出自他本人。他的这种做法，也使其品行受到严重非议。不过，除了上述人生污点之外，拉普拉斯也有许多可爱之处。比如，由于自己年轻时曾得益于达朗贝尔的帮助，所以，功成名就后，他对年轻学者也厚爱有加，他也像自己的第一位贵人那样，视主动求助的青年才俊为自己的"干儿子"。据不完全统计，化学家盖吕萨克、数学物理学家泊松和柯西等著名人物，在年轻时都曾受到过拉普拉斯的多方帮助；特别是当旅行家、自然学家洪堡到法国考察水成岩分布时，拉普拉斯还给予了慷慨资助。又比如，当他发现某位青年学者的成果与自己的未发表成果"撞衫"后，他不但会主动让出论文的发表权，还会帮助该青年学者把论文修改得更好；因为他不想打击青年人的科研热情，更不想影响他们的前程。其实，像这样的学者，在科学界也并不多见；所以，对很多年轻人来说，拉普拉斯也是深受尊敬的老前辈。

好了，说过凡人拉普拉斯后，就该说说"神仙"拉普拉斯了。在科学天地里，拉普拉斯之所以能号称"齐天大圣"，那是因为他有观音菩萨送的"3根毫毛"。

"毫毛1"叫《宇宙体系论》。它有多厉害呢？这样说吧，它能将上帝赶出宇宙！故事是这样的。长期以来，科学家们一直想搞清楚，太阳系是如何形成的？地球为何要绕太阳转？木星轨道为何在不断收缩而土星轨道又为何在膨胀？但始终没结果，就连牛顿也被难住了。于是，他只好求助于神学，把运动的最终原因归功于"上帝的第一推动力"。但拉普拉斯却不信这个邪，他充分发挥自己的数学才能，用近似方法证明了"行星轨道的大小，是周期性变化的"，即著名的拉普拉斯定理，把牛顿万有引力定律成功应用于整个太阳系；接着，又求得了一个特殊的势函数，以及它所满足的偏微分方程，即著名的拉普拉斯方程，给出了天体对任意质点的引力分量；最后，终于完成了《宇宙体系论》，提出了第一个科学的太阳系起源理论，即拉普拉斯星云说。书中暗表，也许有读者质疑啦，为啥敢说拉普拉斯是"第一个"呢，此前50年，康德不是也提出过类似的假说吗？问得好！康德星云说是从哲学角度提出的，故那时并不被认可，因为它显得太空泛；而拉普拉斯星云说则是从数学、力学角度，给出了严格的论证，所以被广泛承认。因此，后人也常把他们的星云说，合称为"康德–拉普拉斯星云说"。

拉普拉斯星云说认为，太阳系是由曾经灼热的气体星云冷却收缩而成的。原始的灼热星云呈球状，并缓慢自转，其直径比今天的太阳系大得多。后来，由于冷却而收缩，其自转速度逐渐变快；同时，因赤道附近的离心力最大，故星云逐渐变扁。一旦赤道边缘的离心力大于星云对它的吸引力，赤道边缘的气体物质便被分离出来，形成一个旋转气环。星云不断继续冷却收缩，上述过程也重复发生，于是又形成了另一个旋转气环，并最终形成了与行星数相等的气环，即所谓的拉普拉斯环。星云的中心部分，最后形成太阳；各环在绕太阳旋转的过程中，逐渐聚集形成行星。行星也同样发生上述作用，形成卫星。土星、木星、天王星和海王星的光环，可能就是由尚未聚集成卫星的质点构成的。

拉普拉斯星云说彻底改变了人类宇宙观，引起了社会各界的严重关切。当拿破仑读过《宇宙体系论》后，寻问拉普拉斯："你研究上帝的创造物时，为啥不提上帝呢？"拉普拉斯自豪地说："陛下，我不需要那个假设！"拿破仑心情复杂地喃喃道："多好的一个假设呀，它能轻松解释许多难题呢！"于是，拉普拉斯就成了"将上帝赶出宇宙的人"，因为，在他的理论体系中，确实再也不需要上帝的"第一推动力"了。

拉普拉斯的"第2根毫毛"叫《天体力学》。它又有多厉害呢？这样说吧，用这根"毫毛"，便可造出著名的拉普拉斯"妖"！那这条"妖"又有多厉害呢？这样说吧，它是物理学中"四大神兽"之一，另3兽分别是麦克斯韦"妖"、芝诺的乌龟和薛定谔的猫。若拉普拉斯"妖"闪身一变化作算命先生的话，那么，他的本领绝不仅仅是"上知五百年，下知五百年"，而是"上知N年，下知N年，N可以是无穷大"！

更准确地说，在慢速宏观世界里，或在牛顿体系内，我们可把宇宙现在的状态视为其过去的果，以及未来的因。如果一个智者（即拉普拉斯"妖"）能知道某一时刻所有自然运动的力和所有自然构成的物件位置，且假设他也能对这些数据进行足够的数学分析，那么，在宇宙里，从最大的物体（如星球）到最小的粒子运动都会包含在一条简单的数学公式中。所以，对于该智者来说，一切都是确定的，没有事物是含糊的，而未来只会像过去般出现在他面前。换句话说，这拉普拉斯"妖"能知道每个原子的确切位置和动量，能用牛顿定律来展现宇宙事件的整个过程，包括过去、现在及未来。所以，拉普拉斯的理论也被称为"决定论"。书中暗表，此处我们特意强调了"牛顿体系内"，否则，拉普拉斯"妖"变成的那个算命先生，将是"真瞎子"，而非"半仙"。比如，在近代量子力学范围内，此"妖"将成"傻瓜"；在预测粒子中电子的位置时，即使只考虑牛顿力学，若想计算某气态氧气分子，在与其他分子碰撞50次（约0.1毫微秒以内）后的位置也是无效的；在物理学的不可逆过程中，比如熵等，此"妖"也会"死掉"等。

其实，拉普拉斯的《天体力学》是在总结前人成果的基础上，经过长达26年的潜心研究完成的5卷16册巨著。它首次提出了"天体力学"这一名词，是经典天体力学的代表作，它对太阳系引起的力学问题，给出了完全的解答；对太阳系的普遍稳定性问题，给出了圆满的解释；对天体运动，给出了严格的数学描述；还讨论了木星四颗卫星的运动，及三体问题的特殊解；对位势理论，也给出了数学刻画。它对后来的物理学、电磁学、引力论、流体力学及原子物理等，都产生了极为深远的影响。因此，拉普拉斯也被誉为"法国的牛顿"和"天体力学之父"。书中暗表，几千年来，经拉普拉斯和托勒密、开普勒、牛顿、爱因斯坦等众多科学家前赴后继的努力，如今天体力学已发展成为天文学的一个重要分支。它主要以数学为手段，以牛顿万有引力和爱因斯坦相对论为根据，研究天体的平衡形状及运动规律；当然，主要聚焦于太阳系，或天体成员不多的恒星系。继拉普拉斯之后，天体力学研究又取得了众多突破性成就。比如，1846年，人们利用天体力学发现了海王星；至于各式人造卫星的轨道计算、星际航行、月球火箭及各种行星际探测等，就更离不开天体力学了。

此外，对科幻小说《三体》感兴趣的读者朋友们，请注意啦：其实小说中所谓的"三体问题"，就是天体力学长期关注的课题，即多体问题，又叫N体问题，它意在研究N个质点在万有引力作用下的运动轨迹。当$N=2$时，它已得到完全解决。当$N=3$时，即三体问题，多年来进展甚慢，至今仍未解决；目前，全球科学家们正挖空心思发愁呢。伙计，但愿你是最终解决三体问题的科学家哟！

拉普拉斯的"第3根毫毛"叫《概率分析理论》。它有多厉害呢？这样说吧，若非数学界的专家，一般人压根儿就看不懂，只知道它奠定了近代统计学的基础。换句话说，这"第3根毫毛"厉害得让人莫名其妙，所以，咱也别碰它了。反正，它其实是总结了概率论的前人成就，论述了概率在选举、审判、调查、气象等方面的应用，比如将买彩票等随机问题转化成了可计算的数学公式。

道光七年，是一个多事之年：中国发生了喀什噶尔激战；国际上众多各界精英纷纷去世，比如电池发明者伏特、作曲家贝多芬、诗人布莱克等；普希金写成《致西伯利亚的囚徒》，雨果写出名剧《克伦威尔》，爱伦的诗集《帖木儿及其他诗》出版；德国化学家维勒制得了铝，英国植物学家布朗发现了"布朗运动"。当然，正如你所料，这一年还发生了本回的结尾性事件，1827年3月5日，拉普拉斯以78岁的高龄卒于巴黎，并留下遗言：我知道的不多，我不知道的却无限。

单凭这谦卑的遗言，我们也该忽略瑕疵，永远记住这位"科学大神"——拉普拉斯！

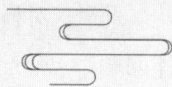

第五十七回

超级民科道尔顿，原子理论定乾坤

伙计，"原子"这个名词，你肯定听说过，至少知道原子弹！

就算你是文科生，那也应该能背诵：物质是由分子组成的，分子是由原子组成的，原子是由原子核和电子组成的。

假如你学过中学化学，那对"原子论"就更不该陌生了。

但是，许多人并不知道，在"原子论"背后其实藏有丰富的故事，"科学原子论之父"道尔顿的生平更是传奇累累。不过，在拍响本回的"惊堂木"之前，先要告诉你，道尔顿的"原子论"到底有多厉害：这样说吧，它是科学发展史上最重要的里程碑之一，是人类认识化学的主要学说；在很大程度上，对现代物理学来说，它也是不可缺少的"序幕"。

这是因为，一方面，从科学理论角度看，它是继拉瓦锡的"氧化学说"之后，化学理论的又一次重大进步，它揭示了"一切化学现象的本质，都是原子运动"，它促使化学真正成了一门学科，并从此进入了迅速发展的快车道；或者说，它使化学从杂乱的、看不出内在联系的、仅描述自然现象的阶段，进入了"各种结果都具有秩序和相对可靠性"的现代化学新时代。所以，道尔顿又被称为"近代化学之父"。

另一方面，从哲学角度看，道尔顿"原子论"揭示了化学反应中现象与本质的关系，是继拉普拉斯"天体演化说"后对人类自然观的又一次猛烈冲击，加速了科学方法论的发展，促进了辩证自然观的形成，甚至对整个哲学认识论也都具重要意义。

好了，闲话少说，书归正传。下面有请本回主人翁道尔顿，闪亮登场！

约翰·道尔顿，1766 年（乾隆三十一年）9 月 6 日生于英格兰坎特兰郡的鹰田村。这是一个典型的偏远贫困村，村民们大都依靠替人加工羊毛为生。道尔顿的家，更是穷上加穷，因为，一方面，他家里有 6 个孩子得供养；道尔顿是老四，上有两哥哥和一姐姐，下有一对弟妹；后来，因为营养不良和无钱治病，可怜的妹妹和弟弟还都双双夭折了。另一方面，倔强的老爸始终认定"万般皆下品，唯有读书高"，所以，家里仅有的那一点"余粮"也都给孩子们交学费了。幸好，孩子们所上的学校都是"贵格教友会学校"，听起来好像很高大上，但其实只是村办的"民工小学"而已，所以学费很便宜；当然，师资也差得出奇，毕业生仅够扫盲而已。在这样的一群"鸡"面前，道尔顿这只"鹤"当然就格外抢眼了。因为无论是数学还是语文，他的成绩都名列前茅。于是，A 老师夸完，B 老师又夸，同学们夸完，家长又跟着夸；一来二去，小小的道尔顿就尝到了学习的甜头，竟然真的就死心塌地爱上了学习，而且，其"优等生"

的好名也传遍了周围十里八村。看来，学习的自信心和兴趣，还真是靠夸出来的呀！

此外，在"民工小学"期间，在道尔顿身上还发生了两件不可思议的怪事。

其一，是在语文老师的引导下，道尔顿小朋友对气象观察着了迷，而且还将该习惯狂热地坚持了下来：每天准时起床的第一件事，就是在自建的破败气象站里观察和记录当天的气象数据；不论风吹雨打，也不论在天涯海角，从不间断，直到去世前几小时为止，共记下了约20万字的气象日记。以至邻居大妈们，早上起床都不再用闹钟，而是以道尔顿的气象活动为标准时间了。表面上看，道尔顿的这个"怪癖"与其后来的化学研究毫无关系，但仔细分析后，才发现情况完全相反。因为，一方面，由枯燥的气象观察所培养出来的超级专注力和观察力，在随后的化学实验观察中，扮演了不可替代的核心作用；否则，小猫钓鱼式的"马大哈们"肯定不可能发现"重复化学实验中的细微变化"。另一方面，后来道尔顿的许多重要成果，比如分压定律、倍比定律等，其实也直接得益于长期对气象的观测和对气体的研究。

其二，也许更意外的是，他在"民工小学"期间竟然学到了丰富的文化知识。对此，你也许会像当初的我一样，打死也不相信这样的奇迹！咋可能呢？连老师都只是半文盲，能教啥知识呢！就算是自学，可学校里连课桌都残缺不全，哪有藏书呢，更别梦想图书馆了！嘿嘿，谜底就藏在学校隔壁。原来，那里有一家书店。老板娘知道了道尔顿的"优秀生"背景后，便主动邀他到书店免费看书；反正，也没啥损失，不但帮了穷书生，也给书店捧了人场。于是，道尔顿就毫不客气地对所有书架，进行了地毯式的"蚕食"，见书就读，见字就认；几年下来，还真就满腹经纶了，甚至还掌握了不少数学知识呢。于是，道尔顿的"秀才"名气就更大了，甚至成了娃娃们共同学习的榜样。

转眼间，12岁的道尔顿就小学毕业了。老爸肯定供不起他上中学，所以，穷人的孩子就得"早当家"了。如何才能既挣钱，又读书呢？想来想去，道尔顿又出了一个奇招。只见他，找来一张废纸，"唰唰唰"就贴出了一则招生广告："道尔顿小学开张啦！授课内容：数学、语文、自然等。男女年龄不限，学费公道。由'民工小学'优秀毕业生道尔顿亲自授课，名额有限，报名从速。"幸好那时还没"城管"，否则，"场子"早就被砸了。

哇，广告一出，村里就炸锅啦；不出一周，就招到了20多名学生。当然，必须承认，"道尔顿小学"又比"民工小学"更低档了。在猎猎寒风中，鼻涕老师就开始煞有介事地教起了鼻涕弟子：书声，闹声，鼻涕声，声声入耳。那场景，一点也不亚于集市交响乐，而且这交响乐还一开锣就连续演奏了整整3年！

15岁那年，"擦干鼻涕"的道尔顿与姐姐一起，终于冲出乡村走向城里了。因为，他二哥与朋友合作在肯德尔城筹办了一所"民工中学"，正缺师资呢。于是，上阵就靠"姐弟兵"，道尔顿一家瞬间就成了"教书专业户"。到了"大城市"肯德尔后，"民办教师"道尔顿简直就如鱼得水了。一方面，他在校内讲授数学和自然哲学课程，当然，必要时也只是现学现卖而已。另一方面，由于工资实在太低，他不得不巧妙地把知识变成钱，比如，代写书信；提供科技咨询；提供有偿天气观察和预测服务；制作并出售一些稀奇古怪的小商品：像什么农民喜欢的气压计和风向计啦，小市民喜欢的蝴蝶和花草标本啦等。这些活动的成功，实现了一举三得：既缓解了经济压力，又增长了知识，还赢得了极好的声誉。不但学生们喜欢他，甚至附近的居民们也都知道"道尔顿是一个很有学问的人"。

后来，道尔顿又遇到了另一位"更有学问的人"，并拜他为师。但是，再一次出乎意料的是，此人竟然是一位盲人，约翰·豪夫。更出乎意料的是，该盲人老师不但没"瞎教"，竟然还是道尔顿进入科研领域的引路人，因为盲人老师教会了道尔顿希腊文、拉丁文和法文等，从而为随后的科研活动奠定了语言基础；盲人老师还系统讲授了数理化等课程，使得道尔顿实际上达到了大学水平；更重要的是，盲人老师还奇迹般地指导道尔顿学会了许多化学实验，使他爱上了化学，并最终成为一名伟大的化学家。

4年后，由于道尔顿的各方面表现实在太好，名气也越来越大，所以，他那位当校长的哥哥便主动让贤，19岁的道尔顿就成了这所"民工中学"的新校长。新官上任三把火，道校长的"第一把火"，就是面向社会举行公开的有偿科普报告会，每月一次，每次半天，而且题目都是大众特感兴趣的话题。哇，这"第一把火"，还真的就"火"了，第一讲就吸引了上百名听众。而且，这把"火"还整整"火"了一年多。道尔顿之名在肯德尔城家喻户晓了，以至许多刊物都主动找上门来，请他撰写科普文章，这又使得道尔顿名利双收。

终于，道尔顿被真正的大城市曼彻斯特的一所名字很响亮的"野鸡大学"——真理自由与宗教学院给盯上了。于是，从1787年起，该学院就对21岁的道尔顿开始了"挖墙脚"工程。挖呀挖，一年不成就两年，两年不成就三年；功夫不负有心人，6年后，即1793年，27岁的"民工中学"道尔顿校长终于被挖到了该"野鸡大学"，担任自然哲学教授。大城市就是大城市，丰富的图书馆资源、良好的学术氛围、便利的实验环境，使得道尔顿开始收获科研成果了。虽然他的第一部作品《英语语法》与自然科学无关，但紧接着他就出版了《气象观察与研究》一书，书中描写了气压计、温度计、风向计、量雨筒等气象仪器的制作原理、方法和使用技巧等。此书虽无学术含量，顶多算科普，但却受到了群众的普遍欢迎，让道尔顿尝到了甜头。

道尔顿的首项科研成果，其实是28岁那年（即1794年）出版的学术专著《论色盲》。道尔顿是历史上第一个发现并研究色盲的人，所以，至今色盲症也称为"道尔顿症"。道尔顿以大量事实证明了色盲或色弱者的存在，并分析了相关病理，还做出了一些大胆猜测；甚至立下遗嘱，死后捐出眼球供医生解剖，以找出色盲原因。书中暗表，道尔顿去世后，时人还真对他进行了尸检，结果发现其眼睛正常无异；但是，大约150年后（即1990年），后人又对其保存在英国皇家学会的一只眼睛进行了DNA检测，却发现他缺少对绿色敏感的色素。换句话说，道尔顿还真患有色盲症呢。

很快，道尔顿的研究兴趣就锁定在了化学领域。从33岁开始，他辞去了所有工作，成为一名自由职业者，其实是一位"民间科学家"；而他的生活费用来源主要依靠给富贵子弟当家教。因此，他便结交了富有的牧师约翰斯；后者也热爱科学，并大方地为道尔顿提供了免费住房和实验用房等，以使得道尔顿能安心从事科研。从此，道尔顿就在牧师家里，像钟表一样刻板地"滴答"了20余年：何时起床，何时记录气象数据，何时吃饭，何时进入实验室，何时读书等，诸事都安排得井井有条，甚至分秒不差，天天如此；唯一的例外就是，有时周末也外出玩玩曲棍球。当然，道尔顿的主要科学成就也是在此期间完成的，所以若从雪中送炭的角度看，约翰斯也算是道尔顿的贵人了。

道尔顿的首项代表性重要科学成果叫"道尔顿分压定律"，是在35岁那年（即1801年）取得的。当时他正将水蒸气加入干燥空气中，结果却发现：混合气体中，某组分的压强与其他组分压强无关，各种气体互相独立地施加压力且总压强等于两者压强之和。为啥会出现这种情况呢？若用现在的术语来解释，那便是，气体具有微粒结构，即一种气体的微粒或原子均匀分布于另一种气体的原子之间，因而这种气体的微粒所表示的性质就像是容器中全然没有其他气体一样。于是，人们利用该定律便可清晰地解释若干重要现象。比如，加热相同体积的不同气体时，温度升高所引起的气体压强变化值与气体种类无关；并且当温度变化相同时，气体压强变化也相同。道尔顿分压定律，不仅对气体有效，还有更广泛的适用范围。比如，若将一勺盐溶于一碗水中，那么，水的体积并不会增加。

当然，道尔顿最著名的成果，是他于1808年在其名著《化学哲学新体系》中创立的"原子论"，更准确地说是创立的"科学原子论"；因为，在此之前，已有人从不同角度提出了多种原子论。但是，道尔顿的原子论，确实又有重大突破，它的要点有3个。

1）化学元素由微粒（原子）构成，原子在一切化学反应中都不能被再分割。

2）同种元素的原子性质和质量都相同，不同元素原子的性质和质量各不相同。换句话说，有多少种不同的化学元素，就有多少种不同的原子。

3）不同元素化合作用时，原子以简单整数比结合。若一种元素的质量固定，那另一元素在各种化合物中的质量也一定是简单整数比。

道尔顿原子论具有太多的神奇功效啦！它可轻松解释前人的多项重大发现。比如，既然化学反应不能改变原子，当然就满足"物质不灭定律"嘛；因为，物质的重量都体现在未被改变的原子中。又比如，根据原子论，任何相同化合物的两个分子都由相同原子组成；由此可推出，任何一种已知的化合物，不管它是由什么方法配制或在哪里发现的，都含有相同元素，而且这些元素之间的重量比也完全一样；而这正是几年前由另一科学家发现的"定比定律"。还比如，道尔顿通过实验发现了"倍比定律"，当两种元素化合形成一种以上化合物时，则与同一重量甲元素化合的乙元素，在各种化合物中的重量比形成简单整数；若从原子论角度来看，化学反应只不过是原子的重新排列而已，当然会保持原来的整数比不变嘛。总之，道尔顿原子论，不但能解释许多化学实验，还能被各种实验所检验，所以非常具有说服力，很快就被广泛采纳。而且化学家们按照该学说的方案，也确实能计算相对原子重量和每种分子的原子数，并完成相应的化合物定量分析。

原子论创立后，道尔顿名震四方，各种荣誉纷至沓来：1816年，被选为法国科学院院士；1817年，被选为曼彻斯特文学哲学会会长；1826年，被英国政府授予金质科学勋章；1828年，被选为英国皇家学会会员；此后，又相继被选为柏林科学院名誉院士、慕尼黑科学院名誉院士、莫斯科科学协会名誉会员，还得到了当时牛津大学授予科学家的最高荣誉——法学博士称号等。此处为啥要罗列这么多光环呢？因为，事实表明，这些光环并未给道尔顿带来任何实质性好处，反而却有害。

一方面，这些光环既不能吃，也不能用，对道尔顿的个人生活没任何改善。比如，他仍然只是一个光棍，仍然过着朴实的隐居式生活，仍然只是一个自由职业者，仍然无任何固定收入，仍然没有科研经费，甚至他做实验所用的许多仪器仍然也只是自制的，就连温度计、气压计等也都是亲口用玻璃管吹制的。反正，道尔顿的经济，仍然日益困窘。为此，英国科学界的同人、道尔顿的朋友和学生们，不断向政府呼吁，可始终没结果。直到1833年，即他67岁那年，英国政府才迫于舆论压力，不得不关心他的生活，并按年发给道尔顿150英镑的养老金。

另一方面，这些过多的光环还"晃瞎"了道尔顿的眼。因为，事实证明，在荣誉面前，道尔顿刚开始时还比较冷静谦虚，但随着荣誉越来越高，他便逐渐变得骄傲和保守，特别是晚年期间更是思想僵化、故步自封。实际上，自从创立了原子论后，道尔顿在科学上就几乎再也没啥建树了，甚至还阻挠别人的大胆科学探索。

比如，1808年，法国化学家吕萨克在道尔顿原子论的影响下，发现了气体反应的体积定律。实际上，该定律是对道尔顿原子论的一次有力论证，后来也得到了其他科学家的证实并应用于测量气体元素的原子量。但是，出人意料的是，"吕萨克定律"却遭到了道尔顿本人的拒绝和反对，他不仅怀疑相应的实验基础和理论分析，还对吕萨克进行了严厉抨击。

又比如，1811年，意大利物理学家阿伏加德罗创立了分子论，它在新的理论基础上，统一了道尔顿的原子论与吕萨克定律。但是，分子论也仍然遭到了道尔顿的无情反驳。如今的事实早已表明，分子论是正确的。

还比如，1813年，瑞典化学家贝采利乌斯创立了用字母表示元素的新方法，它易写易记，所以，很快就被大多数科学家接受；而道尔顿却一直到死，都是新元素符号的反对派。

1844年7月27日晚8点45分，道尔顿按习惯开始记录当夜的气象数据，当他用颤抖的双手刚刚写下"微雨"两字后便昏倒在地，当晚就与世长辞，享年78岁。

更加难能可贵的是，终生都在贫困线上挣扎的道尔顿，死前还将其微薄的积蓄捐给了曼彻斯特大学，用作学生奖学金。如今，在众多爱心人士的努力下，100多年来，该奖学金已越来越大，而且也已培养了一大批著名科学家。为纪念道尔顿，后人将"道尔顿"作为原子量的计量单位，一直使用至今。

道尔顿终生热爱科学，他的成功给我们留下了深刻启示。正如他本人说过的那样：若说我比别人获得了更大成功的话，那完全是依靠不断的勤奋。有的人之所以能遥遥领先，与其说他是天才，不如说是由于他的专心致志，不达目的不罢休的不屈不挠。

第五十八回

动若脱兔探险狂，静若处子著书忙

好奇怪，这么伟大的科学家，居然少有人知道其姓名！真的，你听说过洪堡吗？反正，直到我的某位高徒获"洪堡基金"出国进修时，我才首次听到该名字；甚至，即使是在那时，我也不知道原来洪堡是一位伟大的科学家。

更奇怪的是，读罢素材后，我才发现：天啦，当年的洪堡，竟是与拿破仑齐名的"大腕"呀！甚至，贵为皇帝的拿破仑，在自己的国土上，也还会因洪堡的名声太大而吃醋呢。真的，你看，美国前总统杰斐逊称他为"我们时代最伟大的荣光之一"；生物学家达尔文也承认"没什么能比阅读洪堡的故事，更让我激动了"，并坦陈，若无洪堡的影响，他不会登上"小猎犬"号，也不会有《物种起源》；伟大诗人歌德回忆道，与洪堡共度几天，"自己的见识增长了数年"，这简直就是歌德版的"听君一席话，胜读十年书"嘛；美国最受尊敬的自然作家梭罗回忆道："在洪堡的著作中，我找到了困扰已久的答案，即如何同时成为诗人和博物学家。假如不曾读过洪堡的著作，那《瓦尔登湖》将面目全非。"至于像泰勒和华兹华斯等文学家嘛，更将洪堡的自然观大量纳入了自己的作品中。

若从科学角度来看，洪堡的众多头衔也很吓人。比如，他是著名的地理学家、博物学家、植物学家、生物学家与地质学家，又是地貌学创始人、火山学创始人、近代地理学创始人、近代气候学创始人、植物地理学创始人、地球物理学创始人等，还是"19世纪科学界最杰出的人物之一"。

若稍加留意，你更将发现以"洪堡"之名命名的东西多如牛毛，遍布欧洲、澳洲、美洲等地。比如，在大海里，有洪堡寒流；在墨西哥，有洪堡山脉；在委内瑞拉，有洪堡峰；在阿根廷，有洪堡城；在巴西，有洪堡河；在厄瓜多尔，有洪堡间歇泉；在哥伦比亚，有洪堡海湾；在格陵兰岛，有洪堡海角和洪堡冰川；在南非、新西兰和南极，有洪堡山脉；在塔斯马尼亚和新西兰等地，有洪堡瀑布；在巴黎，有洪堡大街；甚至，美国的内华达州都险些被命名为洪堡州。据不完全统计，仅仅在北美，就至少有4个郡、13个城镇，若干山峰、海湾、湖泊、河流和公园等都以"洪堡"命名。在生物界，至少有300多种植物和100多种动物以"洪堡"命名。在矿物界，以"洪堡"命名的矿石也有不少。就连月球上，也有洪堡海。总之，在各种命名系统中，"洪堡"大概是最常见的人名了。

最奇怪的是，读罢此章后，你也许会拍案而起：嗨，这不就是洋人版的徐霞客传嘛！看来，只要肯拼命，哪怕是拼命玩，也能玩成科学家呀，而且还是顶级科学家！当然，必须承认，洪堡的游记确实改变了人类的自然观，因为它归纳出了许多重要科学理论和发现。伙计，求求你，别再追问洪堡的科学发现到底是些啥了！因为，知道答案后，你肯定立马傻眼：这不是连小屁孩都知道的常识吗？的确，它们之所以成为今天的常识，那是因为当年的洪堡首先捅破了"窗户纸"！其实，最靠近日常生活的自然规律才是最重要的科学发现；可惜其发现者也最容易被遗忘，正如没人知道谁是"1+1=2"的发现者一样。

闲话少说，书归正传，下面有请洪堡登场。

话说，在徐霞客诞生182年后，或徐霞客去世128年后，或拿破仑诞生的那年，更准确地说是，1769年（乾隆三十四年）9月14日，本回主人翁，弗里德里希·威廉·海因里希·亚历山大·冯·洪堡，诞生于德国柏林的一个富贵之家。父亲是普鲁士国王的宫廷大臣，母亲是大家闺秀；他有一个很著名的哥哥——柏林大学创办者、比较语言学创始人。洪堡是家中老二，也是妈妈的宝贝幺儿。

洪堡的家很大。大到什么程度呢？这样说吧，他家干脆就是一个森林公园；所以也可以说，小洪堡压根儿就是在大自然中被"野生放养"长大的。你看，保姆在花草间，追着他疯跑；厨师在翠湖边，哄着他吃饱；家庭教师在树下给他授课；至于睡觉嘛，也许今天刚在山巅，明天却又在草原。所以，洪堡从小就养成了"贪玩"的习惯：家中各种花草树木的名称得搞清楚吧；哪座山高，哪条河长，哪里热，哪里冷，哪里星星多，也得问明白吧；除了家里的森林公园外，世外还有啥异景，还得找到答案吧。一来二去，在森林公园和家庭教师们的熏陶下，远游的种子就播进了洪堡幼小的心田：要到非洲去，到美洲去，到全球荒无人烟的任何地方去！

洪堡10岁那年，父亲不幸去世，母亲只好担起持家重任。还好，父亲留下了几座矿山，家中仍属超级富豪，洪堡兄弟俩仍接受着良好的教育，许多全球一流学者都被请来当家庭教师。特别是洪堡15岁那年，当时德国著名的博物学家威尔特诺来到家中，他惊喜地发现了一匹"千里马"，于是，他立即向洪堡母亲强烈建议，让洪堡在博物学方面大展宏图。可是，妈妈果断地说了"No!"因为她的如意算盘是，今后让老大传承家族的"贵"，继续在宫廷任职；让老二洪堡传承家族的"富"，继续经营自家的矿山。洪堡16岁时，著名植物学家维尔德诺夫被请到家中，给洪堡讲授了林奈的植物分类法和韦尔纳的矿物分类法，这就在无形中为洪堡将来的探险工作，打下了坚实的科学基础。洪堡17岁时，著名物理学家赫尔茨又被请到家中，教会了洪堡许多电磁学知识；甚至在赫尔茨的指导下，洪堡还在家中安装了当时全国第2根避雷针。后来的事实表明，这些知识，对洪堡的成功都起到了关键作用。

还有另一位长期家庭教师，影响了洪堡的终生。他就是启蒙老师肯普，因为他懂得"儿童就是儿童"，所以，在教学中主要采用启发式教育，几乎不强迫洪堡做任何事情，而是重点发现并培养他的兴趣和爱好。另外，肯普也是《鲁滨孙漂流记》的德文版译者，还是一位远航探险的发烧友，更经常给小洪堡讲故事，特别是远古时期热带王国的故事。因此，有理由相信，成年后的洪堡之所以热衷于探险，很可能要归功于肯普这位早期"园丁"。

结束了全面而良好的家庭教育后，乖儿子洪堡听从妈妈安排，于18岁那年进入了法兰克福大学学习矿业知识，随后又转入哥廷根大学，再后来又于1791年转入弗赖贝格矿业学院。反正，妈妈安排的所有正规学业都以矿山为中心，其目的性明白无误。可哪知，在大学期间，洪堡却遇到了一位"奇葩"老师，仅凭三寸不烂之舌就让洪堡心中那颗远游种子，生了根，发了芽。这位老师就是福斯特，他曾随英国著名航海家詹姆斯·库克的探险队，在南半球海洋上航行，到过不少地方；他讲述的许多探险故事，让洪堡惊心动魄；他介绍的若干有趣风物，让洪堡更觉海外之神奇。甚至，21岁那年，福斯特还亲自带着洪堡，前往荷兰、比利时和意大利等国，进行了地理和植物考察，并向洪堡传授了综合考察的秘籍：若想揭示自然界的基本规律，就得研究各学科的边缘状况，并将各种现象联系在一起。果然，在经过阿尔卑斯山时，他们就发现：植物的形态随高度有很大的变化。于是，洪堡将植物和气象随高度的变化联系在了一起，在原有二维气象学基础上发展出了三维气象学，指出植物和气象也会随海拔高度的变化而变化，正如它们会随经纬度的变化而变化一样。这在后来竟成了植物形态地理学的一条基本定律。

意大利之行初战告捷后，洪堡更坚定了探索大自然的决心：必须去远行！

1792年初，洪堡大学毕业了。他虽按妈妈意愿乖乖地到了矿山，经营自家祖业，但心中却无时无刻不惦念着探险，甚至将自家的矿山和矿井也作为考察对象。比如，他在矿井深处发现，地衣等地下植物有一种特殊的光合机能，能在无光处产生叶绿素。他还发现，矿山上的蛇纹岩具有磁性，但其感应极性正好与铁磁体相反，且不发生相互吸引或排斥；从现代理论来看，蛇纹岩其实是一种强抗磁体。

1796年11月，母亲不幸去世。27岁的洪堡再也不用顾忌家人担心，终于可以漫游世界了，况且他还分得了一大笔遗产。于是，洪堡迫不及待地卖掉土地和矿产，赶紧恶补了天文、地理、测绘等探险必备知识，在3个月后的1797年2月，开始了自费探险生涯。

洪堡探险的第一站，本来是前往埃及考察尼罗河的源头和火山分布。可是，当万事俱备，只待出发时，却突然得知已经有人先去了。原来，那是拿破仑带着军队，要去征服埃及了。战场当然不是考察之地。后来，洪堡又计划去西印度群岛，可一查地图，唉，英法战争已封锁了海面。于是，他只好从长计议，一边重新制订探险计划，一边进行小规模的热身考察。1797年春天，洪堡与歌德结伴，在德国境内进行了地质、地磁和天文观测。7月25日，洪堡前往维也纳，参观了薛恩布隆植物馆；正是该馆收藏的大量西印度群岛植物标本，引发了洪堡对美洲的向往，才有了后来的长达5年的美洲探险活动。10月26日，洪堡在萨尔茨堡，测量了那里的纬度，并通过化学分析发现：大气中氧的浓度会随高度的增加而降低。1798年，洪堡又在巴黎与德朗伯尔合作，精确测量了巴黎的经度和子午线长度；如今的长度单位"米"，就是基于这次精确测量，将巴黎子午线长度的四千万分之一作为1米来规定的。在巴黎期间，洪堡还结识了年仅25岁的穷小子波普朗，此人更敢冒险。于是，他们俩一个出钱，一个出"胆"，便共同策划了一幕惊天动地的"新大陆考察"惊险大片。

1798年10月20日，洪堡和波普朗突然人间蒸发了；没人知道他们去了哪里，也没人知道他们要去干什么。原来，他们翻过了比利牛斯山脉，经巴塞罗那，于1799年2月23日到达了西班牙首都马德里。其间，洪堡又顺便揭开了一个千古之谜，即"西班牙沿海为地中海型气候，但中部又为大陆性气候"的真实原因，其实在于：西班牙海岸低洼，而中部又为一个独立的高原。凭借该谜底和流利的西班牙语，洪堡博得了西班牙国王的欢心，后者终于同意为他们签发护照，前往自己的南美洲殖民地进行考察；同时，作为交换条件，洪堡答应为马德里博物馆收集植物和矿物标本。

1799年6月5日，是洪堡一生中最重要的一天。因为，这天他与波普朗一起登上了"皮察罗"号巡洋舰，正式开赴美洲，开启了长达5年的科考探险并很快就有了收获。当"皮察罗"号途经加那利群岛时，洪堡考察了超过雪线的泰德峰，并在掘开泰德峰的表土后发现，玄武岩的表面确有一层斑状页岩和黑曜岩，这就证明了玄武岩是火山的产物。当"皮察罗"号沿当年哥伦布的航线向西行进时，他发现了一条由新大陆流向亚速海的洋流，于是又解开了一个重大谜团，那就是，原来古人不是通过陆路，而是乘小船借助洋流而实现洲际迁移的。

1799年7月16日，"皮察罗"号抵达委内瑞拉的库马纳，这里便成了洪堡他们的南美洲探险起点。刚上岸，洪堡就发现了一个自然规律：热带植物比寒带植物具有更强的群居性，虽然物种间强烈争夺着有限的空间，但充沛的阳光和肥沃的土地，又使它们保持着高度的平衡。紧接着，他们在卡里皮发现了一个洞穴，其中栖息着数百万只汕氏鸟；该发现轰动了欧洲，后人纷至沓来，以至1959年，在"纪念洪堡逝世一百周年"时，委内瑞拉政府竟将该洞建成了"洪堡国家纪念馆"。在库玛马，洪堡又发现，这里的岩石与欧洲相似，但却处于地震和火山带，其海岸犬牙交错，无数小岛像是从大陆撕开的碎片，星罗棋布，镶嵌在锯齿形的海岸边沿；洪堡由此推断：南美洲是年轻的大陆，是火山的产物。通过对火山群的详细考察，洪堡确认，地壳下面有大量弹性岩浆，外力迫使岩浆从地壳喷出，从而形成新的岩层。由此，人类首次对地球的"鸡蛋结构"有了初步了解，哦，原来地心是火热的熔浆。

上面只是走马观花，浓缩了南美洲5年探险中的第1年。在随后的4年中，洪堡他们还取得了更多的重要科学发现。但为了避免罗列，此处仅简介几个案例。比如，通过对安第斯山脉的半年多考察，洪堡提出了"等温线"概念：在同一等温线上，不仅温度相等，且植物形态也相同。温度对植物的形态有着最重要影响，太阳热、地热和有机能的相互作用，便构成了有机界的自然观。又比如，在秘鲁近海，洪堡发现了一股寒冷的洋流，滚滚向北，即所谓的"洪堡洋流"。还比如，在墨西哥为期1年的综合考察中，洪堡在濒临太平洋和墨西哥湾处发现了两条狭长的火山带；由此推断，地壳在这里有两条裂口，东、西马德雷山脉就是由这里喷射的岩浆堆积而成的。

书说从简。洪堡和波普朗历经5年生死，终于结束了美洲探险。当他们于1804年8月1日回到巴黎时，在凯旋门受到了万人空巷的英雄般欢迎。但是，若按中国传统观念，洪堡就是典型的"败家子"，因为在美洲的这短短5年时间里，他竟花光了本来几辈子也用不完的祖辈积蓄，而换来的却只是6万多件标本和堆积如山的素材。今后怎么办？这是一个必须严肃考虑的问题，也是区分伟人和平民的试金石。探险伙伴波普朗，借名气及时找到了一份理想工作，进入了拿破仑的皇家植物园，从此，吃穿不愁，生活无忧；当然，也就与科学家无缘了。而35岁的洪堡则认为，考察才刚刚开始，美洲的实地考察仅仅是素材收集而已，更艰巨的任务还在后头，即从素材中整理出若干基本规律，揭示大自然的众多奥秘。于是，在随后的半个多世纪里，洪堡几乎全身心扑到了资料整理工作中，甚至都"忘记"了娶媳妇；其间还进行了几次补白式零星考察。比如，在60岁时，洪堡应俄国沙皇的邀请，对亚洲进行了半年多的考察。

洪堡的探险成果，最终被整理成了影响世界的若干巨著。比如，《1799至1804年新大陆热带区域旅行记》（30卷）、《新西班牙王国地理图集》《植物地理论文集》《宇宙》（5卷）等。这些巨著使洪堡毫无疑问地成了人类最伟大的科学家之一。洪堡为啥能整理出这么多巨著呢？除了勤奋外，还有另一个重要原因，那就是他有超强的记忆力，能在多年后回忆起某片树叶的形状、泥土的颜色、温度计的读数、岩石的层积等。这使得他能将相隔几十年、距离几千里的观察结果，进行纵向和横向的综合比较。爱默生等科学家对洪堡的印象是，他能同时追踪多条线索，别人需要绞尽脑汁回忆的事情，在洪堡眼里只需一瞬间；他能记起过往知识与观察中的全部细节；他的眼睛，如同天然望远镜与显微镜。

与普通探险家不同的是，洪堡既注重实践观测，也善于创新思维。他总是试图将观察到的自然现象进行综合分析与比较，所以，在考察过程中，他携带的各类仪器竟多达几十种。正是这种严谨的科考态度，才成就了他的若干"第一"，比如，绘制全球等温线图的第一人，发现"植物分布的水平分异性和垂直分异性"的第一人，用图解法研究洋流的第一人，发现温度随海拔升高而降低的第一人等。另外，洪堡的科学探险和学术思想，还使得千百年来的许多纯经验性现象（特别是地理描述等），进入了科学行列。

与普通旅行家不同的是，洪堡的游记，不是简单的游记，而是游记式的科学著作。在整理游记的过程中，洪堡还发现了若干新物种，比如洪堡企鹅、洪堡百合、洪堡兰花、洪堡猪鼻臭鼬、洪堡天竺葵等。在中国古人中，最能与洪堡相比的，可能要算是徐霞客了。但是，坦率地说，如果抛开文学水平不论，《徐霞客游记》可形容为"见山只是山，见水只是水"的游记，而洪堡的游记则是"见山不只是山，见水不只是水"的游记。

1859年5月6日下午两点半，90岁的洪堡去世了。万幸的是，刚好在这一年，达尔文的《物种起源》正式出版，这也算是对洪堡的一个安慰吧；毕竟他开创的事业，终于后继有人了。

第五十九回

生物圈中一劲松，乱世丛中不倒翁

话说，在乱世枭雄拿破仑出生后仅8天，本回主人翁乔治·居维叶也紧跟着来到了人间。他睁眼一看，哦，出生时间是1769年（乾隆三十四年）8月23日，出生地点是法国蒙贝利亚尔，再左看右看，咋没见到老爸呢？掐指一算，哦，老爸正在瑞士当雇佣兵，而且还是一名中尉，此时正在枪林弹雨中厮杀呢。"阿弥陀福，但愿子弹长眼睛，别碰到老爸；但愿老爸早日回家！"居维叶一边吃奶，一边在心中暗自祈祷。其实，在这战火纷飞的年代，居维叶压根儿就不想投胎到人间；可是，没办法，阎王爷点了将，一巴掌就被扇到凡间。

幸好，妈妈安妮既年轻，又漂亮，还满腹经纶。管它三七二十一，居维叶便在妈妈怀里尽情地吃呀，睡呀，哭呀，笑呀；反正，我的襁褓我做主。妈妈也抓住一切机会，对宝贝儿子循循善诱。终于，在4岁时，"神童"桂冠就稳稳戴在了居维叶的头上；因为，当同龄人还在尿裤子时，"神童"就已开始读书了。虽无法考证"神童"当年的读书清单，但是，法国18世纪伟大的博物学家布丰的44卷鸿篇巨制《自然史》，肯定是居维叶的最爱，特别是其中的《地球形成史》《动物史》《人类史》《鸟类史》《爬虫类史》等分卷，更像通俗版百科全书一样迷得咱们的小"神童"如痴如醉；在朦胧中，依稀看见古今动物在招手，要与他一起享受读书的乐趣呢。

据说，读罢布丰的《自然史》后，咱们的小"神童"就患上了严重的"布丰后遗症"。只见他玩不思，饭不想，满脑子全是昆虫、地球、爬虫等东西；见鸟和鸟说话，见鱼和鱼交谈。好容易举止正常一点吧，又抛出若干奇怪问题，把"秀才"妈妈问得人仰马翻，像什么为啥小猫晚上也能看见东西啦，为啥人没长翅膀啦，等等。若说居维叶对大自然的兴趣，是三分天注定的话，那剩下的七分可能就主要来自布丰了。

"布丰后遗症"刚刚有所减轻，在10岁的时候，居维叶又偶然读到了格斯纳的作品《动物发育史》，特别是一种其貌不扬的鸟类——隐鹮，又引发了他对自然动物史的兴趣。于是，他疯狂地阅读各类自然百科书籍。由于他具有超强的记忆力，又经过了严格的科学训练，再加上执着的学习热情，12岁时，"他对四足动物和鸟类的熟悉程度，已达到了一流博物学家水平"。

就这样，"神童"居维叶享受着阅读的快乐和对未知的深思，度过了他那独树一帜的童年。后来，居维叶解释说："所谓天才，其实就是一种专注"。

1784年，15岁的居维叶考入了德国斯图加特的卡罗林大学；4年后，便波澜不惊地毕业了，没啥特别故事，只是他又阅读了大量书籍，并过目不忘地记住了更多知识而已。但非常奇怪的是，大学毕业后，居维叶竟然放弃了所有"铁饭碗"工作，单枪匹马前往诺曼底，在一个贵族家里当了家庭教师，而且一当就是整整6年！后来的事实表明，居维叶的这个选择其实非常英明。因为，一方面，家庭教师的作息时间很自由，他可尽情学习自己感兴趣的东西。另一方面，诺曼底靠近大海，方便他对鱼类等海洋生物进行仔细研究；他在这里精心观察和解剖了大量海生动物，特别是制作了许多软体动物及鱼类标本。此外，当时法国大革命正如火如荼，而诺曼底地处偏远，正是逃避刀光剑影的好地方。果然，居维叶在这6年间，取得了生物形态学方面的众多成果，并受到学术界的重视，甚至引发了一场不小的"地震"。这就为他随后"出山"，打下了坚实基础。

"民间科学家"居维叶引发"地震"的思想，后来被整理成了完整的"器官相关法则"，即认为动物的身体是一个系统，各部分的形态和功能，都统一在生物体中；各部分的结构也都彼此相关；每一器官的解剖构造，与别的器官在功能上都是关联的；而各器官的功能与构造特点，都是与环境相互作用的结果。比如，牛羊等反刍动物，既然有磨碎粗糙植物纤维的牙齿，就该有相应的嚼肌、上下颌骨和关节，还会有相应的消化道，及适于抵御和逃避敌害的犄角和肢体构造等。又比如，虎狼等肉食动物，则应具有与捕捉猎物相应的肢体、消化等构造和机能。

为了对"器官相关法则"有更深刻的理解，后人编了这样一个段子。某天深夜，居维叶的朋友想开个玩笑，吓一吓他；于是，朋友装扮成一条怪兽，头上竖着两只尖角，四肢长着蹄子，吼叫着张开血盆大口，冲到居维叶床边，欲吃之而后快。居维叶被惊醒后，先是一愣，紧接着便哈哈大笑："原来是个吃草的家伙，何必害怕呢！"说完，倒头又睡。朋友讨个没趣，非要问明究理。居维叶便解释道："根据'器官相关法则'，判断某动物是否吃肉，只要观察其四肢、口腔、牙齿和颌骨就行了。食肉动物的口腔中上下颚和肌肉，一定适宜吞食生肉，牙齿十分锋利才能嚼碎生肉和骨头；眼睛、鼻子、耳朵，一定善于发现远处的猎物；四肢也一定适宜追赶和抓捕猎物。而'欲吃我'的那个怪兽，四肢上有蹄子，就像牛蹄一样根本抓不住任何动物，因此，它只能吃草。"

1795年，26岁的家庭教师居维叶遇到了人生中的第一个贵人，年仅23岁的圣伊莱尔。对方虽然更年轻，但却已在巴黎自然博物馆当了两年教授，并且还正蒸蒸日上呢。那时，该贵人正缺一个解剖学科研助手，又看中了居维叶的一项"独门绝技"；所以，双方一拍即合，居维叶就这样由一个"民间科学家"挤进了正规科学家圈子。那位读者要问啦，居维叶有啥"独门绝技"呢？嘿嘿，这样说吧，随便给他一块残缺的骨头，不管它是从地下刨出来的还是从狗嘴里夺来的，只要让他仔细观察，准能说出它是啥动物的骨头，是长在哪里的骨头，是什么功能的骨头等。甚至，若他高兴，没准儿还能复原出那动物呢。

果然，不负圣伊莱尔这位贵人的厚望，居维叶的"独门绝技"很快就排上了用场。就在担任助研的当年，也许是上帝眷顾吧，居维叶竟在巴黎的某个大型采石场发现了一堆化石，它们既像是象骨，却又与现在的象骨略有不同。正当专家们百思不得其解时，居维叶自信地判断：这是一种早已灭绝的古象。经过一段时间的复原拼装后，居维叶真的重现了一头长毛象，一种类似猛犸象的大象。这也是人类首次对大型化石的复原，该成果顿时震动了欧洲生物界。紧接着第2年，居维叶再展大手笔，竟又复原出一头巴拉圭出土的已灭绝的大地懒（一种传说中的南美动物），从而再次震动了欧洲。居维叶也被破格晋升为教授，并于1796年成了法兰西研究所成员，更被公认为"法国博物学领头人"。

居维叶肯定不会停留在这些经验性的成功中，他将自己的"独门绝技"进行了理论提升并结合"器官相关法则"等，开创了两门至今仍然非常重要的学科，"比较解剖学"和"古生物学"。换句话说，他不仅研究现有动物，还将已灭绝的动物化石或遗骸归入同类动物系统，再将古今动物进行构造上的系统比较，从而运用器官相关法则，根据少数骨骼化石对古生物进行整体复原。更形象地说，居维叶的思路其实就是，由动物的一部分去推断另一部分，从已知动物的局部结构去推断未知（或已灭绝）动物的局部结构。比如，作为比较解剖学的代表性成果，他首先指出非洲象与亚洲象其实属于两个不同的种；而猛犸象（毛象）则是更接近于亚洲象的已灭绝动物，并证明北美发现的"猛犸"化石则是另一种已灭绝的新属——乳齿象。有趣的是，尽管居维叶反对进化论，但他却正确提出了物种自然灭绝的概念，并论证了现存种类与灭绝种类之间在形态和亲缘上的联系；这在客观上，其实就为进化论提供了科学证据。

有了"比较解剖学"的理论指导后，居维叶更是如虎添翼，他进一步研究了多种脊椎动物的骨骼，总结了一套行之有效的实操复原方法，即把古生物和现生物进行类比。例如，先设想某复原对象是一只类似于大象的动物，再与现存的大象骨骼进行对比，参照各种因素，再去复原这件古生物标本。如果原先的假想对象有误，则再重新调整，如此反复。掌握了理论和实操后，居维叶在古生物复原方面，几乎达到了炉火纯青的地步。比如，有一次，他见到一张古动物的化石素描，看起来既像是蝙蝠，又像是远古鸟类。居维叶运用自己的理论和实操知识，仔细观察了图中动物的头部和前肢的特点后，断言它是一只会飞的恐龙。后来的事实证明，居维叶是对的，它就是翼龙化石。又比如，另一次，在考古现场，专家们一致认为发现了古人类头骨；但居维叶却指出，它是一种巨大蝾螈的遗骨，这次他又说对了。据不完全统计，居维叶从出土化石中，至少复制出了150多种已灭绝的古代物种。

30岁左右，居维叶又遇到了他人生中的第2位，也是更重要的贵人，他就是法国皇帝拿破仑。准确地说，刚开始时，居维叶见到的是皇帝入侵埃及后带回来的礼物——两具木乃伊。其中，一具是猫，另一具是朱鹭。怀着对拿破仑的无限崇敬，欣喜若狂的居维叶对木乃伊进行了非常仔细的研究，结果却发现：几千年前的猫和朱鹭与现存的同类几乎完全相同。于是，居维叶便得出了一个当时引起轰动，甚至让拿破仑和教皇都刮目相看的结论。居维叶也因此正式跨入了政界，并被长期重用，连连提拔。比如，1800年，居维叶被任命为法兰西学院教授和大学评议员；1808年，被拿破仑任命为大学顾问兼巴黎大学校长；1811年，被封为勋爵；1814年，被选为国务委员；1817年，被任命为内务部副大臣；1818年，被选为法兰西科学院院士；1819年至1832年，任参议院内政部主席等。

但非常遗憾的是，在今天看来，当年给居维叶带来"官运"的那个结论，其实是错的！因为，居维叶的那个结论是，生命形态不会随时间而进化。换句话说，居维叶否定了生物进化的事实。为啥这个纯粹的学术结论，竟会令官方如获至宝呢？因为，它显得"政治正确"，具体说来，只有"物种不变"，才能与《圣经》中上帝创世的故事相吻合。当然，这绝不意味着居维叶想刻意迎合官方口味，其实，他在科研方面的治学态度，是相当严谨的。客观分析后，我们认为，居维叶反对进化论的主要原因，可能是他的固有偏见，其证据有如下4个。

1）笃信《圣经》的居维叶，长期与化石和古生物打交道，而物种在地层中都是以突发方式出现的，没有任何进化痕迹；虽然这主要归咎于素材的残缺，但却很容易让研究者产生"不连续"的错觉。

2）对"器官相关性法则"的片面理解，也容易产生"不连续"的错觉：若只有一个器官"进化"，那其他器官当然就无法适应，因为，它们都会受影响。但是，居维叶却忽略了另一种情况，若许多器官都同时进化，那就可能重建平衡，便不会出现矛盾了。

3）由于潜意识中的"不连续"预期，所以，一旦发现几千年前的木乃伊标本与当今相比并无变化时，便从心理上，迫不及待地趋向于"预期得到证实"，从而出现"当局者迷，旁观者清"的情况。

4）其实也是证明居维叶存在偏见的主要证据，那就是他通过多年的化石考古，特别是在研究巴黎盆地的白垩纪和新生代地层时，发现不同的堆积有不同的化石。于是，他归纳出了这样的事实："地层时代越新，其中的古生物类型也越进步；最古老的地层中没化石，后来出现了植物与海洋无脊椎动物的化石；然后又出现脊椎动物的化石。在最近地质时代的岩层中，才出现了现代类型的哺乳类与人类的化石。"今天，对具有进化论思想的任何人来说，若再回头来看居维叶的这些事实时，谁都会得出生物进化的结论。针对同样的事实，居维叶和今人为啥会得出完全相反的结论呢？因为，今人存在进化论"偏见"，而当年的居维叶则刚好相反。

上面数段，为啥要花费大量笔墨来论证偏见对科研的影响呢？因为，我们想借机说明一个重要事实，那就是：理念对科研具有非常重要的决定作用。真心希望，读者朋友您今后能在正确观念指导下，成为伟大的科学家，别再被偏见给误导了。

从今天的角度来看，居维叶最伟大的科学贡献，其实是他首先提出了"灾变论"，并将化石标本看成"已灭绝物种"，其分类学地位等同于现生物种。他认为自然界的全球性大变革，造成了生物群"大灭绝"，而残存部分经过发展，又形成各个阶段的生物类群。他还认为，地球在短期内曾发生过多次巨变，每次都造成了火山爆发，气候剧变，洪水泛滥，陆地上升或下沉，物种毁灭并形成化石等；因此，才形成了今日地球的面貌。

虽然"灾变论"假说，基本吻合于现代地质古生物学的结论；但正如其名字一样，"灾变论"本身也是多灾多难，经历了数次大起大落。

刚开始时，"灾变论"被奉为圭臬，认为是唯一正确的物种理论。这主要因为，一方面，它当时"政治正确"，比如《圣经》中记载的那次洪水泛滥，便是众多的灭绝性灾害之一。另一方面，再加居维叶能言善辩，1830年，经过长达6周的激烈公开辩论，驳得以首位贵人为代表的进化派们哑口无言；当然，还有一个不可忽略的，也许是更重要的方面，那就是当时居维叶手中有权，是"朝廷命官"，甚至几乎是皇帝的科学代言人，被称为"生物界的拿破仑""生物学独裁者""第2个亚里士多德"等，所以，从气场上看也占有绝对优势。

后来，英国著名的地质学家赖尔又提出了"渐变论"来反对"灾变论"，几乎将"灾变论"赶出了英国。

再后来，达尔文的"进化论"被普遍接受后，"灾变论"就几乎被淘汰了。

但是，到了20世纪后期，剧情又反转了："灾变论"重新受到重视！一方面，基因突变已被证实，这可看成最深层次的灾变。另一方面，在解释地球的生物巨变，如白垩纪灭绝事件时，"灾变论"又成了法宝；甚至，如今连幼儿园的小朋友都知道：恐龙之所以突然灭绝，就是因为地球上的一次大灾难。当然，将"灾变论"重新请回来的主要功臣，是德国古生物学家辛特沃夫；他在1963年，提出了"新灾变论"，认为：地球生物确实经历了多次大规模灭绝事件。"新灾变论"对这些全球性灾难，首次假设了宇宙原因；特别是天体撞击坑和铱异常的发现，使"新灾变论"得到部分证实，并发展成为"天外物体撞击说"，从而更具说服力。"新灾变论"认为，生物的进化，新的更高等的物种的出现，是天外物体撞击引起的大气圈、水圈、生物圈等变化的综合结果。因为天外物体的撞击是快速的、短暂的，所以，旧物种的灭绝和新物种的出现必然也是突变的，爆发式的。

其实，"灾变论"与"进化论"，并非水火不容，至少在现代进化理论中就已综合了居维叶及其反对者们的学说。

上述曲折史表明，"灾变论"还真是生物界的"不倒翁"呢。其实，居维叶本人也是历史上少见的"不倒翁"，颇具传奇色彩。他的后半辈子，身兼科学家、社会活动家、政治家等角色，多次出任政府部长、大臣等要职；而且，虽历经三朝敌对政府，但却始终都春风得意：法国大革命时期，他作为穷人的代表，自然受到追捧；拿破仑时期，更得到重用；到了君主复辟时期，居维叶的声望已达到难以想象的高度，甚至成了男爵和贵族。

当然，居维叶的科学贡献还有很多。比如，他开创了化石的分类工作，提出了更科学的动物分类系统，将动物分成脊椎动物、软体动物、关节动物及辐射动物等4类；首次把人类归入脊椎动物，并讲清了人类与其他动物的根本区别，这也是划时代的进步。

非常可惜的是，1832年5月13日，"灾变论"的提出者居维叶也死于一场灾难（即大规模的霍乱传染），享年63岁。为纪念居维叶，如今许多动物都以他的名字命名，比如居维叶鲸、居维叶瞪羚、居维叶巨嘴鸟、居维叶虎鲨和居维叶南美巨獭等。月球正面也命名了一个居维叶坑。

第六十回

父死豪云弃荣华，乱世频出科学家

有时候，历史真是惊人的相似。读过本书第一卷的朋友，也许还记得，宋朝虽然持续了300多年，且整体上属于当时全球科技最发达的国家之一；但是，科学家真正扎堆的时期，却是宋末元初的短短数十年间，而那时正是最混乱的"魔鬼期"；更奇怪的是，待到元朝真正建立，天下大治后，科学家又集体消失了。实际上，若稍加统计，就会发现：当时全球几乎所有顶级科学家，比如唐慎微、宋慈、李冶、朱世杰、秦九韶、杨辉、郭守敬、赵友钦、叶桂等，都要么出自摇摇欲坠的南宋，要么出自早被金朝吞并的原北宋地区。过去只知"乱世出英雄"，难道也"乱世出科学家"？

500多年后，历史又重演了。

只不过这次的时间是18世纪中叶，准确地说，是由法国大革命引发的连续20余年的天下大乱。其间的改朝换代嘛，那就更令人眼花缭乱了：一会儿是"革命政府"，一会儿是拿破仑独裁，一会儿又是王朝复辟；仅仅是"革命政府"的短短5年间，又分为君主立宪派统治期、吉伦特派统治期、雅各宾派专政期和热月党人统治期等。仅仅是1791年至1794年这短短3年间，就至少有包括人类伟大科学家拉瓦锡等在内的7万多人被送上了断头台。

这次的地点是法国，准确地说，是统治法国近三百年的波旁王朝。实际上，若稍加统计，就会发现：当时全球的大部分顶级科学家，比如库仑、拉瓦锡、拉马克、拉普拉斯、居维叶和本回的主人翁安培，都出自这段混乱期的法国。然而，奇怪的是，无论是此前200多年的波旁王朝稳定期，或此后的和平期，法国都再也没出现过如此密集的顶级科学家了；更奇怪的是，在该阶段的科学家中，凡出生于"前朝"贵族家庭者（比如库仑、拉瓦锡、安培等），其生平事迹等几乎都是空白。因此，安培之名，虽对如今的每位初中生都耳熟能详，但是待到真要为他撰写科学家简史时，才发现难上加难：好不容易费尽了九牛二虎之力，通过各种推理和大数据挖掘办法，才总算勉强凑齐了相关素材。

本回主人翁名叫安德烈·玛丽·安培，听起来很像女孩，但却是正宗男孩，如假包换。其姓名中的"玛丽"两字，可能是为了纪念某位女长辈，而且很可能是他妈妈，因为从始至终，他妈妈都没露过面，更无任何信息。不过据说，安培的个子嘛，确实不够高，成年后也只有1.7米左右。

安培1775年（乾隆四十年）1月20日生于法国第三大城市里昂。用俗话来说，他是在错误的时间出生在了错误的地点。

一方面，当年的天下可谓极不太平：一场特大海啸，几乎将葡萄牙里斯本夷为平地；美国全境都在打仗，莱克星顿的枪声拉开了独立战争的序幕；俄国在平乱，经叶卡捷琳娜二世批准，普加乔夫等4人被处决于莫斯科；中国在平叛，乾隆命令班第和永常分兵两路，平定准噶尔部首领达瓦齐的叛乱。

另一方面，当年的法国表面平静，其实早已危机四伏：路易十五当政期，刚于上年（1774年）结束；国民极度不满，国王的统治不断遭到抨击，甚至掀起了启蒙运动，涌现了伏尔泰、孟德斯鸠、卢梭、狄德罗等一大批思想开明人士，天赋人权、君主立宪、主权在民、三权分立等思想应运而生，并且日益深入人心；1774年继承王位的路易十六，又愚蠢地采取了诸如增税、限制新闻出版等行动，甚至还关闭了国民议会，宣布它非法。

形象地说，安培诞生在了一个即将爆炸的火药桶上。后来，这桶火药还真的在他14岁那年，以"攻占巴士底狱"的方式爆炸了。更可悲的是，安培的父亲终生勤劳，省吃俭用，为人诚实，终于挣得了一份不小的家业，拥有了自己的丝绸店。那位读者奇怪啦，老爸有钱不是好事吗，咋说"可悲"呢？唉，一言难尽呀！可能就是因为有钱，再后来他老爸与许多"前朝"精英一样，统统被送上了断头台。客观地说，他老爸确实死得很冤，作为自主创业的"富一代"，他在前朝也只是"三等人"，全无政治地位，从来都被贵族们歧视。

安培的童年，非常幸福。父亲拿他当心肝宝贝，生活上精心照顾，教育上尽心尽力。也许老爸有一个心愿，那就是自己这一辈子，白手起家，总算甩掉了"穷"帽子；因此，希望儿子再接再厉，把"贱"帽子也甩掉，并最终实现家族的"富贵梦"。所以，老爸对儿子的培养特别在意，并在安培很小的时候就发现安培才智出众，尤其是记忆力特强。于是，他便开始亲自辅导安培学习拉丁文。因为，拉丁文在当时是上层人士必修的"高大上"语言；任何人，无论有多富，若不懂拉丁文，都会被上层社会嘲笑。很快，父亲又发现安培的数学天赋也很高，于是，自己又赶紧补课，现学现卖，就成了儿子的数学老师。后来，儿子的兴趣越来越广，对历史、旅行、诗歌、哲学及自然科学等，都想学习；老爸这个教师，就实在不能胜任了！于是，聪明的老爸就重点培养儿子的自学能力，并随时对其学习兴趣给予表扬和肯定。这一招果然厉害，安培自从被引上"自学快车道"后，便一发不可收拾了：读的书越来越多，越来越广；读书的速度越来越快；融会贯通的能力也越来越强。高兴得合不拢嘴的老爸，赶紧不惜重金，到处买书，以至在很短时间内就给儿子建起了一个藏书丰富的私人图书馆，让他尽情地博览群书。

安培的父亲，还做了一个看似不负责任但却很英明的决定：同意让儿子辍学回家。原来，安培上学后，很快就发现教材太简单，同班同学的知识水平太低，老师讲课太肤浅，甚至老师的知识面也太窄等；若继续待在学校里读书，无异于浪费时间，还不如回家自学呢。得知儿子的打算后，老爸立即表示支持。所以，纵观安培的学历，他几乎未接受过像样的正规教育，但是，他的文化水平却一点也不低。比如，拿数学来说吧，他10岁前，就开始阅读布丰的《科学史》，并学懂了欧几里得几何学，接着便开始直接研读欧拉与伯努利的拉丁文原著；12岁时，开始学习微积分；13岁时，就发表了第一篇数学论文，论述了螺旋线的相关性质；14岁时，就钻研了狄德罗和达兰贝的《百科全书》；18岁时，就已能重复拉格朗日《分析力学》中的某些计算了。功成名就后，安培回忆说，他的所有数学知识都来自18岁前的自学。

在自学过程中，安培非常投入；特别是在思考问题时，经常陷入忘我的境地。虽不知他是否会像传说中的陈景润那样，撞到电杆后还给对方说"对不起！"但是，坊间确实长期广泛流传着，有关安培的三个"书呆子"故事。

故事一说，有一次，安培在街上赶路。走着走着，安培突然来了灵感，想出一个数学问题的算式，但又没地方演算。正着急时，他突然看见前面有块"黑板"，于是，赶紧拿出随身携带的粉笔，迅速运算起来。哪知，那"黑板"却是马车的厢背。马车走动了，他也跟着走，边走边写；马车越来越快，他就跑了起来，一心想要完成公式的推导，直到实在追不上马车时，他才大叫道："别带走了我的公式！"安培的失常行为，笑得满大街的行人前仰后合。第2天，安培就登上了报刊新闻，题目叫"车厢做黑板，安培拼命赶！"

故事二说，又有一次，安培思考问题又着魔了。他一边走，一边想。经过塞纳河时，他随手拣起一块鹅卵石，装进口袋；过了一会儿，又从口袋中将它掏出来，扔到河里。回家后，他掏怀表看时间时，拿出来的却是一块鹅卵石。原来，怀表已被他扔进塞纳河了。

故事三说，安培为了专心思考问题，不受访客打扰，就常在门前贴上一纸条，上书"安培先生不在家"。有一天，安培外出散步思考问题时，突然想起某事，便折返回家。待到在自家门口看见"安培先生不在家"的字条时，竟说："哦，原来，安培先生不在家，那就算了吧！"说完，就离开了。安培竟然忘记了：这是他自己的家，他自己就是安培啊。

虽不知上述三个故事是真是假，也不知它们都发生在何时何地。此处就抢先原样奉上吧，因为，大家很快就要笑不出来了。

大约是在安培19岁时，即法国大革命爆发5年后，法国进入了雅各宾派专政的一段"恐怖期"。如前所述，深爱安培，同时也被安培深爱的老爸，竟莫名其妙地被斩了首，同时家产也被没收。这晴天霹雳的噩耗，当时就令安培昏倒在地，不省人事。从此，安培一下子就从天堂跌进了地狱。每每想起父亲的冤情，他就忍不住号啕大哭，痛不欲生。夜深人静时，安培才敢呆呆望着月亮，反复质问："为什么，为什么，我们只不过是守法商人和书生呀；到底犯了啥王法啦！"面对父亲的遗像，想起童年的美好时光，安培更是流泪不止。但是，生活总得继续，擦干眼泪后的安培，慢慢抬起了头，挺起了胸，勇敢地迎接着命运的打击。

其实，对这时的穷光蛋安培来说，经济的艰难还不算最苦，毕竟正年轻力壮，有的是蛮劲儿，哪怕是纯粹卖苦力，也能暂时混碗稀饭吃，不至于被饿死。而最苦的，则是政治上的压迫：处处被人鄙视；任由街坊四邻随意欺负打骂，而且还不敢有半点反抗，否则必招来更加严厉的惩罚；就连亲戚朋友之间，也不敢彼此关怀，否则就会被指控为"谋反"，甚至引来杀身之祸。

就在这水深火热之中，安培生不如死地熬呀熬！熬过一天，熬两天；熬过一月，熬两月；熬过一年，熬两年。终于，在1796年，安培21岁时，一位化名为"利斯"的善良姑娘，抛开世俗偏见，勇敢地靠近了安培。安培苦闷时，她与他聊天；安培生病时，她精心照顾；安培生活困难时，她大方救济；安培被别人欺负时，她更是"路见不平一声吼，该出手时就出手"，因为，她家在以前是穷人现在是"上等人"。刚开始时，安培对这位美丽姑娘，只有感激，不敢再有任何非分之想，毕竟，他们完全属于两个水火不容的"阶级"，更不能奢望成为夫妻，虽然姑娘一直都真心地深爱着他。

三年后，由于革命派的多次内讧，拿破仑于1799年通过"雾月政变"成了"法兰西第一共和国执政官"。紧接着，拿破仑进行了多项军事、教育、司法、行政、立法、经济等重大改革。其中最著名的并直到200年后依然有深远影响的改革，就是颁布了《拿破仑法典》。政变结束后的第三周，拿破仑向法国人民郑重发布公告，自豪地宣称："公民们，大革命已回归其初衷了，大革命已结束！"从此，"恐怖期"在法国真的就结束了，断头台不再用来对付"前朝"精英了。拿破仑还特别重视知识，尊重人才。

一句话，安培这样的人被彻底解放了。也正是在1799年这一年，安培喜事连连：一来，他凭自己的本事，终于在里昂的一所中学谋得了教师职位，从此，基本生活便有了保障；二来，也是最大的喜事，那就是，苍天有眼，他终于与苦苦相恋的那位姑娘结成了眷属。

患难中相识、贫困中相知、逆境中相助的夫妻，当然就更加情深意重。1800年，安培与妻子的爱情终于有了结晶：他们生下了一个白白胖胖的宝贝儿子！顿时，安培沉浸在无限的喜悦中，他更加努力地工作，决心要让母子俩永远享受幸福生活。妻子非常支持安培的科研活动，再加安培智慧非凡，所以，安培的科研成果越来越多，在法国的学术地位也不断提高。安培在1801年被里昂海格大学聘为物理学与化学教授；1802年2月，再被布尔格中央学校聘为教授；同年4月，他又发表了一篇论述赌博的数学论文，显露出了极好的数学根底，引起了科学界的注意；1803年左右，里赛大学授予他博士学位；1804年，他又进入拿破仑创建的法国公学任职。总之，由于其出众的科研表现，安培俨然成了香饽饽，许多大学和科研机构都争相给他发出聘书，邀他前往就职，而且，所提供的待遇和条件一个比一个更高。他还被选成了英国皇家学会会员。

可是，就在事业扶摇直上时，1804年，即拿破仑正式登基当皇帝的那年，刚刚从丧父的悲痛中缓解过来的安培又遭受到了更致命的打击：他的爱妻，新婚才5年的爱妻突然去世了！天啦，安培的精神支柱彻底垮了！

安培的一生，最爱爸爸和娇妻两人，同时也是这两人的最爱。可是，他们却都意外地过早死于非命！怀着巨大的悲痛，安培把妻子葬在爸爸墓旁，还分别栽种了常青树，以示永远纪念。从此，安培万念俱灰，更不问世事，一心扑入科学怀抱，希望以杰出的科学成就作为"常青树"，来实现历史的穿越，来永远祭奠爸爸，祭奠爱妻！

化悲痛为力量后的安培，离开了里昂这个伤心地，前往巴黎理工学院任职。心无旁骛后，安培在科学天地里果然势不可挡：1808年，被任命为帝国大学总学监；1814年，当选法兰西科学院院士；1819年，受命主持巴黎大学哲学讲座。

1820年9月11日，在法兰西科学院的一次学术会议上，有人公布了丹麦物理学家奥斯特刚刚发现的电磁效应：当电流通过导线时，导线周围的磁针会发生偏转。安培马上集中精力研究这个现象，他将导线换成环形线圈进行试验，结果发现：当电流通过线圈时，由于受到磁力作用，线圈也会发生偏转。再经多次精心实验和测定，安培进一步发现：载流线圈运动的方向，由电流的方向和磁极的位置而决定。于是，在几周内，他就提出了著名的"安培定则"，即右手螺旋定则；在随后的几个月，他又连续发表了3篇重要论文，设计了9个著名实验，以数学形式更精确地总结了载流回路中电磁之间的运动规律，这便是著名的"安培定律"，今天中学物理教材的必修内容。安培的这个理论，后来启发麦克斯韦，最终创立了电磁理论。

1821年，安培基于"运动电荷产生磁"的观点，正确解释了地磁的成因和物质的磁性，并提出了著名的"分子电流假说"：构成磁体的分子内部，存在一种环形电流，称为分子电流，它使得每个磁分子成为小磁体，两侧相当于磁极；通常情况下，磁体分子的分子电流取向是杂乱无章的，它们产生的磁场互相抵消，故对外不显磁性；但是，当受到外界磁场作用后，分子电流的取向就大致相同，分子间相邻的电流作用抵消，而表面部分未抵消，于是，就显示出了宏观磁性效果。书中暗表，安培的这个"分子电流假说"，虽在当时还无法证实，但在今天却已有了实在内容，并已成为认识物质磁性的重要依据；因为，今人已知：物质由分子组成，分子由原子组成，原子中存在着绕核运动的电子。

安培在电磁学方面的成果，其实还有不少。比如，他发现了电流的相互作用规律：电流方向相同的两条平行导线，会互相吸引；电流方向相反的两条平行导线，则会互相排斥。又比如，他还发现，电流在线圈中流动时，所表现出来的磁性和磁铁相似，并以此研制出了首个螺线管，接着又在其基础上发明了探测和量度电流的电流计。

1827年，安培将他的电磁研究成果综合在专著《电动力学现象的数学理论》一书中，从而完成了电磁学史上的一部重要经典巨著，对以后电磁学的发展产生了深远影响。在安培的一生中，他虽然只有很短的几年时间在从事物理研究，可他却能以独特且透彻的分析论述带电导线的磁效应，因此，他是当之无愧的"电动力学创始人"。此外，他还在数学、力学、光学、化学和结晶学等方面，取得了不少成就。他还是出色的教育家，培养了许多青年才俊。

1836年（道光十六年）6月10日，安培以"大学学监"身份外出巡视工作时，不幸染上急性肺炎，医治无效，于马赛去世，终年61岁。

后人为纪念安培，便用他的名字来命名电流强度的单位，简称"安"。

第六十一回

生前也许他很丑，死后方知他很牛

滚滚长江东逝水，浪花淘尽英雄。是非成败转头空。青山依旧在，几度夕阳红。白发渔樵江渚上，惯看秋月春风。一壶浊酒喜相逢。古今多少事，都付笑谈中。

伙计，别误会，本回不是复述《三国演义》。但是，在乾隆年间，那时的"化学江湖"比"三国"还乱；幸好，本回主人翁的"阿伏伽德罗定律"最终实现了分久必合：建立了统一的"化学帝国"，更准确地说是"量化化学"的统一"帝国"。否则，今天的化学和物理还不知有多乱呢，至少不亚于"N分天下"吧！

话说天下大势，分久必合，合久必分！从远古开始到目前为止，化学已在不断的分合之中，历经了萌芽期、炼丹和医药化学期、燃素化学期、定量化学期和科学相互渗透期等。本回的故事就发生在"定量化学期"的中早期阶段。

其实，单看"化学"之名，就知道"化学江湖"是多么神秘莫测。先看中文的字面意义："化学"者，"化"之学也。但什么是"化"？是事物性质或形态的变化，或是佛教的化缘，还是习俗风化？好像都有点关系，却又都不怎么靠谱！再看"化学"的英文、法文、德文等名字。据说，它们都是由古埃及字"Chemi"演化而来的，最早出现于公元4世纪的埃及文献中；但是，"Chemi"的含义却很晦涩，至少包括艺术和宗教的迷惑、隐藏、秘密或黑暗等意思，比如可能就涉及木乃伊的防腐等。

化学的历史非常古老，甚至可以说，人类从学会用火就开始了化学实践活动。比如，钻木取火、烘烤食物、寒夜取暖、驱赶猛兽等，就是利用了燃烧时的发光发热等现象。不过，这只是一种经验的积累而已。化学的萌芽期，是从远古到公元前1500年。此时，人类学会了烧制陶器，冶炼金属，酿酒和染色等，这些都是最早的化学工艺，但还没形成化学知识。

炼丹和医药化学期，约从公元前1500年到公元1650年。此时，化学研究的重点是炼丹术和炼金术，并记载了最早的化学实验，总结了相关书籍。炼丹家和炼金家们虽最终都以失败而收场，但在炼制丹金的过程中，他们却用人工方法实现了物质间的相互转变，积累了许多有关化学变化的条件和现象。

燃素化学期，从1650年到1775年，这是近代化学的孕育期。此时，人们对感性知识加以总结，研究了化学变化的理论，从而形成了自然科学的一个分支。该阶段的起始标志，就是波义耳建立的化学元素概念；随后，化学又借"燃素说"从炼金术中解放出来。虽然，从今天的角度来看，"燃素说"其实是错误的，但它却把众多化学事实统一在了相同的概念之下，解释了许多化学现象。在燃素化学期，化学家们还发现了多种气体，积累了更多关于物质转化的新知识。特别是"燃素说"认为，化学反应是物质间的转化过程。化学反应中的"物质守恒"等观点更奠定了近代化学的基础。因此，该阶段也是近代化学的孕育期。

定量化学期，从1775年到1900年，这是近代化学发展的时期。粗略说来，1775年前后，拉瓦锡用定量化学实验阐述了燃烧的"氧化学说"，开创了定量化学；19世纪初，道尔顿又提出了"近代原子论"；接着，本回主人翁阿伏伽德罗提出了"分子学说"。自从用"原子/分子论"来研究化学之后，化学才真正被确立为一门统一的科学。该时期，化学家们发现了不少化学基本定律。比如，俄国化学家门捷列夫发现了元素周期律，并编制出了元素周期表；德国化学家李比希和维勒发展了有机结构理论等。该时期也为现代化学的发展奠定了基础。

科学相互渗透期，从20世纪初至今。粗略说来，20世纪初，随着物理学的长足发展，各种测试手段的涌现，促进了溶液理论、物质结构、催化剂等领域的研究。尤其是量子理论的发展，使得化学和物理学有了更多的共同语言，从而解决了化学上的许多难题，物理化学、结构化学等理论逐步完善。同时，化学又向生物学和地质学等领域渗透，使过去很难解决的蛋白质、酶结构等问题得到深入研究，使得生物化学等得到快速发展。

介绍完上述大背景后，本该再介绍一点小背景。但是，为使故事情节更加清晰，此处，先将小背景按下不表，而是直接请出主人翁。于是，我们就来到了1776年（乾隆四十一年），或者说是，化学刚好进入"定量化学期"的第二年。这一年，国际大事还真不少：亚当·斯密出版了《国富论》，标志着富国裕民的古典经济体系从此诞生了；美国发表了《独立宣言》，标志着美利坚合众国从此诞生了；在中国，乾隆历经29年的征战，终于平定了四川的大小金川叛乱，标志着清政府实现了对川西的控制。当然，本回最关心的事情是，这一年的8月9日，主人翁阿莫迪欧·阿伏伽德罗诞生于意大利的都灵市。

阿伏伽德罗的家族是当地的名门望族，其父是萨福伊王国的最高法院法官。父亲对儿子一直就怀有很高的期望，可是儿子好像从来就"不争气"，怎么看都怎么像是败家的纨绔子弟：从小就对学习怀有"深仇大恨"；读中学时，成绩一塌糊涂，考试总是最后一名。不过，总算勉强读完了中学。哪知，16岁的他进入都灵大学法律系后，却突然从"学渣"变成了"学霸"，仅仅4年后就闪电般地获得了法学博士学位。他如父所愿，先当了几个月的律师，然后又进入官场，戴上了"乌纱帽"。正当父亲以为"孺子可教"

时，这位法学博士却又莫名其妙地辞了官，并自贬到乡下某职业学校教书去了。更离谱的是，从1800年起，24岁的阿伏伽德罗放弃自己十年寒窗才学得的法学专业，竟然从零起步开始自学数学和物理学等自然科学知识；气得父亲捶胸顿足，仰天长叹。可是，再一次让父亲大跌眼镜的是，这位"冤家"儿子竟然真的自学成才了，相关科研成果像魔术一样，瞬间就被变了出来。仅仅3年后，即1803年，他就发表了第一篇科学论文；紧接着，第二年便被都灵科学院选为通信院士；然后，1806年，任都灵大学讲师；1809年，被聘为维切利皇家学院物理学教授；1811年，35岁时，更发表了著名的"阿伏伽德罗假说"；1814年，又发表了第二篇论文，继续阐述分子论；1819年，当选为都灵科学院院士。反正，他人生中的一系列急转弯（包括39岁的闪婚）都好像是在故意折腾老爸，让父亲不断地大喜大悲，在冰火之间不断地煎熬。

阿伏伽德罗在带给父亲煎熬后，自己也倍受煎熬，而且一受就是一辈子，甚至直到去世后都还经历了大起大落，无法"盖棺定论"。

至此，就不得不重提当年的小背景了。那时，"化学江湖"的"老大"是英国人道尔顿，他也是"泰山派"的"掌门人"。虽然，他只比阿伏伽德罗年长10岁，但是作为"定量化学"的重要奠基人之一，特别是他于1807年成功打造出了"原子论"这把"倚天剑"后，就几乎所向披靡，在"化学江湖"中说一不二了。

当然，江湖从来就不会平静，"化学江湖"也不例外。仅在"倚天剑"出炉的第二年，即1808年，"华山派"就脱颖而出，其"掌门人"法国化学家吕萨克发现：参加同一化学反应的各种气体，在同温同压下，其体积成简单的整数比。这就是著名的吕萨克定律。其实，吕萨克本来是道尔顿的忠实崇拜者，他结合偶像的"原子论"提出了一种新假说：在同温同压下，相同体积的不同气体，含有相同数目的原子。老吕满心欢喜，自以为这一假说是对"原子论"的支持和发展，一定会得到赞赏；可哪知，道尔顿回馈的却是一通"胖揍"："泰山派"不但立即公开反对，甚至还指责"华山派"的实验数据靠不住。吕"掌门"当然不能接受道尔顿的指责，于是，新的江湖恩仇记便拉开了序幕。由于他俩都是"武功盖世"的高手，其他化学家哪敢轻易介入其纷争；就连当时已名震天下的瑞典化学家"青城派掌门人"贝采利乌斯，也只能在私下表示：看不出双方争论的是与非。

就在"泰山派"和"华山派"的化学家们"打"得难解难分之际，一位"打酱油"途经此处的物理学家（对，就是本回的主人翁阿伏伽德罗）在看热闹的过程中，竟然发现了双方争执的矛盾焦点。于是，本来无宗无派的阿伏伽德罗，在1811年就创立了自己的"分子派"，明确提出了分子的概念，认为：在游离状态下，能独立存在的最小质点，无论是单质或化合物，都称作分子；单质分子，可由多个原子组成；在同温同压下，相同体积的不同气体，具有相同数目的分子。书中暗表，细心的读者不难发现，"分子派"与"泰山派"和"华山派"其实几乎相同；而唯一的文字区别，仅仅是将"原子"改为"分子"而已。但是，这一字之改，正是阿伏伽德罗的"点睛"之处，因为它完美地统一了"泰山派"和"华山派"：一方面，当某物质的分子只由一个原子组成时，"分子论"和道尔顿的"原子论"就完全一致了；另一方面，当某物质的分子由多种或多个原子组成时，"分子论"就与吕萨克的发现一致了。

可是，阿伏伽德罗人微言轻，在已经"杀"红了眼的"泰山派"和"华山派"面前，他根本没有任何调解能力，其分子论更遭各方冷遇。幸好，3年后的1814年，阿伏伽德罗又发表了另一篇论文继续阐述其分子假说，否则"分子论"的发明权就可能易主。因为，正是在这一年，法国物理学家安培也独立提出了类似的分子假说，但仍然没引起化学界的重视。面对"化学江湖"的无谓纷争，已明白"分子论"重要意义的阿伏伽德罗非常着急；于是，他在1821年，又发表了阐述分子假说的第三篇论文，并明确强调：吕萨克定律可以用来测定分子量，"原子论"和"分子论"将成为整个化学的基础。可惜，阿伏伽德罗的这些论文均未引起重视，甚至还有"躺枪"之嫌。1820年，都灵大学设立了意大利的首个物理讲座，并任命阿伏伽德罗为该讲座的教授；可是，仅仅两年后，由于不明原因，该讲座竟被撤销了，阿伏伽德罗也被解聘；直到10年后，该讲座才被恢复，次年阿伏伽德罗才又重新担任其讲座教授，直到1850年退休。

"分子论"不受重视的另一原因，也与"青城派"密切相关。因为，"青城派掌门人"贝采利乌斯也是当时化学界的权威，尤其是他的电化学学说很盛行；而按此学说，同种原子之间不可能相互结合。当然，"青城派"与"泰山派"之间仍然是水火不容，甚至道尔顿到死都是贝采利乌斯学说的反对者。

总之，虽然阿伏伽德罗最早认识到"物质由分子组成，分子由原子组成"，但在当时，他的这些前瞻性科学见解均未得到应有的认可，甚至遭到了很多反对。不过，万幸的是，阿伏伽德罗对名利看得较淡，所以虽被长期排挤，他却不太在意，只是埋头于科研并享受其中的乐趣。终于，他在1832年完成了4卷巨著《有重量物体的物理学》，详细阐述了自己的分子论，既为后人留下了首部分子物理学教程，也给出了测定分子量和原子量的有效方法，从而为数十年后"分子论"的"咸鱼翻身"埋下了重要伏笔。

1856年7月9日，被忽略了一辈子的阿伏伽德罗，终于在默默无闻中逝世了，享年80岁。但是，别以为本回故事就讲完了；其实，随着阿伏伽德罗的去世，"分子论"的故事才刚刚开始呢！

在整个"定量化学期"，化学家的主要目标当然就是测定各元素的原子量。但是，由于"分子论"这根"定海神针"已被抛弃，所以，"化学江湖"的天下大乱局面一直延续了半个多世纪。比如，既然不承认分子的存在，那么，化合物的原子组成就难以确定，原子量的测定数据就难以统一：仅仅是醋酸就可写出多达19个不同的化学式；碳的原子量，有人定为6，也有人定为12；水的化学式，有的写成HO，也有的写成H_2O；当量有时等同于原子量，有时又等同于复合原子量等。于是，有人断定"原子量不可测"，甚至开始怀疑原子论的正确性。总之，一句话，"化学江湖""军阀混战，天下大乱"，且还有越来越乱的趋势。

终于，全球化学家对这种乱局忍无可忍了，纷纷强烈要求召开一次国际会议，希望通过认真讨论，在化学式、原子量等问题上取得统一意见。于是，1860年9月，来自世界各国的140多名化学家在德国聚集一堂。由于此时道尔顿等各大对立"门派"的大佬们都已先后去世，所以与会者都能较客观冷静地看待相关学说。在全面回顾了过去50多年来化学发展的成功经验和失败教训之后，在详细比较了各种理论之后，大家终于承认：阿伏伽德罗的分子假说，是统一"化学江湖"的唯一"法宝"，是扭转化学乱局的唯一"钥匙"。比如，阿伏伽德罗早就说过：可以根据"气体分子质量之比等于它们在等温等压下的密度之比"来测定气态物质的分子量；也可由化合反应中，各种单质气体的体积之比，来确定分子式。至此，阿伏伽德罗的"分子论"，总算被全面正式承认了；"分子论"的伟大意义，也终于被发现了。可惜，阿伏伽德罗此时已溘然长逝了，他留下的生平信息少得可怜，甚至都没能为后人留下一张照片或画像。

喜欢较真的读者，也许会追问啦：如今在网上查到的阿伏伽德罗画像是从哪来的？唉，说来话长！当阿伏伽德罗的"分子论"被广泛承认后，人们早已忘记这位伟人的长相了。幸好，按当时习惯，每位死者都会保留一副石膏面模，所以，史学家们赶紧临摹了已严重变形的石膏，才获得了那张奇丑无比的画像。这幅画像到底有多丑呢？若用量化术语来定义，那么，该画像中的人物可能是"史上最丑化学家"了；若用语言来素描的话，那该画像就是"淡眉超大眼睛，小嘴超大鼻子，小脑超大容量"；若从生理学角度来看，该画像的五官严重违反了正常的器官比例；若用老百姓的话来说，该画像一点也不亚于捉鬼的钟馗；若用天文学家的话来说，哇，终于发现外星人啦！但愿科技发达后，有人能结合相关知识和技巧，为阿伏伽德罗恢复出一张真正的画像，相信那时的他很可能就是一位帅哥了。毕竟，他是贵族子弟，即使祖辈真的很丑，也能通过数代母系基因的改造而变成美男子嘛。

除了"分子论"突然被认可之外，阿伏伽德罗去世后还演绎了另一个传奇故事，那就是下面这个有关"阿伏伽德罗常数"的故事。

回忆一下"阿伏伽德罗定律"：同体积的气体，在相同温度和压力时，含有相同数目的分子。换句话说，在同温同压下，气体的体积与所含的分子或原子数量成正比，而与该气体的性质无关。于是，人们自然会追问：该定律中的那个"相同数目"，到底是多少，能否被精确计算？为此，人类又进行了200多年的漫长探索，终于用电化当量法、布朗运动法、油滴法、X射线衍射法、黑体辐射法、光散射法等多种方法，测得了这个"相同数目"。而且，事实确实表明，虽然这些测量方法的理论根据各不相同，但结果却几乎都一样，差异都在实验方法的误差范围之内。这说明，阿伏伽德罗常数确实是客观存在的重要数据。

如今，人们将阿伏伽德罗常数记为"NA"。它已成为自然科学的基本常数之一，其量纲称为"摩尔"。形象地说，1摩尔，可以理解为"1堆"；因此，阿伏伽德罗常数NA就是指1摩尔微粒所含的微粒数目，无论这些微粒是分子、原子、离子或电子等。经反复实验，人们已经证实，在温度和压强都相同的情况下，1摩尔的任何气体所占的体积都相等。例如，在温度为0℃、压强为760mmHg时，1摩尔任何气体的体积都接近于22.4升；此外，1摩尔铁原子的质量为55.847克，其中含NA个铁原子；1摩尔水分子的质量为18.010克，其中含NA个水分子等。如今，科学家们正在制定一个"阿伏伽德罗计划"，试图利用硅原子的重量来重新定义国际质量单位"克"。

那么NA到底等于多少呢？这样说吧，由于测量技术的发展，NA的精确值也在不断更新中。2018年11月16日，国际计量大会通过决议，将1摩尔定义为"精确包含 $6.022\,140\,76 \times 10^{23}$ 个基本单元的系统的物质量"，即NA=$6.022\,140\,76 \times 10^{23}$；这里的"基本单元"，既可以是原子，也可以是分子，还可以是其他任何粒子等。当然，更精确地说，NA=$(6.022\,141\,29 \pm 0.000\,000\,27) \times 10^{23}$。为了方便记住该天文数字，调皮的化学家们给自己增加了一个传统节日，叫作"摩尔日"，即每年的10月23日上午6:02到下午6:02之间。因为，若按美式写法，这两个时刻可写成"6:02 10/23"，恰似阿伏伽德罗常数的主要近似值。又因为摩尔的英文单词"Mole"也有鼹鼠之意，所以"摩尔日"的徽标自然就是鼹鼠了。

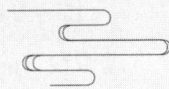

第六十二回

数学王子玩天文，高户高斯真高人

1777年（乾隆四十二年），在数学王国中发生了两件大事。

其一，是英文字母"i"被欧拉正式用于表示虚数单位。从此，曾被笛卡儿认为是"虚假数"的虚数成为数学的宠儿；曾被莱布尼茨认为是"美妙而奇异的神灵，既存在又不存在的两栖物"的虚数，有了自己的正式户口。反正，数学的研究领域获得了极大扩展，一类"无大无小，无正无负"的数引来了数学界的"新物种大爆发"。不过，那时人类对虚数的了解还非常肤浅，甚至连欧拉这样伟大的数学家都说："（虚数）是不存在的数，因为它所表示的是负数的平方根。对于这类数，只能断言，它既非什么都不是，也不比什么都不是多些什么，更不比什么都不是少些什么，它们纯属虚幻"。

其二，是这年的4月30日，在德国布伦瑞克，诞生了数学王国的另一位也是最后一位"数学王子"，史上最重要的数学家之一，约翰·卡尔·弗里德里希·高斯。这位"小王子"，不但很快就使得虚数不再"虚幻"，而且还像另3位"数学王子"（阿基米德、牛顿、欧拉）那样，成就丰硕。比如，以他名字命名的成果，就多达100多个，属数学家之最；其开创性成就，覆盖了数论、代数、统计、分析、力学、光学、静电学、天文学、微分几何、大地测量学、地球物理学、矩阵理论等领域。作为史上绝无仅有的著名数学家、物理学家、天文学家、大地测量学家和近代数学的奠基者之一，高斯对人类科学发展的影响之大，很难用语言褒奖：用爱因斯坦的话说，那就是"高斯对近代物理学的发展，尤其是对于相对论的数学基础的贡献，其重要性超越一切，无与伦比"；用美国著名数学家贝尔的话说，那就是"在高斯死后，人们才知道，他其实早就预见了19世纪的许多数学成就。"用文艺青年的话说，那就是"若将18世纪的数学家想象为一座座高山峻岭，那么，最令人肃然起敬的那座巅峰，就是高斯；若将19世纪的数学家想象为一条条长江大河，那么，其源头也是高斯"。用普通青年的话说，那就是"高斯不但早熟，还是天才，更能高产，其创造力还从不衰竭，直到生命的最后一刻"。用搞怪青年的话说，那可能就是"哇，高斯真厉害，绝对是人类的骄傲"。

伙计，当阅读至此时，在您心目中，高斯的形象一定已闪闪发光了吧，至少已相当"高大上"了。但是，刚好相反，早年的高斯其实压根儿就是"矮小下"，因为，他是典型的"穷N代"，这里N至少大于或等于3。实际上，他祖父是一个目不识丁的农民，外祖父也只是一名卖苦力的石匠。他父亲早年是诚实的农民，后来当过园丁、护堤人和喷泉师等；高斯读高中时，父亲则主要以杀猪为业；再后来，还当过工头、小商和保险评估师等。所以，父亲有一定的书写和计算能力。母亲34岁时才结婚，是父亲的第二任妻子，虽然智商不低，但却从未受过正规教育，最多算作一个如假包换的半文盲，斗大的字只认得几箩筐。不过，母亲曾在大户人家当过女佣，也见过一些大世面，这对后来高斯的"脱农皮"起到了关键作用。比如，每当父亲强迫高斯尽早弃学从农时，母亲总是坚定地站在高斯一边，支持儿子读书成才。

高斯是家里的独子，所以，温柔而聪慧的母亲对他备加疼爱，性格谨慎而坚毅的父亲则对他很严厉，甚至有些过分。因为"大老粗"父亲始终笃信：只有力气才能挣钱，学问这种东西对穷人压根儿就没用。高斯从小就有非凡的记忆力，其数学天赋尤其出众，好像就是为数学而生似的；他对一切事物都十分好奇，总想弄个水落石出。据说，3岁时，他就曾纠正过父亲算账的错误。虽不知该说法是否真实，但是，高斯确实曾半开玩笑地承认说："我在学会说话前，就已学会计算了！"

高斯之所以能成为伟人，他舅舅绝对功不可没。因为，舅舅经常给他讲故事，陪他玩游戏，还送给他有益的读物，特别是启发他正确思考问题，比如为啥很轻的小石头会沉入水底而更重的大木头却能浮于水面等。您也许会觉得，这样的舅舅不是很平常嘛！但对高斯来说，这却一点也不亚于雪中送炭。因为，父亲对高斯的勤学好思，颇不以为然，心中只有勤俭持家；每当黄昏时，便催促儿子早早上床睡觉，以节约灯油。于是，在舅舅的帮助下，高斯悄悄制作了微型油灯；每晚都躲在低矮的角楼里，借着微弱的光线，如饥似渴地阅读着舅舅送来的各种书籍。若干年后，功成名就的高斯在回想起舅舅为他所做的一切时，还深怀感激之情，承认舅舅的思想对自己产生了不可替代的重要作用。在高斯心目中，舅舅永远都是"一位多产的天才"。总之，正是由于舅舅的"慧眼"，以及他经常对上劝导姐夫对下鼓励外甥，才使得高斯没像他老爸那样，最终只成为"穷N+1代"的园丁或泥瓦匠。

7岁时，高斯上小学；10岁时，高斯进入数学兴趣班，老师叫布特纳，他对高斯的成长也起到了重要作用。一天，布特纳正布置一道作业题"$1+2+3+\cdots+100=?$"哪知，高斯瞬间就给出了正确答案。起初老师还很怀疑，但当高斯解释了其新颖算法后，布特纳惊呆了：原来，这位农家子弟竟有如此非凡的数学才能！从此，老师对高斯刮目相看，经常送给他各种数学书籍，大大开拓了他的视野；而且，布特纳还公开承认说："高斯已超过我了，我没什么可教他了。"布特纳的赞扬，不但大大增强了高斯的自信心，也使他成了周围十里八村的知名"学霸"，这就为他日后获得贵人的资助埋下了重要伏笔。后来，高斯与布特纳也成了终生挚友；他们一起学习，互相帮助。

1788年，11岁的高斯小学毕业了，父亲迫不及待地希望儿子赶紧回家帮忙，养家糊口；后经母亲、舅舅特别是布特纳的再三劝说，甚至布特纳承诺负担高斯的全部学费后，父亲才终于同意让高斯继续升入中学学习。

在中学期间，高斯不但认真听课，更自学了包括欧拉的《代数大全》等数学专著，并开始深入思考若干重大数学问题。比如，高斯11岁时，开始考虑二项式展开问题；12岁时，开始怀疑欧几里得几何，为后来成为"非欧几何创始人"拉开了序幕；16岁时，已看到了非欧几何的曙光等。面对数学问题，高斯突飞猛进；但是，面对经济问题，他却一筹莫展。毕竟，小学老师布特纳家的"余粮"也很有限，肯定供不起大学生；中学毕业后，高斯又该咋办？布特纳老师万分着急，四处求人，欲为高斯拉些"赞助"。布特纳的真诚终于感动了一位心地善良的"金主"，也是高斯人生中最重要的贵人，斐迪南公爵。由于该公爵早就听闻了高斯的"学霸"大名，所以，经简单面试后，高斯这位朴实聪明但家境贫寒的苦孩子便赢得了公爵的同情。公爵立即表态，愿意资助高斯完成其高等教育。

1792年，在公爵的资助下，15岁的高斯进入了大学预科学院，从而开始了一段崭新的学术生涯，也进入了一生中思想最活跃的时期和科研成果的第一个爆发期。其间，他认真研读了牛顿、欧拉和拉格朗日等数学家的著作，并留下了大量的读书笔记，知悉了当时的数学前沿；尤其是在欧拉著作的影响下，高斯对数论产生了特殊偏好，甚至认为"数学，是科学的皇后；数论，是数学的皇后"；1795年，高斯运用数学归纳法首次严格证明了数论中著名的"二次互反律"，其证明思路之精妙，至今也让数学家们拍案叫绝。由于高斯实在太优秀，所以，1795年从预科学院毕业后，公爵又追加资助，送高斯进入德国著名的哥廷根大学继续深造。这就使得高斯，得以按照自己的理想，勤奋学习并开始更高水平的创新。果然，高斯不负厚望，在大学期间，像变戏法一样，接二连三地取得了若干令人咂舌的重大成果，比如质数分布定理、算术几何平均等。特别是在1796年，19岁的高斯，竟然解决了自欧几里得以来悬疑2 000多年的著名数学难题，即给出了正17边形的尺规作图法！他用代数方法证明了构造的正确性，从而填平了代数与几何之间的一个关键鸿沟。这次成功使高斯大为振奋，他不但决定"将17边形图案，作为自己的墓志铭"，而且还下决心把毕生精力奉献给数学。

1798年9月29日，高斯以优异成绩从哥廷根大学毕业了。但他却未立即就业，而是回家赶写博士论文。对此，妈妈十分矛盾：一方面，她真心希望儿子能干出一番伟大事业，对高斯的才华也极为珍视；另一方面，她虽知儿子已取得了几项重大数学成就，但仍不敢让他投身数学，毕竟数学不能养家糊口呀。于是，这位可怜的慈母，便向她知道的所有数学家们请教了同一个问题：高斯将来会有出息吗？当得到的答案几乎都是"您儿子将成为欧洲最伟大的数学家"时，妈妈激动得热泪盈眶，从此便死心塌地地支持儿子的数学研究。

1799 年，高斯顺利获得了博士学位，并同时获得了一个讲师职位。按常理，经常将高斯"打"得鼻青脸肿的经济问题，此刻就该被彻底解决了。可是，高斯就是高斯，他虽然名气很大，但讲课实在太"臭"，学生不愿听自己也不想讲，一来二去，他的课堂就门可罗雀了；随之，学费收入也就时断时续，高斯只能依靠粗粮面包勉强维生了。就在高斯即将再次被经济问题"打倒"的关键时刻，斐迪南公爵再一次出手相助：给高斯提供了充足的生活费，让他安心科研而不受贫穷之扰；送给高斯一套公寓，让他有住地和科研场所；为高斯支付了长篇博士论文的印刷费；还在 1801 年，为高斯解决了首部代表作《算术研究》的自费出版金等。反正，只要有利于高斯的学术研究，公爵都毫不犹豫地提供全额资助。公爵的这些善举，令高斯十分感动，他在博士论文和《算术研究》的扉页上都醒目地写下了情真意切的献词："献给斐迪南大公，您的仁慈，将我从所有烦恼中解放出来，使我能从事数学这种独特的研究。"

由于高斯的杰出工作，他的名声从 1802 年起就已传遍整个欧洲，以至圣彼得堡科学院不断暗示：自 1783 年欧拉去世后，欧拉在圣彼得堡科学院的位置，一直在等待着像高斯这样的天才。但是，斐迪南公爵坚决劝阻高斯去俄国，他甚至愿意给高斯增加薪金，并为他提供所需的一切科研环境。公爵的慷慨资助，不但使高斯收获了众多科研成果，也收获了甜蜜的爱情。1805 年 10 月 9 日，高斯娶回了自己心爱的媳妇，并于 1806 年 8 月生下了宝贝儿子。可是，就在这一年，高斯的经济"靠山"斐迪南公爵，在抵抗拿破仑的耶拿战役中不幸阵亡；这给高斯以沉重打击，甚至让他悲痛欲绝。

公爵去世后，经济问题又再一次把高斯逼到了死角。虽不知其生活到底艰难到何种程度，但后人在他当时的笔记中，确实找到了这样一句伤心话："对我来说，与其苟且生，不如早点死"。反正，他必须尽快找到一份合适的工作，以维持全家生计，毕竟，现在的他已拖家带口，而且夫人也正身怀六甲。为了不使德国失去高斯这样最伟大的天才，著名学者洪堡联合各界大师，历经千辛万苦，终于为高斯争得了一个享有特权的职位：哥廷根天文台台长兼哥廷根大学数学和天文学教授。于是，在 1807 年，高斯举家迁往哥廷根。高斯总算又渡过了一"劫"，并于次年（1808 年 2 月 29 日）生下了一个宝贝女儿。也许有读者会疑问啦：高斯不是数学家吗，咋会"乱点鸳鸯谱"就任天文台台长呢？问得好！这就是高斯的神奇之处。其实，早在 5 年前的 1802 年，高斯就在天文学上取得了震惊世界的重大成果。与所有其他天文学家不同的是，高斯在浩瀚的宇宙中寻找新天体时，既不用望远镜，甚至根本不用眼观天象，而只是"掐指一算"就准确无误地逮住了当时大家都在拼命寻找的"谷神星"；更不可思议的是，高斯的总计耗时只有不足 1 小时！原来，高斯发明了一种新的数学算法，如今称为"最小二乘法"。它能通过仅仅 3 个点就推算出星体的完整轨迹，当然也就可以随时随刻根据蛛丝马迹计算出天体的精确位置了。至今，高斯的这种方法仍是寻找变量间精确关系的首选。

后来的事实也证明，高斯确实是一位出色的天文台台长，因为就在他上任后的第 3 年，即 1809 年，高斯的天文学巨著《天体沿圆锥曲线绕日运动的理论》正式出版了。该书详细阐述了在各种观测情况下，特别是在被大行星干扰的情况下，如何计算天体（特别是小行星）的轨迹。该书中所介绍的方法，简化了轨道预测的烦琐数学运算，至今仍是天文计算的基石；而且，后人利用该方法果然陆续发现了海王星和若干小行星等新天体。高斯的这部名著，也很快被法国巴黎科学院评为"优秀著作"，并颁发了巨额奖金。从此，对高斯来说，经济问题就再也不是问题了。正当高斯欣喜若狂时，却突然传来了噩耗：夫人在生下第 3 个孩子后不久，竟与婴儿一起先后病死了！这一晴天霹雳，使高斯深受打击，甚至有过轻生念头。幸好，夫人的朋友于次年 8 月 4 日嫁给了高斯；这才使得他重新有了生活支柱，从此便再无后顾之忧了，直到去世。高斯的这第二位夫人，不但分别于 1811 年、1813 年和 1816 年生下了另外 3 个孩子，还精心抚养了前夫人的两个孩子。后来，这些孩子都相当成功，其中一个儿子还成了美国一家银行行长。

自担任天文台台长后，高斯便在数学和应用两方面同时展开了科研。若按时间分类，高斯的研究工作大约可分为如下 4 个阶段。

第 1 阶段，1818 年之前。此时，高斯主要从事天文学及相关数学研究。比如，在 1812 年，为了用积分方法求解天体运动的微分方程，他考虑了无穷级数并研究了超级几何级数的收敛问题等。当然，高斯的天文观测一直持续到 70 岁。

第 2 阶段，1818 年至 1832 年，高斯主要从事大地测量及相关数学研究。比如，为了测绘汉诺威公国的地图，他进行了大量野外考察；为了研究地球表面，他开始考虑曲面的几何性质等，并于 1827 年发表了《曲面的一般研究》，其中涵盖了如今"微分几何"的许多内容，而且，这些成果启发后来的黎曼发展了三维或多维空间的内蕴几何学，形成了爱因斯坦广义相对论的数学基础。特别是，此间高斯还发明了日光反射镜，这是一种能大幅度改善长距离土地测量的仪器；它利用一面镜子把阳光反射到上千米远的地方，以标记准确位置。从功能上看，这种仪器相当于今天的GPS。

第3阶段，1832年至1848年，高斯主要从事磁学及相关数学研究。其间，高斯和一个比他年轻27岁的物理学家韦伯合作，从事磁学研究：韦伯做实验，高斯做理论。他俩优势互补，韦伯引起了高斯对物理的兴趣；而高斯用数学处理物理问题的思路，也促进了韦伯的工作。比如，1832年，高斯将复数引进了数论，开创了复整数算术理论；1833年，高斯与韦伯合作，建造了世界上首个电报机；1839年，高斯出版了地磁方面的巅峰之作《地磁的一般理论》；1840年，高斯和韦伯画出了世界上首张地球磁场图，并确定了地球磁南极和磁北极的位置。为纪念高斯在磁学方面的成就，至今磁场的计量单位仍被称为"高斯"。此外，1847年，高斯还最终完成了自己的两卷本地理测量巨著《高等大地测量学理论》。

第4阶段，1848年以后。作为年逾古稀的老人，高斯晚年虽未取得重大突破，但他却一直保持着旺盛的创造力。据不完全统计，高斯一生总共发表了323篇著作；提出了400多项科学创见，不过仅公开发表了其中的178项，其他很多创见都是后人从其手稿里发现的。这主要是因为，高斯的科研态度非常严谨，对待论著的发表，始终都坚持"宁可少发表，但必须确保成果的成熟性"。

对了，还有一点需要补充。那就是，作为一位才华横溢的科学家，高斯本人虽无名师指导，基本上全靠自学成才，但是他却培养出了许多优秀学生，比如后来闻名于世的戴德金和黎曼等。

1855年（咸丰五年）2月23日凌晨1点，高斯在其哥廷根的家中安然睡逝，享年78岁。为纪念高斯的杰出贡献，后人将月球上的某个坑洞命名为"高斯坑"，将小行星1001命名为"高斯星"。

至此，请允许我们再次向伟大的高斯，深表致敬！

第六十三回

哥本哈根童话多，歪打正着电磁波

本回主人翁名叫汉斯·克里斯蒂安·奥斯特，他与高斯同龄，但因出生在童话之乡的丹麦，所以，其科学家简史也很像一部活脱脱的童话。准确地说，奥斯特于1777年8月14日，生于丹麦兰格朗岛的一个小镇鲁德乔宾。刚出生时，奥斯特只是一只"丑小鸭"。他的家也是贫寒的"丑小鸭之家"，父亲是一位平凡的药剂师，在穷乡僻壤里勉强经营着一个小药铺；他生活的小镇，更是"丑小鸭之镇"，全镇甚至都没一所正规学校，奥斯特等小朋友只能跟着镇上的"孔乙己"们胡乱学些"知乎者也"之类的知识，反正有什么就学什么，既不考试也不交学费，乐得大家都轻松。奥斯特那口流利的德语，就是从某位德国巫师那里免费学来的。12岁时，奥斯特就不得不帮父亲制药，因此也就学了一点基础化学知识，并从此迷上了这门学科。尽管如此，奥斯特的"丑小鸭之家"还是飞出了不少"白天鹅"：他哥哥带头考入了著名的哥本哈根大学，攻读法律专业；弟弟后来当了丹麦总理；妹妹也很成功，准确地说妹妹既嫁得成功（因为妹夫后来成为挪威最高法院的首席大法官）又养得成功（因为妹妹的儿子后来成为挪威国防部长和奥斯陆市长）。

当然，"丑小鸭之家"飞出的最大"白天鹅"（其实更像"金凤凰"），就是奥斯特自己。他17岁时也"飞"出了那个穷山沟，以优异成绩成为哥本哈根大学的免费生，攻读理化和药物学，同时也对哲学产生了浓厚兴趣。大学期间，奥斯特的经济来源主要依靠课外当家庭教师。19岁时，奥斯特获得了哥本哈根大学的药理学学士学位；22岁时，又以"康德哲学思想与自然科学"为题，完成了博士学位论文并获得哲学博士学位。23岁时，奥斯特成了一名大学讲师，同时，还在一个医学院教授经营的药铺里兼任配药师。

1801年，奥斯特发表了一篇科学论文，描述了他发明的一种新电池，以及一种计算电流量的新方法；为此，他获得了丹麦政府资助的为期3年的一笔游学奖学金。于是，他便前往德国和法国，并在那里一直待到1803年。其间，他在柏林遇到了一位优秀的物理学家瑞特，两人很快就成为莫逆之友。瑞特深信，在电场与磁场之间隐藏着某种物理关系；奥斯特也觉得这个想法有道理，于是便开始有意朝这个学术方向发展，并随时关注相关事项。这再一次表明，灵感真的属于有准备的头脑。在德国，奥斯特还受到了哲学家谢林的影响，后者认为：自然界是统一的，科学家应努力寻找所有自然界的理论，而不是用实验来研究自然的孤立部分。奥斯特虽然吸收了谢林的科学哲学，但却不同意谢林对实验的蔑视，因为，作为一名药剂师，奥斯特深知实验的重要性。

1803年奥斯特游学回到哥本哈根后，本想在某大学寻求一个物理教职，但却未能如愿；所以，他就开始私人授课，收取学费。由于奥斯特具有教书天分，其讲座很受欢迎，报名者蜂拥而至，有时他每天不得不讲课超过5小时，生意确实不错。1804年，丹麦政府继续资助了他的研究工作，当时他的研究领域是电学和声学。由于事实表明，奥斯特的教学和科研能力都很强，所以，1806年，29岁的奥斯特便被哥本哈根大学聘为物理和化学教授。果然，在他的努力下，哥本哈根大学发展出了一套完整的物理和化学课程，并建立了一系列崭新的实验室。

1814年，37岁的奥斯特，在哥本哈根迎娶了自己的白雪公主（牧师的女儿贝伦），并一鼓作气生育了7个孩子，其中3男4女。

当然，在奥斯特身上，最大的"童话"（也是最大的科研成果）就是他意外率先发现了电流的磁效应，其惊奇性一点也不亚于那位公主突然间把青蛙吻成了王子。故事是这样的。1819年冬季到1820年春天，奥斯特开设了一个电学与磁学的公开科普讲座。由于听众太热情，于是，在1820年4月的一天，就在讲座即将结束时，43岁的奥斯特在课堂上抱着试一试的态度，做了一次即兴实验。他把一根细磁针悬在玻璃罩中，然后让一根电线从玻璃罩旁边经过；以往的磁针都是与电线垂直的，这次他却阴差阳错地特意让磁针与电线平行。当着众人的面，奥斯特接通了电源，这时他发现磁针竟然微微摆动了一下！由于实验电流很小，磁针的摆动不明显，听众并没在意，而奥斯特却大喜过望。据说，他当时高兴得竟然在台上摔了一跤，因为，只有他知道这是人类第一次有意识地发现了电与磁的关系，也是他一直在苦苦寻找的电流磁效应！

为了更加严谨，奥斯特随后又花费了3个多月的时间，将该实验重复了许多次，发现磁针在电流周围都会偏转，并且磁针在导线的上方和下方时，磁针偏转的方向刚好相反；即使是在电线和磁针之间放置非磁性物质（比如木头、玻璃、松香和水等），也不会影响磁针的偏转。于是，在1820年7月21日，奥斯特写成了题为"论磁针的电流撞击实验"的实验报告，该报告仅有区区4页，不含任何数学公式，也没有示意图，只是朴素地讲述了实验装置和60多个实验结果，最后，从实验中总结道：电流的作用仅存在于载流导线的周围，并沿着螺纹方向垂直于导线；电流对磁针的作用，可以穿过各种不同的介质；作用的强弱，既取决于介质，也取决于导线到磁针的距离和电流的强弱；铜质细针，则不受电流作用的影响；通电的环形导体相当于一个磁针，具有两个磁极。

至此，奥斯特正式向全球宣告：人类首次发现了电流的磁效应。哇，一石激起千层浪！大家本来以为毫不相关的两种现象，竟有这样奇妙的联系；电和磁这两条古老的"河流"竟在奥斯特这里汇合了！奥斯特的划时代发现立即轰动了全球学术界，导致大批重要实验成果的脱颖而出。比如，仅仅在两个月后，安培就发现了电流间的相互作用；阿拉果也制成了第一个电磁铁，施魏格发明了电流计；约10年后，法拉第用实验证明了奥斯特所发现的相反现象，即改变磁场也会产生电流；再后来，麦克斯韦更发展出了"麦克斯韦方程式"，正式将电和磁合二为一。总之，该发现确实是近代电磁学的突破口，此后各国科学家都纷纷转向电磁研究，甚至由此开辟了物理学的新领域——电磁学。针对奥斯特的这一重大发现，法拉第给出了如下精彩评价："它猛然打开了一扇科学大门，那里过去曾是一片漆黑，如今却充满了光明。"安培也写道："奥斯特先生，已把他的名字和一个新纪元永远联系在一起了！"

奥斯特的发现确实很像童话，因为，自古以来，电和磁这对冤家就把科学家和哲学家们折腾得死去活来：它们一会儿好像是同源而异出的孪生兄弟，一会儿又好像是水火不容的魔道天敌。早在古希腊时，哲学家和人类的首位科学家泰勒斯就曾把电和磁混为一谈，认为摩擦琥珀吸引草屑和磁石吸引铁片都是因为"有灵魂"；公元1600年，英国御医吉尔伯特又纠正了泰勒斯的错误，指出电和磁是两种不同的现象。于是，自那以后，在人们心中，磁就是磁，电就是电，两者互不相关。1786年，康德在其名著《形而上学》中又对世界提出了一种全新的见解，他认为世上只有两种基本力，一是引力，二是斥力；自然界的其他力，如电、磁、热、光和化学亲和力等，都只是这两种基本力在不同条件下的转化而已。甚至，就在奥斯特这个重大发现前的仅仅一年，即1819年，著名科学家库仑还断言"电和磁，从本质上看就不是一回事，也不可能相互置换"；安培和毕奥等物理学家，也认为电和磁没有任何联系。因为，那时确有许多人做过实验，试图寻求电和磁的联系，结果都失败了。总之，关于电和磁的关系，科学家说"No!"，而哲学家却说"Yes！"那么，到底听谁的呢？当然就只好听童话创造家的了，这个童话创造家碰巧就是奥斯特！

奥斯特的发现其实压根儿就不是童话。因为，一方面，大自然是不会说谎的。早在1681年7月，一艘商船在大海上遭雷击后，船上的3个罗盘全部失灵，其中两个被退磁，另一个的指针南北颠倒；又有一次，意大利某商店被闪电击中后发现刀叉被磁化了；还有一次，据说，富兰克林在做放电实验时，也意外发现钢针被磁化了。由此可见，电确实既能使金属消磁，又能使金属磁化，电与磁之间肯定有关系。另一方面，别忘了，奥斯特可不是正宗的自然科学家，他其实是哲学科班的毕业生，更是康德的忠实崇拜者，甚至他的博士论文都在为康德唱赞歌，因此，他当然坚信康德的自然哲学观，即电与磁可以相互转化。而他的主要目标，仅仅是处处留意，找到电与磁的转化关系而已。这也是在1820年的公开讲座中，当他第一眼看见磁针微动时，为啥会激动得连滚带爬的真实原因。毕竟，机会只是留给有准备的头脑嘛。其实，在那次公开讲座之前，奥斯特就已做过许多实验，试图发现电与磁的关系，却都未能如愿；但可贵的是，奥斯特的探索目标很明确，从未有过任何动摇。他仔细审查了库仑的论断，发现库仑只考虑了静电和静磁，静电和静磁确实不能转化。于是，他猜测，非静电、非静磁可能是前提条件，因此，应该把注意力集中于考察电流和磁体的相互作用。奥斯特还分析了其他失败实验，认为：在与电流平行的方向上可能确实没有转化效应，那么磁效应的作用会不会是横向的呢？正是这样经过反复地实验，不断地失败，和不断地缩小包围圈，才最终成就了奥斯特的"童话"。

无论奥斯特的发现是否是童话，但有一点是肯定的，那就是，在发现电流磁效应的第2年，即1821年，后来的"童话大王"安徒生真的就在哥本哈根拜见了自己心目中的英雄，时年44岁的奥斯特。只不过那时的安徒生，还仅仅是一位16岁的孩子。也许是机缘巧合，也许是命中注定，这两位年龄相差约30岁，地位更是天壤之别的人，竟然从此结成了忘年交；以至6年后，当安徒生再次回到哥本哈根时，他便每周都到奥斯特家做一次客，即便奥斯特去世后，他也依旧是奥斯特家的座上宾，更包揽了奥斯特家每年圣诞树的装点任务。安徒生曾说过，"奥斯特大概是我最热爱的人"。至于奥斯特与安徒生的关系嘛，那肯定比电与磁的关系更复杂。比如，首先，他们是朋友关系，而且很巧的是，他俩的全名都几乎相同：写童话者名叫汉斯·克里斯蒂安·安徒生，创童话者名叫汉斯·克里斯蒂安·奥斯特，所以，有时他们也互相戏称"小汉斯"和"大汉斯"。其次，1829年，安徒生报考哥本哈根大学时，奥斯特是主考官，因此，他们也是师生关系；再次，安徒生还暗恋过奥斯特的小女儿，因此，要不是丘比特的"失职"，他们也许就是老泰山和女婿娃之间的关系了。反正，安徒生与奥斯特全家都有着密不可分的关系。

从童话角度看，还有另一点也是肯定的，那就是奥斯特确实很早就走进了安徒生的童话。比如，安徒生的童话《两兄弟》就是以奥斯特及其哥哥为原型，于1859年创作的；此外，安徒生1845年发表的童话《钟渊》、1848年发表的童话《水滴》和1851年发表的游记《在瑞典》等，都留下了奥斯特的整体自然观痕迹。在安徒生的影响下，奥斯特也尝试用童话思维来处理科学问题。比如，奥斯特曾猜测气球将在气象研究中大显身手，以至人类最终将能对任何地方、任何时候的天气进行预报。奥斯特甚至还尝试创作诗歌与散文，比如他的组诗《飞艇》就是其文学作品的代表。反过来，在奥斯特的影响下，安徒生也对科学刮目相看。比如，安徒生在1853年发表了一篇类似科幻的童话《千年之后》，其中居然预言了飞机和英吉利海峡海底隧道等。总之，安徒生视奥斯特为一位慈祥的、具有鼓舞力的、见多识广的长者和朋友；奥斯特则视安徒生为一位对自己充满敬意的知己，富有奇思妙想的对话伙伴，也是用诗般语言宣传自己思想理论的急先锋。一句话，他俩的友谊，是科学与人文相互交融的见证。

除了发现电流的磁效应之外，奥斯特其实还创造了其他几个"童话"。比如，奥斯特像童话中施魔法一样，于1819年发现了胡椒碱，一种闻起来像黑胡椒的化合物；于1822年精密测定了水的压缩系数，论证了水的可压缩性；于1823年成功研究了温差电现象，并改进了库仑扭秤；于1825年利用低浓度钾汞与氯化铝，分离出了金属铝。这也是人类最早提炼出铝，本该意味着"首次发现了铝元素"，但可惜的是，他提炼的铝的纯度不够高，以至于发现铝元素的荣誉，在冶金史上最终被划归给了德国化学家维勒。后人将奥斯特的所有成果，整理成了一本类似于《安徒生童话集》的书籍，只不过名叫《奥斯特科学论文集》而已，并在他发现电流磁效应100年后（即1920年）正式出版。这种做法本身，难道不是也像童话吗？

奥斯特是一位非常重视实验的人。在科研中，他认为"所有科研都是从实验开始的"。在教学中，他也说："我不喜欢那种没有实验的枯燥讲课"；也许正是因为各种教学实验，才使他在课堂上热情洋溢，才使他广受听众欢迎，当然也才成就了他那次史无前例的"发现电流磁效应"的实验。除了理化实验之外，他还非常重视另一类虚拟实验，即所谓的思想实验；甚至"思想实验"这一名词也是由奥斯特创建的，他是首位明确描述思想实验的现代思想家。19世纪后期，在科学方面的"后康德"哲学和演进也主要归功于他的大力促进。

由于思想实验在科学研究过程中的极端重要性，又由于"科学家列传"的主要目的是促进读者成为科学家，所以借此机会，下面顺便介绍一些思想实验知识，但愿对大家有用。

严格说来，所谓"思想实验"，就是科学家在头脑中设计和构造出一套纯粹的、理想化的仪器设备和研究对象，并对它进行纯粹的理想化的实验操作和控制；使得实验对象的某些因素，能以绝对简化、纯化、被设定、被限制的形式表现出来；然后，通过对这种理想化对象的感知和描述，发现和获取科学事实与自然规律的思维活动。思想实验之所以被叫作"实验"，是因为它虽是一种在人脑中进行的理性思维活动，但这种思维活动却是按照实验的格式展开的。如今，人类的认识活动已越来越远离日常的直观经验和直觉，科学研究活动所需的仪器设备也日益纯化、理想化，所以，常规的物化实验有时就无法满足需求，故必须运用思想实验进行某些科学研究。思想实验之所以要依靠想象力（而不是感官）去进行，是因为它所做的实验，一般来说，都是在现实生活中无法做到的实验。比如，若要求一个无摩擦力的地面，这在现实中显然就不存在。

思想实验早在古希腊就已萌芽，阿基米德在研究面积时总是先做思想实验，即：想象着用均匀材料切成一定形状的平面物体，再通过称量来测定其面积，这样就对各种关系有了认识，最后再从数学上加以证明。公元前5世纪，芝诺就用思想实验论证了"飞矢不动"等命题。庄子在《天下篇》中也通过"一尺之棰，日取其半，万世不竭"的思想实验，来论证了物质的无限可分性。到了近代，思想实验更变得不可或缺。比如，伽利略的实验大都是思想实验；爱因斯坦对思想实验更加重视，他甚至说："理论的真理在心中，而不在眼里。"

好了，作为本回的结束，下面再将焦点拉回到主人翁身上。其实，奥斯特的后半生主要在从事自然科学的普及工作，他也是卓越的讲演家、教育家和社会活动家。比如，1824年，他倡议成立了"丹麦科学促进协会"，创建了丹麦第一个物理实验室；1829年，他创建了"丹麦技术大学"，并担任该校的校长，直到去世。

1851年（咸丰元年）的3月9日，奥斯特在哥本哈根病逝，享年74岁。为纪念奥斯特在电磁学方面的开创性贡献，国际上从1934年起，命名磁场强度的单位为"奥斯特"；为鼓励更多科学家像他那样重视物理教学，从1937年起，美国设立"奥斯特奖章"，以表彰优秀的物理教师；从1908年起，丹麦自然科学促进协会也建立了"奥斯特奖"，以表彰杰出的物理学家。

第六十四回

火眼金睛琢白玉，嫉贤妒能留瑕疵

1778年（乾隆四十三年）12月17日，本回主人翁汉弗里·戴维生于英国的一个偏僻乡村；父亲是木器雕刻匠，母亲是小卖部店主；由于家有5个孩子要供养，所以家里很穷。童年时，戴维经常去外公家玩，在蔚蓝的大海边抓鱼摸虾拾贝壳，培养了很强的好奇心，凡事总想探索个究竟；潮起潮落，日升日没，大海的万般美景，培养了戴维的丰富感情，以至他从小就喜欢舞文弄墨，更爱讲故事。

6岁时，戴维入小学，深得老师喜欢，因为他学习勤奋，人也聪明，还有惊人的记忆力，各方面天赋都较高。不过，与同龄人类似，这小家伙也是淘气鬼，特贪玩，衣袋里总是装满了各种玩物。小学毕业后，父亲送他去城里读中学：在课内，他擅长古文翻译和写诗，据说《天才的儿子》就是他的处女诗；在课外，他喜欢阅读哲学著作，比如康德的先验论等；他还喜欢绘画，尤其喜欢画田园风光等。不过，在中学期间，他最感兴趣的东西却不在校内，而是在城里的药铺中，即医生配制药物时物质的各种奇异化学变化；甚至，他常常躲在角落里，用杯盘碗碟当器皿，开始各种实验。此后，他对化学的兴趣就有增无减。15岁时，由于家境更加贫困，戴维只好辍学回家，从而结束了自己的学校生涯。

16岁时，父亲突然病故；戴维深受打击，性格也变得沉默寡言；家里的经济状况更是雪上加霜。为了兼顾谋生和儿子的爱好，妈妈安排戴维到了一间药房当学徒。不过，这位学徒与众不同，他一开始就是胸怀大志的、不安心的"假学徒"。你看他，压根儿就不满足于充当医生助手，而是从第一天起就制订了宏伟的学习计划，仅仅是语言学习就至少包括英文、法文、拉丁文、希腊文、意大利文、西班牙文和希伯来文等：请问，有哪位学徒，需要同时掌握这么多语种！17岁时，戴维锁定了人生目标，即长大后要当一名化学家。于是，他开始认真自学拉瓦锡的《化学纲要》等著作，同时，还将书本知识主动应用于药物调制。比如，他利用店里的化学仪器，采用溶解、蒸馏等方法配制各种丸药和药水，同时，他的药店工作也并未受影响。在学徒期间，戴维有幸结识了一个贵人，格勒哥里·瓦特，即蒸汽机发明者詹姆斯·瓦特的儿子。后者很喜欢戴维的勤奋好学，不但经常为他答疑解惑，还送了他一张大型私人图书馆的阅读证，从而使戴维能广泛涉猎各种知识，为后续科研奠定了坚实基础。特别是在1798年左右，瓦特还推荐戴维跳槽到了一家新成立的"克利夫顿气体疗养院"。

刚入职时，戴维只是疗养院的一名普通员工；但是，这里良好的学习环境和先进的实验仪器，使得戴维的化学水平迅速提高。比如，他发现，用冰块互相摩擦就能使之融化，这就为热运动理论提供了有力证据；他将自己的发现写成实验报告，提交给疗养院的老板。后者对戴维的结论非常赞同，再加戴维确实拥有精湛的实验技巧，所以，老板就大胆地将不满20岁的戴维提拔为该疗养院的院长，并表明愿意资助他进大学学医。不过，此时的戴维已下决心终生从事化学研究，所以，读大学之事就不了了之了。

1799年，戴维承担了第一项科研任务，那就是测试一种名叫"一氧化二氮"的气体性质。该气体虽很早就由英国著名化学家普利斯特利发现，当时名叫"脱燃素氮气"；但是，有关它的性质特别是对人体的作用却一无所知，各种观点互相矛盾。比如，美国科学家米切尔认为，人吸入该气体后会引发严重疾病；也有人认为它能治疗瘫痪；更有人断言，它有剧毒。虽然从文学角度看，"要想知道梨子的滋味，只需亲口尝一尝"；但是，面对未知的化学品，这种"以身试法"的蛮干无异于自杀，所以，一般人绝不敢拿生命冒险。但是，初生牛犊戴维却豁出去了：他对着该气体，竟然真的猛吸了几口！顿时，同事们傻眼了，大家惊望着戴维。时间停止了，周围的一切都凝固了。良久，戴维突然哈哈大笑起来，笑得前仰后合，笑得捧腹不止，笑得再也笑不出来了。起初，大家以为他发现了啥秘密，因而高兴得失态了；后来，又以为该毒气使他疯了；最后，大家才恍然大悟："哦，这就是该气体对人的影响！"于是，如今该气体便被形象地称为"笑气"，其正式学名反而被渐渐淡忘了。后来，戴维又发现，"笑气"还具有麻醉效果；40多年后的1844年，美国医生威尔斯便将它应用于临床麻醉。书中暗表，戴维的这种玩命试验法决不可取，实际上，后来戴维也因此而吃过不少苦头。比如，有一次，他吸入了过量的一氧化碳，结果人事不省，挣扎了一个多小时才从"鬼门关"脱身；还有一次，他操作过于大胆，引起爆炸，双目受伤，甚至左眼从此失明。其实，戴维之所以英年早逝，也许与他的玩命试验法有关；后人务必警惕，不要仿效，毕竟安全第一嘛。

"笑气"的发现，使戴维名声大振，前来"挖墙脚"者络绎不绝。终于，在1801年，一位重量级人物出手了，他就是英国皇家科学研究所学会（The Royal Society）的主要创始人——伦福德伯爵，也是戴维的第二位贵人。伯爵对戴维非常重视，甚至亲自主持了面试和试讲。正是通过这次试讲的记录，我们才知道了戴维的一些个性特点，比如他个子不高，身材匀称，动作机敏，真诚坦率，讲话速度较快，用词准确精当，甚至他的演讲若直接记录下来便可成为一篇精彩文章等。反正，伯爵对戴维的试讲非常满意，当场就公开宣布："皇家科学研究所的一切，都该归他调遣！"后来的事实也证明，伯爵确实兑现了自己的诺言。因为，22岁的戴维，立刻就被任命为英国皇家学会的化学讲师，并兼实验室主任和出版部助理；6周后就升为副教授，第二年升为教授，第三年当选为英国皇家学会会员；过了两年，更获得了当时英国皇家学会的最高荣誉——柯普莱奖；又过两年，被任命为英国皇家学会秘书；再过了5年，竟奇迹般地被封为爵士；后来，伯爵移居法国，戴维更成了英国皇家学会的实际灵魂人物。

另一方面，戴维也并未辜负伯爵对自己的厚望，无论在科研还是在英国皇家学会的经营方面，他都取得了惊人成就。比如，为了扩大英国皇家学会的社会影响，戴维发起了系列性的收费科普论坛，由知名科学家分别介绍相关领域的最新成就。戴维带头登上讲台，并凭借自己的超群智力和非凡口才，竟获得了意外成功：他本人很快就赢得了杰出演讲家的声誉，并成为伦敦风靡一时的人物，以至在各种聚会上，人们都盼望一睹他的风采。英国皇家学会更是名利双收：一来，从此以后，它真正成了英国的科学中心，科学家们都以能登上英国皇家学会的讲坛为荣；二来，丰厚的门票收入也使得英国皇家学会赚得盆满钵满，因为，无论是大学生还是科学爱好者或科学家，甚至连各界女士等，都争相前往英国皇家学会聆听科学大师的演讲。当然，该论坛还有一个最大收获，那就是在1813年发现了一位影响人类文明进程的巨人，当时还只是某书店学徒工的法拉第。此乃后话，暂且按下不表。

在科研方面，自从进入英国皇家学会后，好家伙，戴维简直神思泉涌，灵感之多，成果之多，宛如滔滔黄河水，奔腾不息：要什么就有什么，要多少就有多少！

1802年至1812年，由于法国大革命的影响，英国所需粮食等生活必需品进口受阻。于是，戴维像变戏法一样，很快就开创了农业化学新学科，还完成了畅销书《农业化学基础》，并在英国皇家学会开设了农业化学、应用化学等课程，将相关成果特别是矿物学、冶金学和制革技术等实用成果推广到了全国各地，不但在一定程度上缓解了当时的危机，还密切了科学与生产的联系，显示了科学的意义，提高了科学的社会地位。

戴维对人类科学做出的最伟大贡献，就是发现了钾、钠、钙、锶、钡、镁、氯、氟、硅、硼和碘等化学新元素，从而成为人类历史上"发现化学新元素最多的科学家"，并被誉为"无机化学之父"。若从方法论上看，戴维几乎只有一招，那就是所谓的电解法，即让相关化合物通电，将其分解成可能的单质，然后再判断这些单质是否是新元素。比如，最典型的电解，就是如今每位中学生都会的"将水电解成氢气和氧气"。表面上，电解法看似平常，但却蕴含了许多精妙之处，若非拥有超级金睛火眼，断难成功；这便是为啥当时只有戴维独领风骚，而全球其他化学家却只能望洋兴叹的原因，其实那时，电解法早就不再是秘密了。电解法若想成功，必须连闯三关。

其一，电解什么东西？在这一点上，好像没啥诀窍，只能依靠勤奋，不断尝试，不断积累失败的经验和教训。对戴维来说，他几乎见啥就电解啥，无论是常见之物，还是罕见的珍宝。比如，钠元素的发现，就是他电解常见苏打水的成果；钾、钙、镁、钡、锶等元素的发现，就是他分别电解草木灰、石灰、苦土、重晶石、硫酸锶矿等的成果。反正，为了发现新元素，戴维常常将自己累得形容枯槁，两眼窝陷，脸色苍白。

其二，如何电解？并非所有东西都容易电解，特别是面对一些固体，就更需要相当技巧。比如，钾元素的发现，虽是戴维电解草木灰的成果，但其过程却相当曲折，昼夜连续奋战了整整6周，以致实验刚刚结束时戴维便因操劳过度而大病一场，在死亡线上挣扎了9周才总算被"阎王爷"打发了回来。实验刚开始时，戴维将草木灰拌在水中制成灰汤，然后再给灰汤通电，结果被电解的却不是草木灰而是水。经多次失败，多次调整试验方案后，他最终才在改用了熔融的草木灰后获得了成功。

其三，即使电解成功，又如何断定是否发现了新元素？这就需要画龙点睛的绝世神功了，"天眼"未通者慎入！比如，戴维将熔融的草木灰成功电解后，便发生了明显变化：在导线与草木灰接触的负极处，出现了形似小球、带金属光泽、非常像水银的物质；将它投入水中后，并不沉底，而是在水面上急速奔跃并发出咝咝响声，随后又产生紫色火花。于是，戴维断定，该物质是一种化学新元素，并取名为"钾"。它比水轻，并能使水分解而释放出氢气；紫色火焰就是氢气在燃烧。

伙计，你也许觉得，这样的判断很容易嘛。错！它其实相当困难。比如，大约是在1813年11月，著名化学家吕萨克在研究海藻时，提炼出了一种紫黑色的、亮晶晶的、像金属一样的物质；该物质加热后，会冒出紫色气体，其味像氯气一样刺鼻，而且也具有氯的许多性质。这是什么东西，是氯吗？虽经多方分析，吕萨克等始终找不到答案，因为它也无法被电解，于是便来求教戴维。只见戴维手搭凉棚，睁开当年在八卦炉中炼得的"火眼金睛"，很快就认出：哈哈，六耳猕猴不是悟空，这家伙当然不是氯（虽然很像氯），也不可能被分解，因为它本身就是另一种新元素——碘！你看，天上的一张"大馅饼"就这样"砸"在了戴维的头上。由此可见，判断一个新元素，绝非易事，哪怕它就在著名化学家眼前。

戴维对人类的科学贡献，还有很多。比如，1814年，他证实了金刚石和木炭具有相同的化学成分；1817年，发现了铂的催化作用；还发明了弧光灯等。此外，戴维还在其专著《化学的哲学基础》中修正了拉瓦锡的两个严重错误：一是，并非只有氧气才可助燃，氯气也能；二是，酸不一定必含氧，比如盐酸就是例外。限于篇幅，此回对戴维的成果当然不能面面俱到，但是，有关他1815年发明安全矿灯之事，还是不得不说，毕竟此举曾拯救过无数生灵，而且相关的研究思路也颇具借鉴意义。

大约是在1814年，英国发生了数次可怕的瓦斯大爆炸，造成数千矿工死亡。经分析发现，这些大爆炸都是因矿灯点燃瓦斯气体所致。因此，急需研制一款既能照明，又不会点燃瓦斯的新型油灯（那时还没电灯）。从哪里入手呢？经反复测试，戴维终于找到了突破口：原来，瓦斯气体的燃点（即被点燃的温度）较高，因此，从原理上讲，只需确保矿灯与瓦斯接触处的温度低于瓦斯燃点就行了。基于该原理，戴维设计了一款新型安全矿灯，用网眼很小的金属罩代替过去的玻璃罩，这样，火焰就不会外露，更不会烧到瓦斯，而瓦斯却可从网眼中自由通过。为了证明其安全性，戴维自己戴着该灯亲自前往瓦斯最浓的矿井，果然安全无恙。

其实，戴维对人类还有一项伟大贡献，那就是前面已简略提过的，他发现了法拉第，并将后者由一个连小学都没毕业的书店学徒培养成了伟大的科学家；但同时，戴维也因此暴露了自己的一处人性弱点，即嫉贤妒能。因为，在法拉第还未做出重大成就前，戴维对法拉第的关爱就像父亲对儿子一样；可是，当法拉第势头强劲，即将超过自己时，位高权重的戴维却反而不自信了。由于本书另含法拉第的简史，所以下面仅述相关梗概。

在电化学方面，戴维的研究可谓是所向披靡，要风得风，要雨得雨；但是，在电学研究方面，戴维却始终没啥建树。因此，他心中一直很不服气。可是，作为戴维的助手，法拉第却非常擅长电学研究。比如，在1821年4月左右，戴维和另一位著名教授沃拉斯顿（元素钯和铑的发现者，以下简称沃教授）绞尽脑汁，总想设计出电动机，但却屡试屡败，又屡败屡试，终于不得不暂时放弃；可是，法拉第这位奇才却怀着试一试的心情，独自一人，竟然轻轻松松就做出了样机。一时间，世界哗然，大家纷纷为法拉第的伟大发明而欢呼。

已是英国头号科学家的戴维，自己的助手又取得了如此重大成就，本来应该感到最高兴，最自豪；可完全出乎意料的是，戴维却是惊人的沉默，并且学术界很快就出现了"法拉第剽窃沃教授成果"的传言。直到沃教授亲自出面证明了法拉第的清白后，戴维的态度仍未明显改变，甚至都没考虑将法拉第提升为独立研究人员，而是继续让他当助手，任由自己摆布。当旁人实在看不惯，要打抱不平，并有29名会员主动联名推举法拉第为"英国皇家学会会员"时，戴维却千方百计阻拦：刚开始时，他勃然大怒，当面逼迫法拉第放弃会员申请；后来，又利用自己的"英国皇家学会会长"特权，推迟了会员选举时间；最后，实在挡不住了，就干脆孤注一掷，给法拉第投下了唯一的反对票。

再后来，戴维就越来越过分了。为了阻止法拉第的迅速崛起，戴维竟让自己的助手扬短避长，安排法拉第去研究钢铁和玻璃等小课题，结果使法拉第整整荒废了10年，甚至患上了严重失忆症。直到戴维去世后，老实巴交的法拉第才终于成了独立研究人员。果然，仅仅半年后，法拉第就完成了"整个19世纪人类最伟大的实验"，即造出了首台发电机！唉，要是没戴维的阻挠，人类的电学水平可能会更先进，甚至"麦克斯韦电磁学理论"会更早建立；唉，要是不去阻挠法拉第，戴维的人生将更完美，甚至是一块无瑕的白玉，他的"伯乐慧眼"也将作为光辉范例，被争相传颂。

当然，戴维最终还是觉悟了，虽然他未做任何道歉，但后来他推荐法拉第接班担任"英国皇家学会会长"的举动就值得肯定。特别是在临终前，当被问及"一生中最伟大的发现是什么"时，他绝口未提任何科学成就，却脱口而出道"我最大的发现，就是法拉第！"

也许因为幼时的贫贱对他打击太大，所以，综观戴维的一生，在科学家群体中，他可算是比较看重金钱和地位的代表。此处绝无贬低之意，只是觉得为了区区的当世功利，或多或少影响了千秋英名，委实有点不合算。其实，戴维所获得的"当世功利"已经很多了，本可完全不在乎别人的超过。你看他，1812年被封为爵士，同年又迎娶了非常富有的寡妇；1819年被封为勋爵，在英国从未有过现任科学家能获此殊荣；1820年被选为英国皇家学会会长；1826年又被选为圣彼得堡科学院名誉院长等。

1829年（道光九年）5月29日，戴维病逝于日内瓦，享年51岁。这一年，还去世了多位一流科学家，包括挪威数学家阿贝尔、英国物理学家托马斯、法国化学家沃克兰、法国生物学家拉马克等。

第六十五回

贫病潦倒苦命郎，开天辟地化学王

本回主人翁贝采利乌斯，绝对是一奇人！

从科研角度看，说他是奇人，不仅指其成果厉害得出奇，而且是指他突然咸鱼大翻身，怪得出奇！实际上，他作为一名典型的"学渣"，特别是大学都快毕业了，必修课化学考试还是全班倒数第一的"学渣"，最后竟然与道尔顿和拉瓦锡比肩，成了"现代化学之父"！而且，他头上还顶着若干耀眼的光环，像什么"有机化学之父"啦，"分析化学之父"啦，"19世纪最重要的化学家之一"啦，等等。反正，他所获得的各种荣誉，多得让人难以置信，亮得让人眼花缭乱。但若仔细考察，他的所有这些头衔，确实又都实至名归。

他首次发现或分离出了硒、硅、钍、铈、钽、锆、钫、锗等化学新元素。若按今天的标准，发现一个新元素就足以获得一次诺贝尔奖，那么至少就该给他颁发 N 笔诺贝尔奖金了。

他首次测定了40多种化学元素的原子量，还排出了最早的元素周期表。当时正处于定量化学阶段，全球化学家的主要任务之一就是测定各种已知元素的原子量。而那时人类已发现的元素，总数不过50多；换句话说，超过80%的已知元素的原子量竟然都是由他一人测定的。在他面前，其他化学天才好像都瞬间变成了白痴。

他首次创建了现代化学命名体系，就像生物界的林奈一样，让杂乱无章的化学元素系统变得秩序井然。该命名体系远比当时已有方法简明，很快被广泛使用，并一直沿用至今。此外，他还首次提出了有机化学概念，首次发现了"同分异构"现象，首先发现了催化作用。他在化学的核心领域中，做出了太多的"首次"，其中任何一项都足以让同时代的化学家望尘莫及。

从经济角度来看，贝采利乌斯更是奇人，准确地说是穷得出奇！这倒不是指他从小受穷，而是指他功成名就后，还是受穷；薪金丰厚后，依旧受穷；财源滚滚后，仍然受穷，而且终生受穷。想想看，他作为身居男爵的贵族、瑞典皇家科学院院士、英国皇家学会会员、法兰西科学院院士、瑞典国务大臣的乘龙快婿、斯德哥尔摩大学教授，有啥资格受穷？作为多部畅销专著和教材的作者，以及多份期刊的出版人，他所挣的外快，都到哪去了？作为父母早亡的"丁克一族"，他上不需养老，下不需要养小，中间也只管两口子吃饱，哪有大额开销？

此外，从师承角度来看，贝采利乌斯还是奇人。因为，他的科研好像都是无师自通，至少没名师指导；但是，作为大学著名教授，他却培养了一大批优秀学生，其中许多人后来都成为顶级科学家，比如第一个合成尿素的维勒、发现新元素锂的亚维森、发现新元素钒的沙弗斯顿、发现新元素镧的孟珊乐、发现新元素铽与锰的尼尔逊等。

总之，在贝采利乌斯身上，奇事怪事确实太多；而且，他的现存传记，全都支离破碎，有的欲言又止，有的前后矛盾，有的更是在各取所需。因此，下面，只好采用大数据挖掘方法，从众多素材中努力还原一个尽量真实全面的科学家，一个当时化学界最有影响的大人物。

1779年8月20日，本回主人翁琼斯·雅各布·贝采利乌斯出生在瑞典南部的一个小乡村。父母都是农民，祖辈三代都是牧师；后来的事实也显示，贝采利乌斯一生都与牧师结下了不解之缘。可怜的是，在贝采利乌斯4岁时，父亲就因病去世了，母亲带着他和2岁的妹妹相依为命。后来，生活实在艰难，妈妈便只好带着一双儿女改嫁给了一位牧师。再次不幸的是，他12岁那年，妈妈也在一场瘟疫中撒手人寰。

万幸的是，牧师继父心地善良，从未虐待过贝采利乌斯兄妹俩。继父虽然也很穷，还有5个亲生儿女要养育，但是他却对所有这7个孩子一视同仁，比如不惜借款为孩子们聘请了一位博学的家庭教师。此外，继父还经常带着孩子们一起，玩"穷人式"的亲子旅游，节假日去附近的小河边，摸摸鱼，抓抓虾，逗逗螃蟹，瞧瞧花；既能满足小朋友们的求知欲，又能增进亲情，更有利于大家的身心健康。贝采利乌斯特别喜欢这种旅行，因为继父总是不厌其烦地回答各种问题，让孩子们既学到了不少新知识，又爱上了大自然。有时候，他们躺在软软的草地上，听着河水的叮咚声，仰望着朵朵白云，仿佛融化在了蓝天之中。就这样，贝采利乌斯在不知不觉中，度过了虽然贫穷但却幸福的童年。

14岁时，在继父的安排下，贝采利乌斯就近到林彻平中学读书。早熟的他，虽知"知识是改变命运的唯一途径"，但却由于基础太差，再加性格内向，不太合群，所以，考试成绩在班上一直就属于"中不溜"，偶尔也"垫垫底"。一来二去，他就对常规的文化课不感兴趣了，当然也就不再用功；反而对野外考察却表现出了极大兴趣，像什么搜集标本呀、打猎捕鱼呀等活动，他总是冲锋陷阵。某天，他在附近的一个森林散步时，结识了正在采集昆虫标本的一位牧师。后来，该牧师对贝采利乌斯的一生影响极大。因为他俩志趣相投，所以，很快便成了朋友。在该牧师的指导下，贝采利乌斯不但对附近的动植物进行了为期一年多的系统研究，更重要的是从牧师那里读到了许多医学和化学类书籍，对他今后的走向起到了分水岭的作用。尤其重要的是，该牧师还重塑了贝采利乌斯的性格和人生观。比如，在读过牧师的《真实的基督教》一书后，贝采利乌斯便在日记中写下了："从今天起，我不再跟从天然欲望；愿上帝赐予恩典，使我愈来愈坚强，不但管住自己的欲望，还能远离犯罪。"在整个中学阶段，贝采利乌斯获得的毕业评价是，一个天赋较好、志向广泛，但脾气急躁的年轻人。

中学毕业后，贝采利乌斯想继续深造，经三次申请才终于被当时北欧最好的学校之一乌普萨拉大学录取；继父虽支持儿子的想法，但确又供不起大学生。幸好，贝采利乌斯的亲叔叔刚好居住在乌普萨拉大学附近，且家里也算小康；所以，17岁时，继父便让贝采利乌斯在叔叔家借宿，以便节约开销。可哪知叔叔是个醉鬼，酒后发疯时常拿贝采利乌斯出气，而且叔叔的孩子们对贝采利乌斯这个穷亲戚也不待见，总是变着法子欺负他。于是，自尊心极强的贝采利乌斯，便搬出了叔叔家，在学校附近的"贫民窟"租了一间四面透风的"鸽子笼"。为了支付房租，贝采利乌斯拼命打工挣钱，甚至同时兼任多份家庭教师。由于教的孩子们大都来自各国移民，所以，贝采利乌斯便不得不自学法语、德语和英语等外语，后来这些语言知识竟使得他在国际交流中如鱼得水。

1798年是贝采利乌斯的"转运"之年，那年他读大三。一方面，这年秋天，他终于获得了奖学金，从此，便有更多时间用于学习，而不必为生计奔波了。果然，他的成绩很快就突飞猛进，一下跃居前列，并通过了自己的专业课考试。另一方面，也是更重要的方面，这年期末，他的化学成绩竟然排在了全班最后；要不是其他成绩的平均，很可能就得辍学了。自尊心极强的贝采利乌斯，这下急红了眼，从此他抓住化学书就不放手了。据后来回忆，特别是一本名叫《反燃素化学基础原理》的教科书，让他"对化学的兴趣越来越浓厚，甚至头脑里充满了各种化学实验和化学知识"。

贝采利乌斯对化学的爱，确实是死心塌地；特别是对化学实验，他几乎如痴如醉。作为高年级的学生，本来他每周有三次机会可以去化学实验室亲自操作，但却仍嫌不够；于是，他便偷偷摸摸，混迹于其他学生中"占便宜"。后来，他"蹭实验"被老师逮住了，结果却意外得到了表扬；老师不但同意他可随时进入实验室，而且有时还主动请他充当自己的实验助手，并给予更多指导。再后来，学校实验设备所能支持的实验，几乎都被他做遍了。为了能做更多的实验，贝采利乌斯便开始想办法自制一些特殊的实验设备。甚至在1799年的暑假，20岁的贝采利乌斯竟是在一家玻璃店度过的。因为，他要在那里向师傅学习如何焊接玻璃和制造玻璃器皿。后来的事实表明，他的这项独特技艺，在其化学研究中扮演了十分关键的角色，因为，他可随时根据需要研制相关实验设施。1800年，贝采利乌斯大学毕业。那时，意大利人伏特，刚刚发明了伏打电池；受此启发，已是化学专家的贝采利乌斯也很快制成了一个伏打电池，并将它应用于医疗，而且还真的治好了几个瘫痪病人；于是，在两年后，23岁的他就以"电击疗法"方面的成果，获得了乌普萨拉大学博士学位。同年，他被聘为斯德哥尔摩大学的医学和药学讲师。从此，贝采利乌斯便开始了终生的教学生涯。

作为大学老师，贝采利乌斯当然可以做些兼职。对一般老师来说，兼职只会改善经济状况，但是，对贝采利乌斯来说，情况好像刚刚相反。实际上，他的首批祸福就起源于一瓶矿泉水。据说，1803年，刚刚入职的贝采利乌斯受人之托，要对某种矿泉水的化学成分进行检测。但见他，搬出自制的伏特电池，三下五除二就"交了卷"。水厂老板很高兴，便继续请他进山寻找新矿泉，结果他却意外找到了一种罕见的矿石。于是，贝采利乌斯忍不住手痒，就对其化学成分顺便进行了分析。妈呀，一种化学新元素就这样被发现了！在精确测定了该新元素的性质后，他将其命名为"铈"，意指隐藏的一颗小谷粒；从此，24岁的贝采利乌斯在化学界就一举成名了。矿泉老板对贝采利乌斯更加重视，所以，在1805年，老板干脆与贝采利乌斯共同经营公司，并以他的名义向银行贷了一笔巨款。可哪知，一文钱的红利还未分到，矿泉公司就倒闭了，贝采利乌斯更是欠了一屁股债；所以在随后的十余年里，他的大部分收入都给银行还债了。幸好，他已习惯于受穷，才未被巨额欠款压垮。

1805年，背着巨额债务的贝采利乌斯，开始心无旁骛地从化学角度研究生理学，他指出：人类大脑是大自然中的最大奥秘，许多化学作用都参与其间，只要有一个化学反应出问题，当事人也许就会疯掉；每当解开大脑中的一个化学反应，哪怕是很小的反应，可能就是人类的一大飞跃。不久，他又发现，导致肌肉酸痛的是乳酸而不是醋酸。乳酸存在左旋与右旋的差别，他称这种"分子式相同，但排列结构相异"的东西为"同分异构物"。27岁时，贝采利乌斯正式提出了"有机化学"的概念，他通过精确实验证实：有机物也遵守"定比定律"，即：有机物也有固定的组成，其各成分元素也依一定的质量比互相化合。于是，他开启了有机分子结构的研究。如今，有机化学已成为一门重要学科。

28岁时，贝采利乌斯晋升为化学和药学教授。此时，全系只有3个教授，因此每人的教学任务都很重，但他仍然增设了化学课，可是听众却寥寥无几。原来，以往的化学课都只注重口头讲述，少有演示和实验，既枯燥又难懂。为了改变这种局面，贝采利乌斯在课堂上大幅度增加了实验次数，把直观的化学实验引入教学中，同时，也将科研融入了教学实验。比如，在1807年后的6年中，他借助教学实验测定了多种盐、酸、氧化物等的化学成分，还进行了相关基础研究。不久，他的化学课就成了学生的最爱，他的化学教学法也被推广到其他大学；他于29岁时编写的《化学教科书》更成为影响许多国家几代化学家的名著。仍然是29岁那年，在对血液进行分析后，他发现血红素中含铁，后来又发现菠菜中也含有大量铁，因此他建议：多吃菠菜可增进体力，促进血液生成。他还对生理代谢的化学反应进行了系统研究。于是，在不知不觉中，他又开启了一个重要学科——生理化学。由于贝采利乌斯的巨大贡献，1808年，他当选为瑞典科学院院士；1810年，又被选举为瑞典科学院院长。

38岁时，贝采利乌斯在冶铅矿炉的残渣中又发现了一种化学新元素，并命名为"硒"，意指月亮；因为硒是从矿渣中分离出来的，正如月亮是从地球中分离的一样。39岁时，贝采利乌斯公布了他的最重要成果之一：测定的45种已知元素的原子量。同年，由于长期超负荷工作，他终于积劳成疾。经医生的极力劝阻，他暂时停止化学研究，从1818年开始到外国进行了为期两年多的疗养旅行。其间，他访问了英国、法国、瑞士和德国，结识了欧洲的许多学者，并从中得到了许多有益启示。1820年10月，他疗养结束，回到斯德哥尔摩，开始了新的科学研究。此时他已是世界著名学者，其研究领域几乎覆盖了化学的所有重大课题。为了全面总结当时人类的最新科学情况，从42岁起，他着手出版《物理、化学进展年报》；直到去世前，《物理、化学进展年报》共出版27期；这些《物理、化学进展年报》是19世纪上半叶，有关化学、物理和矿物学方面最权威的文摘性刊物。47岁时，他以拉丁文给出了各种原子的符号，还排出了原子量表；这是最早的原子量确定与元素周期表，也是现代化学的一大重要标志。

1828年，可能又是贝采利乌斯的另一个祸福之年。好消息是，49岁的他结识了比自己年长的矿山化学家甘恩，双方成为好朋友，并且借甘恩提供的良好实验设备，贝教授从一种来自挪威的矿物中发现了另一种化学新元素，并命名为"钍"，意指这种金属像雷神那样不可战胜；同时，还差一点发现另一种金属元素"钇"。坏消息是，刚刚还清银行债务的他，仍然在这位好友甘恩的建议下，两人合作，大胆收购了一家即将破产的化学制品厂，然后就没有"然后"了。反正，他们肯定没发财。从此以后，贝教授的身体状况就开始走"下坡路"了。当然，这肯定在一定程度上，要归咎于他长期接触化学药品，甚至是有毒的化学药品。终于，在1832年，53岁的贝采利乌斯辞去了大学教授职务，也不再上讲台了；因为那时对他来说，讲课已经实在太累了。

1835年，在朋友的撮合下，独身大半辈子的贝采利乌斯，以56岁的高龄娶到了一位满意的媳妇。新娘名叫伊丽莎白，年仅24岁，是瑞典国务大臣的千金。由于在结婚前，贝采利乌斯刚又被授予男爵爵位，所以他们的婚礼非常隆重：各级官员、科学家、社会名流以及新郎的学生等都前来祝贺。

当新娘子蜜月归来后，才发现：妈呀，丈夫的家简直就是乞丐窝嘛！房间既小又黑，还是地下室；再定睛一看时，天啦，20多个学生，横七竖八睡卧在各个角落；数日未洗的锅碗瓢盆，七零八落，撒满一地；臭烘烘的衣袜，七荤八素，胡乱堆叠，争相散发着各自的异味。原来，此时的贝采利乌斯已混成了"丐帮帮主"：穷学生常来找他讨论科学问题，甚至干脆借睡在潮湿的客厅里；尽管贝采利乌斯睡觉时，鼾声如雷，但学生们早已雷打不动，习以为常了。

虽仍然有点出乎意料，但伊丽莎白早有思想准备，所以，伊丽莎白也与丈夫一样，将学生们当成自己的孩子，精心照顾。贝采利乌斯常说："在我眼中，学生比任何成就更重要；至于我自己嘛，只要睡醒时，能看到头上有天花板，脚下有地板就满意了。"确实，贝采利乌斯应该满意了，因为，妻子很爱他；他们虽未生有一男半女，但却在陋室中培养出了众多世界级的科学家学生。

婚后，贝采利乌斯的健康情况更差了，但仍然坚持做些力所能及的科研工作。比如，1836年，他还在《物理学与化学年鉴》上发表了一篇论文，首次提出了催化剂概念；1841年，率先提出了"同素异形"的概念，其实此时的他已不能做"需要记住复杂细节"的实验了；雪上加霜的是，1843年，他在一次实验中不幸硒化氢中毒，曾一度丧失嗅觉和味觉，从此，便彻底放弃了化学实验操作；1845年，他已病得卧床不起；1847年12月的一次重病后，他甚至已无力提笔写字了。1848年8月7日凌晨，贝采利乌斯逝世，享年69岁。

瑞典科学院和瑞典政府为他举行了隆重的葬礼，但应其生前要求，他却最终被葬在了斯德哥尔摩近郊的一处平民公墓中。

贝采利乌斯常对人说："我是最幸福的男人"。确实他很幸福；而且，正是因为有了他这样的科学家，人类才更幸福！

第二六十六回

中学教师显神奇，欧姆定律泄天机

提起欧姆之名，几乎家喻户晓！

你若上过初中物理课，那"欧姆定律"肯定逃不脱。谁说只是三个女人一台戏？三个男人照样也可一台戏，而且还是一台非常精彩的世界级大戏，一台能持续数百年不落幕并将经久不衰的大戏。这台戏的名字就叫欧姆定律。就算你已把该定律还给老师了，那我也能瞬间点亮你的记忆：该戏的三个男人分别是欧姆、伏特和安培；该戏的台词，其实只有一句话，那就是"电流乘电阻等于电压"。不过，千万别小看这句9言台词，虽然如今初中生都能倒背如流，但它的重要性却非同一般，甚至已成为电学理论的最基本公式之一，给电学的计算带来了极大方便，在电学史上具有重大里程碑意义。而且，当年的"编剧"欧姆老师，为了想出这句台词，可谓绞尽脑汁，极尽终生才华。记得读初中时，为了应付考试，我背诵欧姆定律的口诀是"安培乘以欧姆等于伏特"，于是，就得了一个满分。哈哈，这远比背诵李白的千古绝句容易多啦。君不见，黄河之水天上来，奔流到海不复还。君不见，高堂明镜悲白发，朝如青丝暮成雪。君不见，欧姆定律立大功，易记易懂又易用！

就算你有"物理恐惧症"，听见"欧姆定律"就头晕，但你总听说过电阻吧，电阻的单位为"欧"，就是"欧姆"的简称。顾名思义，所谓"电阻"就是导体对电流的阻碍：电阻越大，就表示导体对电流的阻碍作用越大；反之亦然。不同的导体，电阻也不同，电阻是导体本身的一种特性。电阻将导致电子流通量的变化，电阻越小，电子流通量就越大，反之亦然。新闻媒体中经常报道的"超导体"，其实就是电阻为零的特殊导体，准确地说是电阻小于 10^{-25} 欧的导体；此时，导体不但对电流没有阻碍作用，而且也具有完全的抗磁性，即：在超导体内，磁场强度也为零。与超导体相反的一种导体，叫绝缘体，它是指电阻很大的导体；这里的"很大"，一般并无明确界限，形象地说，只要"基本不传导电流"就行，生活中常见的塑料手柄等就是实例。当然，与"不存在绝对的超导体"类似，也不存在绝对的绝缘体，只要电场足够强，原来不导电的东西也可能会变得导电。电阻值介于导体和绝缘体之间的材料，就称为半导体；更准确地说，半导体是指导电性可控的材料，其控制范围可从绝缘体至导体之间。半导体是当今时代的宠儿，甚至号称"信息社会的粮食"。比如，半导体收音机，是老人们的最爱吧；电脑中的核心部件，也与半导体密切相关吧；至于半导体材料"硅"嘛，那更是宝贝中的宝贝。

那位"抬杠"的读者说啦，俺既没上过初中，也不听新闻又该咋办？好办呀，凉拌（办）呗！别忘了，如今，人们每天都得给手机充回电吧：你充电的那根电线，就是导体;手机的芯片,就是半导体;手机外壳等,就是绝缘体。作为电子社会的现代人,几乎无法不与电阻打交道,因为电阻已像空气那样遍布了周边所有环境,以至于你熟视无睹,根本没感到它的存在而已。

不过,在欧姆所处的时代,情况可与现在完全不同。君若不信,请跟我们一起穿越200年,到古代去看看那时的欧姆到底是啥样。

"各位乘客,请大家坐好了,'爱因斯坦号'时空穿梭机马上就要出发了!流浪地球提醒您:航线千万条,安全第一条;穿越不规范,亲人两行泪!"

"请大家注意,现在已是1年前了,2年前了……229年前了……好,时间锁定在公元1789年了。

再请大家往窗外看去:这下面是2月4日的美国,哇,乔治·华盛顿当选总统啦;这下面是4月7日的奥斯曼土耳其,哇,帝国的苏丹哈米德一世去世啦,同日,赛利姆三世成为新苏丹啦;这下面是7月14日的法国,妈呀,大革命爆发啦,手持各种武器的巴黎市民攻占了巴士底狱,三色旗冉冉升起来啦;这下面是8月21日的巴黎,哇,著名数学家柯西诞生啦;这下面是10月3日的英国,哇,砷甸乍爵士呱呱坠地啦。咦,中国咋没事儿呢?哦,这是乾隆五十四年,没准皇帝正在第N次游江南,或在某处吟诗作画呢。找到啦,找到啦,目标出现啦!各位请看,这下面是1789年3月16日的德国纽伦堡市埃尔兰根镇,本回主人翁乔治·西蒙·欧姆刚刚出生在一户平民家里。请大家出舱后,悄悄紧跟在欧姆后面;只许看,别出声,更别被古人发现,否则后果自负。"

哦,原来物理学家欧姆的出身很一般嘛,而且埃尔兰根这个出生地也很特别:它是德国的玩具城,其地盘虽属德国,但其居民则来自法国,大都是宗教迫害期间逃到德国的新教徒。为啥要特意交代该背景呢?因为,后来当德国与法国交恶时,欧姆和其他居民将因此而大受苦头:德国人敌视他们,拿他们当法国间谍;法国人也敌视他们,拿他们当卖国贼。反正,两头不是人。

欧姆的母亲名叫玛莉亚·伊丽莎白·贝克,是裁缝之女;虽未受过正规教育,但也心灵手巧。欧姆的曾祖父是锁匠,准确地说是造锁而非只修锁的锁匠;欧姆的祖父也是锁匠;欧姆的父亲乔安·渥夫甘·欧姆仍然是锁匠,而且还是掌握了"家传秘方"的世家锁匠,因此非常受人尊敬。那位读者怀疑啦,连书都没读过的锁匠也能受人尊敬?嘿嘿,告诉您吧,那时的锁匠可是"高科技人员"哟,先要当10年学徒学造锁，再实习10年学修锁，总共需要"20年寒窗"才能最终成为一个能自己开店的锁匠；这样的人才，当然不亚于现在的高级工程师嘛。由此可见，欧姆的基因其实并不差，这也是为啥他家能同时冒出两位科学家的内因吧；欧姆的弟弟后来也成为著名的柏林大学首席数学家。

欧姆的兄弟姐妹本来应该很多，可大都夭折，最终只存活了3位，欧姆、他弟弟和妹妹；所以，父母很珍惜自己的子女，更重视孩子们的幼年教育。欧姆的第一位启蒙老师就是他父亲。这不仅指他从父亲那里学到了不少数学、物理和哲学等文化知识，更主要的是，他从父亲那里还学到了自学的自信心，懂得了自学的方法，更唤起了对科学的浓厚兴趣。因为，他父亲当年就是靠自学，成了村里有名的"科学家"。此外，在父亲的教育下，欧姆还受到了修锁和造锁等机械技能的训练，甚至是木工、车工、钳工样样通，这对他后来的研究工作特别是自制物理实验设备大有帮助；毕竟，物理学是一门实验科学，若只会动脑不会动手，那就宛如单腿独行，既走不快也走不远。

欧姆10岁时，母亲病逝，这给全家带来了沉重打击。11岁时，欧姆与弟弟一起进入埃尔兰根高级中学学习。虽不知他们的学习成绩咋样，也不知都学了些什么，只知道欧姆明显觉得"学校传授的知识，与父亲所教完全不同"。在中学毕业那年，欧姆遇到了一位火眼金睛的"伯乐"——数学老师兰格多夫。该"伯乐"敏锐地发现了欧姆兄弟俩的异秉天赋，特别是在数学方面的与众不同；他甚至在毕业评语中写道：从锁匠之家也许将诞生出另一对伯努利兄弟！书中暗表，这里的"伯努利兄弟"，是指瑞士著名的数学家世家，他们家祖孙三代诞生了数名顶级数学家，特别是伯努利兄弟俩更是世界知名。

当然，这位"伯乐"对欧姆兄弟俩的影响也很大，以至若干年后，欧姆还回忆说："兰格多夫认为，学生对数学的兴趣不会自然产生，而是需要老师的精心栽培；而最好的栽培，就是对学生付出足够的注意力，因为，这会影响学生的求学意愿。对数学，你虽然很难一见钟情，但数学绝对是值得许以终生的理想伴侣。"这位"伯乐"还建议欧姆兄弟俩自学欧拉、拉普拉斯等的著作；也许正是此举，才把他们引入了科学大门吧。

16岁那年，欧姆进入纽伦堡大学学习数学、物理和哲学。从此，他便开始了眼花缭乱的大学生涯。刚入学时，叛逆期的他哪知啥叫学习，成天不是跳舞就是滑冰，要么玩台球；气得老爸捶胸顿足，一咬牙，干脆将他赶到瑞士去修锁，让这小子吃点苦头。同年，不忍心的老爸又将他接回纽伦堡大学继续学习；这回欧姆总算学乖了，开始认真上课了。可哪知，仅仅几个月后，德法战争爆发。居民不足万人的埃尔兰根小镇，一夜间就进驻了3万多德军，整个城市几乎成为军营，父亲的锁业生意完全瘫痪，家里瞬间就入不敷出，更无闲钱供养大学生。于是，欧姆只好辍学。不过，欧姆读书的故事还没完，甚至才刚刚开始呢。

17岁那年，欧姆终于在一个教会学校，幸运地找到了一份中学数学教师职位，并在那里一边工作一边自学大学相关课程。正是该校校长对欧姆的一封评价信，使我们大致知道了欧姆的身材，因为校长说："刚来报到时，我并未看好这位又矮又瘦、其貌不扬的年轻人；但很快就发现，哇，小伙子真不错，教书好像是其癖好，而且非常胜任。"

21岁时，欧姆又干了一件荒唐事：他竟然带着兰格多夫（对，就是那位"伯乐"）的推荐信，越过国境，爬过瑞士高山，潜入正与祖国打仗的敌国，并在那里悄悄拜了一位法国数学教授为师，躲在教授家里学习数学和法语长达整整一年；而且，更神奇的是，这位敌情观念淡薄的数学教授，竟没把"奇葩"弟子当成间谍！22岁那年，欧姆又从法国潜回家乡，并通过自学考试终于断断续续完成了大学学业，获得了纽伦堡大学的学士学位。但是，这时受德法战争的影响，欧姆找工作更是到处碰壁，只好今天当家庭教师，明天到中学兼职上课，后天又做一些其他临时工等；实在太穷时，甚至去德国陆军招兵处，试图应征入伍，结果还未被录取。不过，在失业的空闲期，欧姆并未放弃科学研究，甚至借机完成了题为"光线和色彩"的博士学位论文，并于24岁那年获得了纽伦堡大学的哲学博士学位。至此，欧姆历时8年的跌宕起伏的大学生涯，才终于画上了一个句号。

在非常时期，博士学位对欧姆来说压根儿就没用。在随后的4年中，欧博士照样处于失业和半失业状态，主要依靠四处兼职上课挣点稀饭钱。据不完全统计，他兼职过的中学遍布班贝格、科隆和柏林等地。实在找不到工作时，他便饿着肚子做些科研，就当打发时间吧。毕竟欧姆是一位既有天赋又有抱负的人，虽然他长期担任中学教师（其实还是临时老师），而且一直都缺少资料和仪器，更无名师指导，但是，他却始终在孤独与困难中坚持不懈做科研，甚至自己动手制作实验仪器。终于，在28岁那年，他出版了自己的处女作《几何学教科书》，并在扉页上庄严地把该书献给了影响他一生的父亲。虽然该书没啥销量，只有几家图书馆象征性地购买了数册，但是此书还是帮助欧姆很快就找到了自己的第一份正式工作，即担任科隆大学预科班的数学和物理老师（实际上相当于高中老师）。从此，欧姆才可安下心来，真正开始稳定地进行科研工作；当然，学校良好的设备，也对他的科研有极大帮助。

实际上，欧姆的主要科研成果，是在28至38岁期间担任高中物理教师时，独立取得的；因为，他根本见不到当时的正规物理学家。与其大学生涯类似，欧姆的科研生涯也经历了死去活来的瞎折腾。比如，从31岁起，欧姆便开始研究电磁学，试图探索导线长度与其电流产生的电磁力衰减之间的关系。在5年后，欧姆将自认为已深思熟虑的"正确"结果整理成一个公式，于1825年5月在他的第一篇科学论文中匆匆公开发表；可是，两个月后才发现，那个公式原来是错的。作为名不见经传的中学老师，从天而降杀入当时最前沿的科研领域，本身就容易被人误解；更糟的是，由于首篇论文的草率发表，这就更给人留下了口实，甚至可能被人鄙视，至少让学术界觉得他对科研不负责任。果然，一年后，即1826年4月，当欧姆再次在德国《化学和物理学杂志》上发表题为"金属导电定律测定"的论文时，虽然是想修正去年的错误公式，并且这次真的得到了正确的"欧姆定律"，但是，正规学术界已将欧姆看成"狼来了"的那个放羊娃了：对他的成果要么怀疑，要么尖锐批评，至少是视而不见，更谈不上为它叫好了。况且，"欧姆定律"的结果也确实太简捷了，大出"权威专家"们所料。1827年，欧姆继续坚持出版专著《动力电路的数学研究》，完整阐述了他的电学理论，给出了系统的数学知识，特别是从理论和实验两方面严格论证了欧姆定律。但是，他收到的却仍然只是讽刺和诋毁；甚至，一位名叫鲍尔的"专家"公开说："建议那些以虔诚眼光看待世界的人，不要读这本书；因为，它纯粹是不可置信的欺骗，它的唯一目的就是要亵渎自然的尊严。"同行的过激反应，让欧姆万分失望和伤心，精神抑郁的他在写给朋友的信中道："它（指欧姆定律）的诞生，给我带来了巨大痛苦，它真是生不逢时呀；暴打邻家小孩的人，哪知母亲的真实感受呀！"不过，也有人为欧姆打抱不平。比如，《化学和物理学杂志》主编施韦格（电流计的发明者）就写信给欧姆，鼓励说："请您相信，被乌云和尘埃挡住的真理之光，最终会透射出来，并含笑驱散它们。"另一位科学家波根多夫也写信鼓励欧姆继续干下去，而且还给他提出了一些善意的指导和改进。

又过了4年，真理之光终于放射出来了！原来，1831年，有位叫波利特的"正规"科学家，在实验中多次引用欧姆定律，最后得出了准确结果，并验证了欧姆的正确性，这才引起科学界对欧姆这位"民间科学家"的重新注意。于是，物理学家们纷纷开始验证欧姆定律，并把它运用到电学、磁学的实验和研究中去。不过，此时可怜的欧姆已辞去科隆的教师职务，又以做家庭教师为生了。还是"纽伦堡皇家综合技术学校"

的动作快，该校于1833年赶紧"捡漏"，将已经44岁的欧姆聘为自己的教授；紧接着，从1839年起，该校又请欧姆出任校长。随着全球电路研究的不断推进，欧姆定律的重要性越来越突出了。终于，在1841年，英国皇家学会给52岁的欧姆授予了当时的最高荣誉——科普利金牌；并宣称欧姆定律是"在精密实验领域中，最突出的发现"。于是，德国科学界哗然了，欧姆的声誉也迅速提高了。1842年，欧姆被聘为英国皇家学会外籍会员；1845年，又被接纳为巴伐利亚科学院院士。于是，1849年，慕尼黑大学将已是名人的欧姆"挖"到了本校；1852年（即他去世前两年）又将他晋升为教授。

欧姆终生未婚，生活也非常简单。他这一辈子，虽遭颇多困难和误解，但却始终豁达开朗，做事认真，言行幽默。晚年时，他回到了母校纽伦堡大学任教，因为他特别喜欢讲台。

有关他讲课的花絮和趣闻还真不少。比如，上课时，他的口头禅总是"你们到底懂不懂我的问题？"却从来不问"知不知道答案？"因为，他认为问题比答案更重要；所以，他常常用很多时间去解释问题，而不是公布答案。"问题问对了，答案也就快了"，他说："要将问题解释得很清楚，要像水晶那样透明，一点也不含糊。"

欧姆上课的教室里，没有桌子，只有椅子。因为，他不想让学生过于重视笔记，而是鼓励学生们随老师的讲解，一边思考一边只做简单的提示性记录。欧姆讲课，慢条斯理，想一阵讲一阵；话虽不多，但却"干货"很多；其目的就是，便于学生一边简记一边思考。欧姆很重视数学，他对学生说："数学是解开大自然奥秘的钥匙。"他也很重视实验，他说："实验就是见证。"上实验课时，他每次都要详细讲解实验原理，然后再让学生动手。

1854年7月6日上午10点，欧姆抱病走上讲台，在他最喜爱的地方（讲台上）获得了"永生"，享年65岁。

10年后，英国科学促进会决定用"欧姆"表示电阻的单位（简称"欧"），符号为"Ω"，以此纪念这位勤奋顽强、命运多舛、才能卓越的中学物理老师。

其实，除了欧姆定律以外，欧姆还有其他一些重要发现。例如，他发明了电阻器，以根据需要控制电流的大小；他还发现：音乐是来自空气中的粒子震动，并与人耳中的薄膜一起共振。

第六十七回

柯西之功传千秋，柯西之过不可漏

柯西传奇，早在娘胎里就开始了！

当他还在娘胎时，就已遥遥望见了未来的幸福；因为，他摆明了就是一个"官二代"兼"富二代"：老爸不但是朝廷最高法院律师，还是巴黎警察总监的首席幕僚。朝中有人好办事，况且26岁的老爸还特擅长公关，是典型的"见人熟"，其前途显然不可估量。于是，他快乐地长呀长，高兴了就蹬蹬腿，让妈妈又惊又喜；吃饱了就干脆翻个跟斗，让妈妈流出了幸福的眼泪。

怀胎9月时，小家伙明显感到妈妈心跳加快，随时都在紧张之中，甚至不断东躲西藏。他偷眼一看，啊，妈妈还经常流泪！这是咋回事儿呢？一打听，天啦，"二代梦"泡汤啦！原来，法国大革命了，老爸瞬间失业，家财也充公了；老爸的"老板"，巴黎警察总监下狱了；老爸的"老板"的"老板"，法国波旁王朝的皇帝也"下课"了。咋办呢？小家伙一咬牙，一闭眼，就随着一束红光闪到了巴黎，抬头一看时间，哦，1789年8月21日，刚好是巴黎市民攻占巴士底狱后的1个月又1周。父母哪敢高兴，怀着复杂心情给长子取名为奥古斯丁·路易斯·柯西。

小柯西一边吃奶，一边观察时局变化。刚开始时，法国是君主立宪派的天下；但见他们今天发布《人权宣言》，明天废除皇朝制度，后天又成立君主立宪国家。反正，一套"组合拳"下来后，队伍就内讧了。于是，小柯西3岁那年，城头又变"大王旗"，吉伦特派取得了统治地位，并成立了"法兰西第一共和国"；紧接着，柯西老爸的"老板"的"老板"（即波旁王朝的皇帝）就被送上了断头台。同年，领导层再次换人；更激进的雅各宾派开始实行更激进的专政，于是，柯西老爸的"老板"（即那位曾经的巴黎警察总监）也被送上了断头台；吓得柯西老爸连夜举家逃往阿尔居埃，才总算躲过了这一劫。此时，小柯西才刚满5岁。

大难不死的老爸，一边逃命一边对儿子进行启蒙教育。由于老爸精通古典文学，所以，柯西最先学会的知识便是语法、诗歌、历史、拉丁文和古希腊文等；这也许便是后来在诗歌方面，柯西表现出很高才华的重要原因之一吧。7岁那年，柯西遇到了自己的首位科学启蒙老师——贝特莱教授。这位老先生也是隐居者，他是波旁王朝的著名科学家，氨氮肥料和氯漂白剂的发明者。反正沦落他乡，也没条件做科研，闲着无事儿也很难受，所以，老先生很乐意向柯西传授一些科学知识。据说，贝教授甚至专门为柯西撰写了一套教材，创新性地把科学揉进了中古世纪的修道神学中。甚至若干年后，柯西还回忆说："表面上看，贝特莱教授是在教我计算'有多少天使在针尖上跳舞'；实际上，他是在教我演算无穷级数的收敛。"可见，柯西后来称雄数学界的极限思想，早在7岁时就已播进了心田。

由于幼年经历实在太曲折，所以，柯西一生的性格都很古怪，与他那位"人见人爱"的老爸完全相反，以致后来被人取了一个绰号，叫"苦瓜脸"。因为，他为人冷漠，严肃有余，活泼不足，平常总是愁眉苦脸，活像一根苦瓜，要么不说话；要么只言片语，简略之极，令人摸不着头脑，让别人无法与他沟通。据说，柯西还有另一绰号，叫"脑筋噼里啪啦的人"，意指"神经病"，或灵感太多，像放鞭炮一样不断在脑中闪现：与人交谈时，常常跑题，也许他刚说出上半句话，下半句就又跳到另一事了。据说，他身边几乎没朋友，只有一群妒忌他聪明的人。

10岁那年，即1799年，是柯西的"转运"之年。因为，那一年拿破仑发动"雾月政变"成功，而柯西的老爸在逃难过程中又"碰巧"支持了这次政变；所以，拿破仑当皇帝后，柯西的老爸就自然被上议院选为负责起草会议纪要和执掌印玺的秘书。柯西一家也总算结束了逃亡，风风光光地安家于卢森堡宫，并遇到了他的另二位科学启蒙老师（也是他父亲的好朋友）：著名数学家拉格朗日和拉普拉斯。两位老师果真火眼金睛，他们敏锐地意识到柯西日后必成大器：如果研究数学，一定会成为伟大的数学家。但同时，拉格朗日也发现柯西"肚量"不大，因此，隐晦地向其父亲建议："赶快给柯西一种坚实的文学教育，以便他不致被其爱好引入歧途"。书中暗表，柯西的父亲为啥能与著名数学家结成朋友呢？这是因为，新皇帝拿破仑非常尊重科学家，所以，当他坐上"龙椅"后，就把拉格朗日与拉普拉斯等众多科学家请进了上议院；而那时柯西父亲刚好在此当秘书，且屁股后面还常常拖着柯西这条"小尾巴"。一来二去，柯西便与自己心中的许多偶像级科学家建立了联系，其中自然少不了拉格朗日和拉普拉斯等数学家。据说，1801年的某天，在柯西父亲的办公室，拉格朗日当着若干议员的面，指着已是自己弟子的12岁的柯西，得意扬扬地说："瞧这孩子！我们这些可怜的几何学家都将被他取而代之。"后来，果然言中。

1802年秋，13岁的柯西就读于先贤祠中心学校，主要学习拉丁文和希腊文等古代语言；其间，他成绩优异，多次获奖。比如，1803年，他获得法国中学数学竞赛的首奖，隔年又获古典文学比赛第一名。但两年后，他却毅然放弃文科，决心成为一名工程师。于是，他又经过了一年准备，于1805年秋以连跳四级及联考第二名的成绩，考入了竞争最激烈的巴黎高等理工大学，并在那里主要学习数学和力学。1807年10月，18岁的柯西又连连跳级，以第一名的成绩被道路桥梁工程学校录取；并于1809年，在该校会考中获"桥梁大奖"；然后，于1810年以优异成绩毕业，接着便被派往瑟堡，以工程师助理身份参加拿破仑海港建设的监督工作；年底，他被授予二级道桥工程师职称，其工作也受到上级嘉奖。若只看上述简历，那柯西与普通青年就没啥两样了；若他继续照此发展，那也就谈不上传奇了。

正在这关键时刻，恩师拉格朗日和拉普拉斯出手了，他们不但将自己的名著《解析函数论》和《天体力学》推荐给柯西认真阅读，还建议他放弃工程师而致力于纯数学研究；特别是拉格朗日，更是直接建议柯西进行多面体研究。于是，在1811年及1812年，柯西果然取得了多个重要成果，比如首次证明了欧几里得的一个古老定理。柯西的论文一出，哇，立即轰动了数学界；柯西也从此确定了今后的人生方向：终生献给"真理探索"，即从事科学研究。

尝到甜头的柯西，再接再厉，于1813年，又一鼓作气登上了数学的另一高峰：证明了费马关于多角形数的猜测，从而解决了数学界的又一个百年难题；发表了代换理论和群论的奠基性论文；更获得了"1815年法国科学院数学大奖"。至此，柯西就走上国际舞台，成为著名青年数学家了。

就在柯西刚刚走下领奖台时，1815年7月，法国政坛又"地震"了：拿破仑下台，波旁王朝复辟，路易十八重返巴黎。作为拿破仑时期的红人，按惯例柯西本该受到打击，结果哪知他反而因祸得福。在1816年，27岁的柯西被母校聘为数学教授，同时还被任命为法国科学院院士；对此，柯西非常高兴，他自己在日记中写道"我像是一条终于找到了自己河道的鲑鱼"，从此，柯西的数学研究就从业余变全职。同年，柯西还有另一大喜事，那就是他找到了自己的另一半；幸福的婚姻生活，大大改进了他的沟通能力。

波旁王朝复辟期，即1815至1830年，既是柯西论文发表的高峰期之一，更是他取得最高水平学术成果的时期。在此期间，他发表了大约100篇论文。柯西在数学上的最大贡献，就是在微积分中引进了极限概念，并建立了逻辑清晰的分析体系。实际上，当今所有微积分教科书，都还在沿用柯西的定义。通过柯西等的出色工作，数学分析得到严格论述，从而结束了过去200年来的混乱局面，并使微积分发展成现代数学中最基础、最庞大的数学分支。形象地说，若把微积分理解为一座摩天大楼，那么，牛顿和莱布尼茨等便是该大楼的建造者，而柯西等则是大楼的装修者。未经装修的微积分大楼，经常表现出各种悖论和漏洞，使得数学的严谨性大打折扣；而经过柯西等的画龙点睛后，"住户们"面对微积分这座大楼，便可轻松"拎包入住"了。此外，在波旁王朝复辟期，柯西还编写了多部教材，并在多所大学担任过不同职务。比如，

1823年，他出任巴黎理学院力学副教授；1824年底，出任法兰西学院代理教授等。

柯西41岁那年，即1830年，法国又"运动了"：刚刚复辟15年的波旁王朝被推翻了，菲力浦成了新国王。由于新政府规定，在法国担任公职者必须宣誓效忠新国王；但是，柯西是波旁王朝的忠实拥护者，所以就拒绝宣誓，于是，他便只好仿效当年的孔子，带着妻儿老小离开祖国，开始了长达8年的"周游列国"活动。可惜，此后的柯西，就再也未做出过突破性科研成果了。离开法国的第一站，柯西先到瑞士的弗里堡，试图筹建瑞士科学院，但却碰了一鼻子灰。1831年夏，他又迁居意大利，在都灵大学担任数学物理教授；此间，柯西被待为贵宾，甚至，他所任职的教席都是撒丁国王特别为他量身订制的。1833年7月，柯西又前往布拉格，担任查理十世之孙博尔多公爵的宫廷教师，每天讲授数学、物理和化学。面对波旁王朝的遗老遗少，柯西当然尽心尽力，他甚至为公爵重新编写了算术与几何教本；可惜，这位扶不起来的"阿斗"，却对数学全然没兴趣，甚至与柯西的关系也很不融洽。1838年10月，"阿斗"年届18岁，宫廷教育总算告一段落。在家人和朋友的劝说，柯西迫不及待地返回了巴黎，结束了"周游列国"活动。查理十世授予了柯西"男爵"封号，对此，柯西十分看重，也很自豪，虽然该爵位压根儿就不会被法国政府承认。

回到法国后，柯西当然不可能被重用，新政府没跟他算旧账他就已谢天谢地了，因为他仍然拒绝效忠。由于这段时间比较空闲，所以，他发表的论文数也达到了最高峰，当然，质量大不如从前。据说，由于柯西太高产，他频频投稿，以至于印刷厂不得不抢购纸店存货，使得巴黎市面上纸张短缺，纸价大增，造成"巴黎纸贵"。于是，法国科学院通过决议：以后发表论文时，长度不得超过4页。所以，柯西的不少长文，都无法在本国发表，只能改投别国刊物。而且，更可悲的是，也许是由于倍受政府冷遇等原因吧，柯西的性格弱点，在此段时期内表现得更为突出，甚至与许多同行的关系都比较紧张或尴尬。比如，1839年7月，他本来获得了天文科学院的一个重要职位，但却因拒绝效忠，而最终未获政府任命。1843年5月，柯西在竞选法兰西学院数学教席时，竟败于弱者，这显然是非学术原因造成的；因为，当时柯西已是全球仅次于高斯的数学家，可谓是"一人之下，万人之上"了。更丢人的是，那年底，在天文事务所的几何学部委员选举中，柯西又再次败于另一小人物。

1848年，法国又"地震"了！这次是重新建立了共和国，废除了公职人员对新政权的效忠宣誓。被欺负已久的柯西，终于在1849年3月担任了巴黎大学数理天文学教授，从而恢复了已中断18年的大学职位。1851年12月，拿破仑三世发动政变，法国又从共和国变成了帝国，并恢复了公职人员对新政权的效忠宣誓；于是，柯西立即向巴黎大学辞职。1853年，经拿破仑三世特批，新政权免除了对柯西的效忠宣誓要求。于是，柯西得以继续担任其教学工作，直到1857年（咸丰七年）5月23日在巴黎近郊与世长辞，享年68岁。时年，英法联军攻占广州。

柯西在临终前，有一句名言："人总是要死的，但是，他们的业绩永存。"确实，柯西的业绩应该永存，但是，他的过失，特别是作为科学泰斗本不该有的过失，也不应被忽略。

柯西的有些过失，是可以原谅和理解的。比如，据梅纳勃劳回忆说："（柯西）讲课非常混乱，突然从一个想法跳到另一个公式，也弄不清是怎么转过去的；他的讲课像一片乌云，虽然偶尔也被天才的光辉照亮；对于青年学子，他令人厌倦。"贝特朗也曾这样回忆柯西的讲课："应当承认，他的第一堂课，使听众很失望，大家不是陶醉，而是惊讶于他的东拉西扯。"

柯西的有些过失，可作为今人的前车之鉴。比如，同为高产数学家，若与欧拉相比，柯西的严谨性就相差甚远了。实际上，他确实发表了一些价值很小的文章，甚至有些内容被多次重复发表。这种做法，至少不该鼓励。

在柯西的所有过失中，最受诟病的过失是他对青年科学家的冷漠，甚至有"青年数学家杀手"之称。早在19世纪20年代的一篇文章中，人们就对柯西有这样的评论："他对青年人才的冷漠，使他成为最不可爱的科学家之一"。其实，柯西本人年轻时，也曾得益于拉格朗日、拉普拉斯和泊松等老一辈科学家的帮助；但是，功成名就后的他却对青年才俊颇不热心，甚至冷漠无情。比如，他对数学天才庞斯列、阿贝尔和伽罗瓦等的态度，至今仍让数学界愤慨不已。

庞斯列关于射影几何的出色研究，招致柯西严厉批评，说它缺乏严格性。许多年后，庞斯列在回忆1820年6月的一天被柯西无情赶出办公室时，仍充满辛酸，报怨从柯西那里"既没得到任何指点，也未获得任何客观评价。"

阿贝尔被柯西耽误得更惨，他悲愤地说"没法同他（柯西）打交道，尽管他是当今最懂数学的数学家……我将一篇重要论文恭奉给他，但他几乎没瞟一眼"；此处的"重要论文"，就是那篇在椭圆函数论中具有划时代意义的杰作。

即使面对自己的份内审稿工作，柯西也相当不负责任，而可怜的阿贝尔又是其中的倒霉蛋之一。原来，1826年，法国科学院收到了一篇题为"一元五次方程没有代数一般解"的论文，作者署名为阿贝尔，年仅24岁。初审人员看过论文后，深感震惊，因为，这是当时最著名的未解难题之一，悬疑达250年之久。为严谨计，科学院便委托柯西对该成果进行最终权威审查，这对阿贝尔来说是决定命运的关键一刻，若被肯定，阿贝尔的命运甚至多个数学分支的命运都将被重新改写。可是，千不该，万不该的是，如此惊天动地的科学成果，竟被当时全球的第二号数学家柯西一不小心给"遗失"了！

此举的后果是什么呢？原来，穷困潦倒的挪威数学家阿贝尔，好不容易七拼八凑，才勉强借够了盘缠，千里迢迢赶来巴黎，把最后一线希望寄托在巴黎这个当时全球数学中心身上，以为能找到知音，结果却被如此冷落。又气又急之下，阿贝尔便在离开巴黎前，染上顽疾，并在短短2年多以后，即1829年4月6日凌晨，含泪去世。阿贝尔去世后，他老师勒紧裤带，于10年后终于将其草稿出版成了文集。天啦，数学界才发现，原来人类曾有过如此伟大的数学家呀！其实，除了五次方程外，阿贝尔还有若干其他开创性工作，数学家埃尔米特曾说："阿贝尔留下的思想，可供数学家们研究150年！"为了纪念阿贝尔的贡献，人们将交换群称为"阿贝尔群"。阿贝尔还是公认的椭圆函数论奠基者。

被柯西以几乎同样方式耽误了的另一个青年奇才，名叫伽罗瓦；只不过这次"弄丢"论文的时间是1829年，也就是阿贝尔去世那年。被"弄丢"论文的内容，更加不得了；甚至，这一失误直接导致群论的问世时间至少晚了半个世纪，对群论发展的负面影响更是不可估量。被"弄丢"论文的作者更年轻，当时只有18岁。柯西此举的后果是什么呢？它间接导致作者误入歧途，意外早逝，享年仅21岁，又碰巧是论文被"弄丢"后的短短2年多之后。这次被忽略的成果，到底有多厉害呢？这样说吧，它不但彻底解决了根式求解代数方程的问题，而且还发展出了一整套数学理论，如今，称为"伽罗瓦理论"；它系统阐述了五次及以上方程不能用公式求解，并解决了古希腊遗留下来的三大作图问题中的两个！

当然，金无足赤，人无完人；科学家也是人，也是平凡的人，也难免会有过失。本回复述柯西的过失，绝无诋毁之意，而是想提醒现在和将来的科学泰斗们别再犯类似的错误，否则，错误也不会被历史忘记。

第六十八回

学历不等于水平，财富不代表价值

哥们儿，你信吗？有这样一个小学生，准确地说是小学辍学生，竟成了当时最顶尖的物理学家，他在电磁场理论方面的突破永远改变了人类文明，至今还被称为"电学之父""交流电之父""人类十大杰出物理学家之一"；看来，水平与学历还真不是一回事！还有这样一个伟大发明家，他制成了人类首台发电机、首台电动机，并有多项实用发明，其中任何一项都可使他瞬间成为"暴发户"，但是他却从未申报过专利，从未发过财，以至英国首相都过意不去要主动给他涨工资，结果还被拒；女王要授他爵士头衔，也被婉拒，因为他只想当平民；退休后，要不是维多利亚女王恩赐他一套"免租房"，他可能晚年都没着落。哥们儿，此处所说的这两位，他其实就是同一个人，当时英国的国宝，也是全人类的、价值不可估量的、永远的珍宝，英国物理学家、化学家、史上最著名的自学成才科学家之一——迈克尔·法拉第。看来，财富和价值也不是一回事儿！

法拉第，1791年9月22日生于英国萨里郡纽因顿。作为家中略带口吃的老三，他上有一个哥哥和一个姐姐，下有一个弟弟和一个妹妹。由于妈妈没工作，全部收入都靠爸爸经营个体铁匠铺。本来打铁需得自身硬，可爸爸偏偏又体弱多病，所以，家里就非常拮据，仅能勉强维持温饱，常常是鞋儿破，帽儿破，身上的衣服破。但是，父亲却非常重视品德教育，要求子女们勤劳朴实，别贪图金钱地位；这对法拉第的思想和性格，产生了很大影响。5岁那年，由于交不起房租，爸爸只好带着全家搬到一个贫民窟。虽然环境很差，房子摇摇欲坠，但全家却仍然是你爱我、他爱我、我也爱大伙。冬天太冷，大家就挤在打铁炉旁，挤啊挤，乐啊乐，哪有快乐哪有我；夏天太热，屋外更是臭气冲天，苍蝇多、蚊虫多，大家却平平淡淡照样过。反正，任由浊水到处流，正义在我心头坐；无烦无恼无忧愁，金钱地位皆参破。9岁时，爸爸勒紧裤带，送法拉第去某私立小学读书；一年后，确实交不起学费，只好转入公立小学；又过了一年，老爸发现，家里仍然养不起"秀才"，只好认命，忍痛让儿子辍学，从而结束了法拉第的全部学校生涯。

既然是穷人的孩子，当然就得"早当家"，所以，12岁时法拉第便开始挣钱养家，在一家书店当报童。伙计，当时的报童可不是卖报哟，因为那时的报纸很贵，普通人买不起报纸，只能租报看；因此，报童的工作就是，背着近期的报纸，按预约时间到租户家，然后在室外等着对方读报；到时间后，再取回报纸，送到下一租户，如此反复。很快，法拉第就发现，报童其实是免费的读报租户。于是，当租客在自己家里读报时，法拉第便在室外一边读报一边给租客计时，而且，若遇不认识的生字，还可向租客请教，对方常常会热情帮忙！一来二去，法拉第喜欢读书的名声就传开了，租他报纸的客户也越来越多了，因为租客们都很喜欢这位异类报童，并昵称他为"小书虫"。

书店老板也很喜欢这个"小书虫"，因为，老板发现，书虫的记忆力特强，读报速度很快，几乎过目不忘，而且还特别能吃苦，人品也很好。于是，法拉第便被幸运地录取为书店学徒，并享受了免交食宿费等的特别优惠。书店学徒的主要任务就是，将店中已破损的书报重新修补和装订，然后再上架，反复租售；或为顾客提供书报装订和修补服务。所以他有机会接触各界文人墨客。"小书虫"心灵手巧，干活速度快，而且质量也高，一人能干几人活。闲暇时他就成了店中名副其实的"书虫"：贪婪地"啃"着所有书报，每当读到好句子，就立即抄录下来；碰到好插图，就赶紧画下来；遇有不懂处，就凝思静想；若有所收获，就欣然而笑；即使下班了，也还留在店里，不知疲倦地读书。书店老板见他如此痴迷，也产生了怜爱之情；只要不影响工作，都尽量为他读书提供方便。据法拉第后来回忆，对他一生影响最大的两本书《化学漫谈》和《大英百科全书》，就是在该阶段的收获；"书虫"不但认真研读了这两本书的内容，更利用从药铺等处捡来的瓶瓶罐罐等废品，重复了书中的许多实验。比如，他用玻璃在毛皮上摩擦产生电；将铜和锌泡在盐水中，以制造伏打电池；用电池将水分解成氢和氧等。这些实验，不但激发了"书虫"对科学的兴趣，也大大增强了他的实验能力，为随后成为著名化学家戴维的助手埋下了重要伏笔。

已是满腹经纶的法拉第不再满足于闭门自学，他开始盼望与高手"华山论剑"。果然，机会来了！有一位名叫塔特姆的人在家中举办了一个收费的系列学术报告和研讨会，主题是自然哲学。在哥哥的资助下，从1810年2月到1811年9月，法拉第连续报名参加了十数次学术研讨会，大有茅塞顿开之感：原来科学如此精彩！于是，法拉第愣是根据记忆，并辅以查找店中的书籍和自己的体会，将该系列报告的内容整理成了完整的课堂笔记，并装订出精美的《塔特姆自然哲学演讲录》；然后，恭恭敬敬地送给书店老板，作为店中的租售新书。也许是冥冥之中的命定机缘吧，该演讲录的首位租客，竟是老主顾——英国皇家学会的当斯先生；当得知该演讲录来历后，当斯先生被法拉第的勤奋精神所感动，决心为他创造更多学术机会。非常幸运的是，当时英国著名化学家戴维正将在附近的英国皇家学会做系列科普报告，但票价太贵，无论是法拉第还是他哥哥都只能"望票兴叹"。对此，当斯先生倒反而很高兴，因为，他终于可以实现自己帮助法拉第的心愿了。于是，当斯毫不犹豫地送给了法拉第一整套听讲票。

1812年2月29日，是法拉第人生中盼望已久的重要日子。本来就吃不起肉的他，仍然假装"斋戒"数日，沐浴更衣，怀着难以形容的虔诚心情，忐忑不安地走进了英国皇家学会那金碧辉煌的报告大厅；因为，从今天开始，他将连续4次亲耳聆听戴维教授的科普报告。在法拉第心中，戴维一直就是伟大的偶像，实际上，那时的戴维已是英国皇家学会的灵魂。更重要的是，在法拉第心中，戴维才是自己的榜样；因为，戴维同样是苦孩子出身，同样没受过正规教育，但却依靠勤奋和天赋，取得了巨大成就。听罢偶像的讲座后，法拉第热血沸腾，他不但对科研的信心倍增，而且还制订了明确的战术目标：进入英国皇家学会，为科学奉献终生！

作为一名连小学都没毕业的书店学徒，竟梦想进入英国科学中心，这无异于"癞蛤蟆想吃天鹅肉"！但是，法拉第就是法拉第，他认定了的事情，无论初看是多么不可思议，他也要"尽人事，尊天命"。于是，他一次次给英国皇家学会写信自荐，一次次石沉大海；写信无效，他就发挥书店与英国皇家学会邻近的优势，经常去对方大门口撞大运，希望能"天上掉馅饼"。虽然书店老板和当斯等老主顾也想帮助这位好学的小伙子，但毕竟是心有余而力不足。转眼间就到了1812年10月，法拉第可以出师了。今后怎么办？继续留在书店当师傅，当然没问题，老板也求之不得；但此时的法拉第，却只想进入英国皇家学会，可经各方长期努力又全都毫无进展。一筹莫展之际，法拉第突然急中生智：何不直接向偶像戴维教授求助呢？于是，21岁的法拉第"故伎重演"，他奋笔疾书，经两个多月的回忆，将刚听过的戴维讲座整理成了一本超过380页的《戴维爵士演讲录》，然后将它精装成册，于1812年底作为圣诞节礼物寄给了戴维教授，并附上了一封自荐信。这一招果然很灵！戴维教授收到该礼物后，先是一惊：自己何曾写过此书？读罢后，便是一喜：哇，记录者还真不错，自己只讲了区区4小时，法拉第却举一反三整理出厚厚一大本，这至少说明对方确实听懂了。接着，他就是一震：这个法拉第的身世咋就像自己呢；于是，怜悯之心油然而生。最后，伟大的科学家戴维竟然亲笔给小人物法拉第回信，约定了面谈事宜。

1813年1月的某天，法拉第终于与戴维教授如期相见了。他俩谈了很久，也谈得很投机，特别是当知悉法拉第的最大愿望就是到英国皇家学会工作"不管干啥都行"时，戴维更受感动，表示一定尽力实现其愿望。果然，两个月后，英国皇家学会就批准了戴维的特别申请，让时年22岁的法拉第担任其助手，不但提供25先令的周薪，还免费解决住宿。从此以后，法拉第便紧跟自己的"贵人"，开始了成就卓越的科学生涯。法拉第勤奋好学，做事主动，很有悟性，一点就通，因此大受戴维器重；后者对法拉第也精心指导，百般关照，甚至视为己出。在随后十几年间，他俩虽也出现过误会甚至矛盾，但从总体上看，他们确实共同谱写了一曲人间少有的"双雄赋"。以至戴维在晚年时，当被问及"终生最大的成就是什么"时，竟脱口而出：发现了法拉第！

果然，近朱者赤，近墨者黑。跟在科学巨匠身旁，不但能随时处于科研前沿，还有大把机会展现自己的才华。就在刚刚报到半年多后，1813年10月，法拉第就抓到了一次难得的机会：表面上是以仆人身份陪戴维夫妇旅游欧洲，实际上则是以科研助手的身份陪戴维一起去学术访问。其间，法拉第不但要面见许多国际顶尖学者，而且还要协助戴维进行许多化学实验，所以，随行携带了众多实验仪器；当然，他也少不了一边观光，一边疗养，一边开眼界。由于法拉第特别重视这次活动，甚至将它视作自己的科研彩排，所以，从始至终，法拉第都以科学家的态度对沿途所见所闻进行了认真观察、冷静分析和客观记录。

1813年11月3日，法拉第陪戴维在巴黎拜会了大名鼎鼎的安培和吕萨克，并亲眼见证了大师们是如何瞬间碰撞出灵感火花，并严谨论证重大成果的。原来，在对安培等提供的一种紫黑色的、貌似金属的小块进行连夜电解之后，戴维在法拉第的协助下，又经半个多月的紧张确认，终于断定了一项伟大科学突破：发现了新元素碘！

1814年3月10日，他们游到了意大利名城佛罗伦萨，并偶然发现其硬无比的金刚石竟能燃烧，并冒出蓝紫色的火苗，释放出二氧化碳。于是，在法拉第的协助下，经多次实验确认，戴维又宣布了一项重大科学发现：金刚石的本质其实就是碳！就这样，法拉第陪伴戴维进行了长达两年多的、颇有成效的欧洲学术旅游，终于在1815年5月回到了英国皇家学会。至此，科研在法拉第面前就不再神秘了，他对未来充满信心。

从欧洲旅游回来后的法拉第，简直就像是打了鸡血：他在戴维教授的指导下，以助手兼独立研究员的身份疯狂进行着各种各样的化学实验，并像母鸡下蛋一样，在短短几年间就取得了一连串重大成果。比如，法拉第1816年就发表了首篇论文；1818年，首创了金相分析法；1820年，制得了六氯乙烷和四氯乙烯；1821年，晋升为实验室总监；1823年，发现了氯气等的液化方法；1824年1月，当选为英国皇家学会会员；1825年2月，接替戴维任英国皇家学会实验室主任；1825年还发现了苯，等等。其实，这一连串的成果还远远不是法拉第的全部。比如，仅在1821年，法拉第这只"金鸡"就还收获了两粒超级"大金蛋"：一枚奉献给了全人类，一枚留给了自己。

法拉第收获的"自用大金蛋"名叫撒拉，她于1821年6月12日嫁给了"已嫁给科学"的法拉第。婚后他们虽未蜜月旅游（因为法拉第正憋足了劲要"下"另一只"大金蛋"），而且撒拉也不懂科学；但是，这半点也不影响她对"金鸡"的爱，她富有哲理地自豪道："科学已令他入迷，甚至已到了剥夺他睡眠的地步；但我却非常满足于成为他内心安歇的软枕头。"对法拉第来说，撒拉不但是"饲养员"，法拉第特喜欢妻子的厨艺；也是"加油站"，每当法拉第受挫时，她就会鼓励他继续前行；还是"避风港"，在任何恶意攻击面前，只要妻子勇敢面对，法拉第便无所畏惧；更是人生观"导师"，当法拉第受到伤害时，妻子便安慰道："我们宁愿像小孩，因单纯而受到伤害；也不要像小人，因受到伤害而处处对人设防。"后面的事实也表明，法拉第的婚姻是美好的，虽然两人一起经历了贫穷、不孕、失忆症等危机，但这一切却使得他们长达46年的爱情更香更甜。法拉第在日记中承认："在我一生中，对喜悦与心理健康最有帮助的，就是婚姻。"在晚年最后一场科普演讲中，法拉第这样深情地感谢妻子："她，是我一生第一个爱，也是最后的爱。她让我年轻时最灿烂的梦想得以实现；让我年老时仍得安慰。每一天的相处，都是淡淡的喜悦；每一个时刻，她仍是我的顾念。有她，我的一生没有遗憾。我唯一的挂念是，当我离开之后，一生相顾、亲爱的同伴，如何能忍受折翼之痛，我只能用一颗单纯的信心，向那位永生的神呼吁：'我没有留下什么给她，但我不害怕，我知道，您一定会照顾她，您一定会照顾她。'"

法拉第奉献给人类的"大金蛋"名叫电动机，它诞生于1821年9月3日。当法拉第发现自己真的实现了电磁转运后，由于过度操劳和兴奋竟差一点晕倒在地，因为这意味着人类对电的认识和利用能力向前迈出了实质性的一大步。法拉第的这次成功本该迎来热烈掌声，但却意外收到了众多质疑，因为他的这个实验室结构与戴维等太相似，只不过前人都失败了而已；于是，有人不屑于法拉第的"瞎猫碰到死老鼠"运气，更有人谴责他的"剽窃行为"。面对满天流言蜚语，法拉第暗下决心，必须以实际行动来证明自己的清白。终于，经过法拉第3个多月的埋头钻研，一种全新结构的电动机在1821年的圣诞之夜问世了，法拉第也获得了科学界的一致认可！如今看来，法拉第电动机虽很简陋，但它却对随后人类的生产和生活产生了翻天覆地的影响。

法拉第一生，在化学和物理两方面都取得了若干重要成果；本书作为科学家简史，当然无法也没必要一一罗列。但是，他的最伟大成果却不得不说，那就是他于1831年9月，在40岁时发现：磁场的变化，可以在导线中感应出电流。形象地说，法拉第又造出了人类首台发电机和变压器；从此，人类终于证实了电与磁的完整内在联系。回顾历史，法拉第的这次实验，无疑是整个19世纪最杰出、最伟大的实验之一。

在随后几年中，法拉第又进一步完善了他的电磁学理论。比如，1837年，他引入电场和磁场概念，指出电和磁周围都存在着场； 1838 年，提出电力线概念，并用它来解释电磁现象，这是物理学的重大突破； 1843 年，证明了电荷守恒定律； 1845 年，发现了"磁光效应"，证实了光和磁的相互作用； 1852 年，又引进磁力线概念，从而为经典电磁学理论奠定了基础。果然，后来麦克斯韦在法拉第的基础上，最终完成了电磁光的"统一"大业。

法拉第的代表作是三卷本巨著《电学实验研究》，它收集了作者从 1831 至 1855 年在电、磁、光等方面的研究成果。然而，即使是这样一部"高精尖"的学术专著，法拉第也写得通俗易懂，语言清新简洁，就像讲故事一样娓娓道来。其可读性之强，以至于几乎任何一位对科学感兴趣的人都可从中学到知识，受到启发，产生联想，充满激情。据说，当时英国的发明家们人人都要阅读该书；甚至，该书已成为每张实验桌上的必备书籍。法拉第这本书还激励了一大批青年。比如，若干年后，"发明大王"爱迪生正是因为在旧书摊上偶然买到了一本残破不全的该书，才发明了许多造福人类的电器，爱迪生甚至说，购买法拉第的《电学实验研究》是自己收益最大的一笔投资。

法拉第非常热心于科普，这也许与他的成长经历有关；所以，成名后，他就立即发起了多个系列性的科普论坛。据不完全统计，他以身作则，在"星期五晚间科普论坛"上曾做过 100 多次演讲；在"圣诞节少年科普讲座"上，他的演讲持续了 19 年之久。即使是 1858 年退休后，也仍然坚持不懈。他的科普讲座深入浅出，很受欢迎；甚至连维多利亚女王的丈夫和两个王子也都是他讲座的忠实听众。

诺贝尔发明炸药的那年，准确地说是 1867 年（同治六年）8 月 25 日，法拉第在书房中安详地离开了人世，享年 76 岁。遵其遗言，家人未举行任何葬礼。但后人却在牛顿墓附近，为他竖立了一块纪念牌。

几何世界「哥白尼」，不认公理认真理

伙计，别只顾望文生义！本回主人翁"哥白尼"，肯定不是你所熟悉的那位天文学家，而是几位殊途同归的数学家。之所以称他们为"几何世界的哥白尼"，一方面，他们都像哥白尼那样，打破了人类2 000多年来对几何的传统认知，或用数学语言来说，他们不是死认神明一样的"公理"，而是只认真理，哪怕这些真理与直觉相矛盾；另一方面，也像当年的哥白尼那样，他们的成果不但未被当时的数学界认可，反而招来了无尽的冷漠、讥讽甚至恶意攻击，直到去世若干年后，其超前和伟大之处才被后人所认识。原来，他们创立了非欧几何，画出了经典几何与现代几何之间的分界线，以至"数学界的无冕之王"大卫·希尔伯特都说："19世纪最有启发性、最重要的数学成就，当推非欧几何的发现。"如今的事实已表明：非欧几何是人类认识史上一个富有创造性的伟大成果；它不仅引发了上百年的数学飞跃，而且对现代物理学、天文学以及人类时空观念的变革都产生了深远影响。

那么，这里的"他们"，到底都是谁呢？他们其实是"两个半"数学家：第一位，是俄罗斯数学家罗巴切夫斯基；第二位，是匈牙利数学家鲍耶；剩下的那半位嘛，嘿嘿，他就是大名鼎鼎的"数学王子"高斯。您一定很奇怪，为啥最厉害的高斯，才只算"半个"？原因主要有两个。其一，高斯在非欧几何方面的成果并未在生前公开，因为他知道，那将激怒众多数学家，甚至可能招来横祸；因此，如果非要拿当年打破"地心说"的故事来类比的话，那么，高斯其实更像伽利略而非哥白尼。其二，本书已为高斯单独立传了，所以此处不再重复，只是点到为止。

首先，有请第一位孤独的"哥白尼"登场！

1792年（乾隆五十七年）12月1日，在俄罗斯马卡里耶夫地区诞生了一个名字很长的胖小子，尼古拉斯·伊万诺维奇·罗巴切夫斯基。父亲是当地的一个"芝麻官"，工资刚够夫妇俩养育3个孩子，所以，幼年时，排行老二的罗巴切夫斯基不存在温饱问题。可惜在罗巴切夫斯基7岁时，父亲却突然病故，全家瞬间就陷入了严重"经济危机"。于是，妈妈勇敢地挑起了全家的生活重担：白天，她在外面当帮工，干杂活；晚上，再为别人缝洗衣服，含辛茹苦，挣来一分分活命钱。虽然粗茶淡饭导致孩子们营养不良，但身体羸弱的孩子们，却个个聪明伶俐，十分懂事。他们都以妈妈为榜样，不抱怨，不叹息，誓做生活的强者，决不向命运屈服。在学校，孩子们都是"呱呱叫"的好学生；在家里，更是妈妈的好帮手，大家都争先恐后抢干家务事。生活虽苦，但全家亲爱和睦，人人心里都温暖甜美。

8岁时，罗巴切夫斯基像邻居家的同龄儿童一样，进入了"马卡里耶夫国民小学"

读书。可是，仅仅一年后，因为罗巴切夫斯基及其兄弟在学校的表现太特别，所以二年级下学期时，罗巴切夫斯基的班主任就突然上门家访了，而且目标很明确，那就是，要将罗巴切夫斯基三兄弟"轰出"学校，甚至将他全家"赶到"千里之外的省城——喀山！伙计，别紧张，我知道你怕老师家访，因为随后你那可怜的屁股就会遭殃；但是，这次却是例外。原来，罗巴切夫斯基三兄弟太优秀，班主任不忍心他们的才华被埋没，因为罗巴切夫斯基所在的小城太过闭塞，学校的师资也不足以培养小罗这样的天才，而省城喀山就是"大城市"了，况且对特别优秀的学生还提供奖学金；更重要的是，那里正在兴建一所大学（即喀山大学），今后没准"丑小鸭们"还有机会上大学呢。班主任一番苦口婆心的劝说后，虽已表示了愿意资助部分路费的诚意，但仍害怕被罗巴切夫斯基的妈妈当成神经病给赶出家门。想想看，要让一位半文盲的单亲妈妈，无依无靠带着3个孩子流浪千里，去到一个完全陌生的城市，争取那虚幻缥缈的奖学金，这是正常人类该干的事吗？！哪知，在沉吟半晌后，妈妈竟然同意了！为了孩子们的前程，妈妈豁出去了，再苦再难都不怕，再大的牺牲也值得。于是，并非候鸟的"鸭妈妈"便带着"丑小鸭"们，毅然开始了艰辛的长征：他们晓行夜宿，先是翻山越岭，磨破了鞋；接着舟船劳顿，饿瘪了肚；然后再求爹爹告奶奶，搭上了好心人的顺路马车。终于，近一个月后，四只"泥猴"总算活着抵达了喀山！

果然，不负妈妈和班主任的厚望，罗巴切夫斯基三兄弟全都以优异的成绩获得了奖学金。罗巴切夫斯基在自己的中学里很快就成了"学霸"，门门功课都优秀得让人羡慕，尤其是数学和古典文学更是出类拔萃。1807年，15岁的罗巴切夫斯基真的考入了刚刚创办才两年的喀山大学。看来，那位班主任还真是料事如神呀！作为大学生的罗巴切夫斯基，也没给同班同学留下任何出头露面的机会，因为他太招人喜欢了：老师们纷纷邀请他去家中做客，还慷慨地允许他随意借阅自己的私人藏书。特别是数学老师巴蒂尔教授，对后来罗巴切夫斯基形成非欧几何思想肯定有重要影响；因为，这位巴教授曾是高斯的小学老师和好朋友，即使来喀山大学任教后也仍然与高斯保持着通信联系，他了解高斯对非欧几何的见解。

但出乎意料的是，罗巴切夫斯基的学士答辩却遇到了麻烦。1811年夏天，19岁的罗巴切夫斯基大学毕业了；按常理，如此杰出的"学霸"，学校毫无疑问将授予其学士学位，可是，由于非学术原因，校领导和几位权威却拒绝了。原来，罗巴切夫斯基虽很优秀，甚至在大学期间就掌握了多种外语，并系统研读了许多顶级数学家的原著；但是，过于年轻的他，太富于幻想，常常表现得倔强而自命不凡，因此，难免违反学校纪律，曾被校领导指责为"令人愤怒的人"。经过一段时间的发酵后，此事越闹越大了；甚至，连老师们都分成了界线分明的两派。幸好，最终支持派获胜了，一来，罗巴切夫斯基获学士学位，确实名正言顺；二来，支持派的老师大都是从国外（主要是从德国）聘请的著名教授，而且其态度很坚决，表示"如果不把学士学位授予各科都优秀的罗巴切夫斯基，那谁都不配了！"于是，校领导只好让步，最终把学位帽戴在了罗巴切夫斯基头上。学士毕业后，罗巴切夫斯基便留校任教。不过，通过这次风波，他清楚地意识到，权威并非总是正确的，有些东西还需要努力争取；后来，他的非欧几何也经历了类似的曲折历程，只不过在有生之年，他没能亲自尝到胜利果实而已。

1814年，22岁的罗巴切夫斯基被任命为"准副教授"，这其实是接替他那位当时因病不能正常工作的哥哥；两年后，由于业绩突出，被晋升为副教授，负责数学、物理和天文学等课程的教学；30岁时，罗巴切夫斯基晋升为教授。此外，从1818年起，罗巴切夫斯基还开始担任各种行政职务，像什么图书馆长呀，博物馆长呀，物理数学系主任呀，名目繁多的某某委员会委员或主席呀，等等。直到1827年，35岁时，罗巴切夫斯基终于成为喀山大学校长。由于本书是"科学家列传"，所以，对学术无关的事项，将尽量简化。虽然据说，罗巴切夫斯基在行政方面也是一把好手，把百废待兴的喀山大学治理得"巴巴适适"并很快使它成了当时俄国的一流大学，罗校长本人也受到全体师生的真心称赞。闲话少说，书归正传，下面还是赶紧聚焦于罗巴切夫斯基的非欧几何吧；准确地说，应该是罗氏几何。

对普通人来说，一提起几何学，立刻想到的肯定是欧几里得几何学，它是一套非常严谨的逻辑体系，它的所有结论都来自5个看似直观明了的公理：1）任意两个点间，都可连接一条直线；2）任意线段，都能两端无限延长成一条直线；3）给定任意线段，都可将它的一个端点作为圆心，将该线段作为半径，画出一个圆；4）所有直角都全等；5）通过一个不在直线上的点，有且仅有一条不与该直线相交的直线。

那么，上述这5个公理，真的就是不能被怀疑的真理吗？特别是第5条公理，称为"平行公理"，它并不像其他公理那么显然。从古希腊开始，2 000多年来许多数学家都试图用其他公理来证明该公理，但都未成功。大约在1815年时，23岁的罗巴切夫斯基也开始这种尝试，当然也是毫无悬念地失败了。但是，与前人相反的是，罗巴切夫斯基干脆抛弃了第5公理，而将它替换为如今称为"罗巴切夫斯基平行公理"的东西：假定在一个平面上，过已知直线外的一点，至少有两条直线与该直线不相交。

由此，再结合欧几里得的其他4条公理，罗巴切夫斯基便演绎出了一系列全无矛盾的结论，如今称为"罗氏几何"。在欧氏几何中凡涉及平行公理的命题，在罗氏几何中都不再成立了；反而，却出现了一批完全违反直观感觉的结论，比如"三角形的内角和小于两直角"等。

11年后的1826年2月23日，34岁的罗巴切夫斯基在喀山大学的一个大型学术会议上，首次公开了他的"罗氏几何"。他本以为会迎来鲜花和掌声，结果哪知全场竟鸦雀无声。大家都被罗巴切夫斯基的"满嘴胡言"给惊呆了：平常头脑清醒、治学严谨、年轻有为的罗巴切夫斯基怎么啦？受了啥刺激？何时疯的？也许是出于对罗巴切夫斯基过往表现的尊敬，也许是担心会把"疯子惹得更病"，与会专家都不敢发表任何肯定或否定意见，只是"王顾左右而言他"，但脸上却明显流露出各种否定表情。会后，经罗巴切夫斯基的反复恳求，喀山大学学术委员会才组织专家对"罗氏几何"进行了书面鉴定；但是，鉴定专家们也仍然只是闪烁其词，甚至连书面意见也不肯给出，只是千方百计"大事化小，小事化了"，最后，终于不了了之，连文稿也给弄丢了。遭受冷暴力后的罗巴切夫斯基并未放弃，在37岁时，已当了两年校长的罗巴切夫斯基，又将他的成果整理成题为"几何学原理"的论文，在《喀山大学通报》上全文发表。书中暗表，这显然是学报编辑，出于"尊重校长"的不得已而为之。

1832年，根据罗巴切夫斯基的请求，喀山大学将"罗氏几何"的论文呈送给圣彼得堡科学院审评。这回负责评审的院士非常厉害，说话也很大胆，更不用担心被罗巴切夫斯基"穿小鞋"，所以，在简单读过评审论文后，便毫不客气地开始了公开指责。甚至在同年11月7日，院士在代表俄国科学院给出的鉴定意见中，一开头就以嘲弄的口吻极其挖苦道："看来，作者旨在写出一部让人莫名其妙的专著。恭喜他，他的目的达到了。"接着，鉴定意见对"罗氏几何"的思想进行了歪曲和贬低，最后粗暴断言："由此得出结论，罗校长的著作谬误连篇，不值得科学院关注。"

在接下来的数年中，学术界对"罗氏几何"的否定和讥笑浪潮，可谓是一浪高过一浪，范围之广，时间之长，实属罕见。比如，就在罗巴切夫斯基去世前两年，俄国著名数学家布尼雅可夫斯基还在专著《平行线》中继续对罗巴切夫斯基发难，试图通过论述非欧几何与经验认识的不一致性，来否定"罗氏几何"的真实性。又比如，英国著名数学家莫尔甘对"罗氏几何"更是抗拒，甚至在未研读过原著的情况下就武断道："任何时候也不存在与欧氏几何本质不同的几何。"莫尔甘的话代表了当时学术界对"罗氏几何"的普遍态度。总之，在罗巴切夫斯基生前，"罗氏几何"始终都未曾获得过任何大师的公开支持；当然，私下表示支持和同情的人还是有的，而且还是当时数学界的第一"巨人"，高斯。其实，早在罗巴切夫斯基呱呱坠地的那年，高斯就有了非欧几何思想的萌芽，到了1817年高斯体系就已相当成熟；只是高斯更加老练，他没敢公开发表，而是将它们悄悄写在日记中，让后人去评价。所以，当高斯读到"罗氏几何"的著作后，便私下在朋友面前高度称赞罗巴切夫斯基是"俄国最卓越的数学家之一"，随后更积极推选罗巴切夫斯基为"哥廷根皇家科学院通信院士"。可是，在推荐书中，高斯对候选人在数学上的最卓越贡献（创立"罗氏几何"）却避而不谈。诚然，如果高斯当时公开支持"罗氏几何"，那么，罗巴切夫斯基所受的压力肯定会大幅度减少；但是，这些压力可能瞬间转移到高斯身上，所以，聪明的高斯便巧妙地施展了"围魏救赵"。

除"罗氏几何"之外，罗巴切夫斯基还取得了其他一些成果，它们虽然今天看来微不足道，但在当时还是得到了公认。综合而言，罗巴切夫斯基的一生，无论在事业还是在家庭方面都相当成功。40岁那年，已升为校长的他娶回了一位贵族美女，随后，生养了7个子女。后来，罗巴切夫斯基自己也被封为世袭贵族；他还为自己的家族设计了族徽，其图案象征着智慧、勤劳、轻捷和欢乐。当然，罗巴切夫斯基晚年也遇有多项不幸，特别是他最喜欢的、很有才华的大儿子因患肺结核先他而去，白发人送黑发人的悲伤使其健康严重受损，以致双目很快失明。

罗巴切夫斯基对"罗氏几何"始终充满了自信，并为它奋斗了30多年。为了扩大"罗氏几何"的影响，争取早日被学术界认可，除了俄文版之外，他还分别用法文、德文等撰写了自己的著作。此外，他还发展了"罗氏解析几何"和"罗氏微分几何"，从而建成了一套完整的理论体系。即使身患重病，卧床不起，他也未曾停止过相关研究。他的最后一部巨著《论几何学》，就是在双目失明的情况下，在临去世的前一年通过口授，由他的学生记录而完成的。

1856年2月12日，伟大的数学家罗巴切夫斯基怀着极大的遗憾去世了。喀山大学为他举行了隆重的追悼会，但却只字未提"罗氏几何"。

好了，剩下的篇幅不多了，赶紧请出第二位孤独的"哥白尼"吧！

他的名字叫鲍耶。在非欧几何的三位创始人中，与高斯和罗巴切夫斯基相比，鲍耶可算是一个小人物了，这不仅因为他年龄小，1802年生于匈牙利，比罗巴切夫斯基还年轻10岁；还因为他的名气小。至于原因嘛，你读罢此回后就清楚了。

鲍耶之所以产生非欧几何的想法，主要是受他那位数学家老爸的影响。因为，他老爸是高斯当年在哥廷根大学的同班同学，还是好朋友，而那时高斯已有了非欧几何的朦胧想法。毕业后，老爸一直就沉溺于欧氏几何的第5公理研究，总想给出一个"证明"，因此老爸与高斯长期保持着通信联系。可惜，与许多数学家一样，老爸屡战屡败，但却屡败屡战。

鲍耶其实也是一个数学天才，13岁时就学会了微积分，并将其应用于分析力学；15岁时，其数学水平就已超过老爸；18岁时，不顾老爸反对，开始继承老爸的事业，研究欧几里得第5公理，即使就业后也仍在业余研究几何学；21岁时，便宣布在非欧几何方面，取得了突破；24岁时，他将自己的成果抄写给母校的数学教授，并请求帮助出版，结果稿件被寄丢了；29岁时，在老爸的帮忙下，鲍耶的成果才终于在老爸的一本书中以"搭便车"的方式，在末尾附录中公开发表。当鲍耶写信给高斯，请求对自己的成果给予评价时，高斯回信道："我不能公开赞扬它，因为那将意味着我在赞扬自己；实际上，这些内容我已研究了30余年，且成果与你的也相似……我之所以没公布它们，在有生之年也不打算公布它们，是因为现在大多数人还无法理解……不过，我将把这些东西写成文字，至少不让它们与我一起消亡"。

高斯的回信使鲍耶大失所望，从此以后，他便完全放弃了数学研究。所以，下面也就不再赘述鲍耶的后续简史了。

1868年（罗巴切夫斯基去世后12年，或鲍耶去世后8年，或高斯去世后13年），意大利数学家贝特拉米发表了一篇著名论文《非欧几何解释的尝试》，证明了非欧几何可在欧氏空间的曲面上实现，从而证明了：如果欧氏几何没有矛盾，那非欧几何也就自然没有矛盾。至此，长期无人问津的非欧几何，才开始获得了学术界的高度评价和一致赞美。

伙计，我们多次声明过，本书的宗旨之一便是激励读者成为科学家。关于如何才能成为科学家的问题，除了熟知的聪明、勤奋、机缘等要素之外，本回又揭示了另一要素，那就是，要有很强的抗打击能力。其实，本回刚好就给出了一正一反两案例：若像罗巴切夫斯基那样，耐得住寂寞，经得起误会，能坚持不懈，那就更有可能成为伟大的科学家；相反，若像鲍耶那样，一遇挫折就放弃科研，那就只能成为小人物。

第七十回

盲人摸象穷争论，将今论古集大成

伙计，盲人摸象的故事你肯定听说过吧，你肯定会嘲笑盲人们的无知和固执吧；但是，在大自然面前，人类压根儿就是盲人！

你也许以为，让摸象的盲人们坐一起，每人将自己所摸结果贡献出来，于是，一个完整而准确的整体就融合出来了；但在许多情况下，这种融合方式却行不通。因为，一方面，被摸的"象"太大，无论有多少"盲人"，也无论摸多久，都可能漏摸"大象"的某些关键部位，所以，永远也甭想融合出最终答案；另一方面，"盲人们"通常还自以为是，认定"大象"已被自己摸全。因此，摸象重要，"如何"摸象才更重要；只要方法得当，步骤合理，"盲人们"便能逐步逼近"大象"的真相，而不是越摸越乱。

你也许还以为，只有傻瓜才会盲人摸象。错！其实，越聪明的人才越喜欢"摸象"。你看，科学家是世界上最聪明的一帮人吧，从古至今，他们所从事的科研活动哪一样不是在"盲人摸象"呢！

本回故事，就是地质学家这批"盲人们"的"摸象"故事。当然，这头"象"既不是非洲象，也不是亚洲象，甚至不是一般的象，而是所谓的地质学；或更狭义地说，让地质学家们回答：地球的地貌到底是如何形成的？除了远古的各种神话传说之外，到目前为止，若按大致时间顺序，地质学家们可大约分为15组"盲人"，他们分别"摸"出了15种学说：水成论、火成论、灾变论、渐变论、新灾变论、固定论、地壳均衡理论、大陆漂移学说、海底扩张学说、板块构造学说、地质力学、多旋回构造运动学说、波浪状镶嵌构造学说、断块构造学说、地洼学说等。

本回主人翁莱伊尔，便是上述第4组"盲人"的组长，因为，"渐变论"就是他的代表成果；而且，与其他地质学家不同的是，他的"摸象"方法更科学，甚至一直被全球地质学家们沿用至今。甚至，达尔文直接利用该"摸象"法创立了进化论，更准确地说是生物进化论；因为，渐变论的核心便是地质进化论。所以，人们也将莱伊尔和达尔文一起并称为"进化论祖师"；此外，莱伊尔还是"近代地质学之父"。那么，这位莱伊尔到底是何方人士，他的"摸象"法又是什么？为什么按他的方法就可最终将地质学这头"象"摸清楚？欲知答案，请继续阅读下文。

1797年（嘉庆二年）11月14日，查尔斯·莱伊尔生于英格兰。他是家中10个孩子的老大，也是当仁不让的"孩子王"，所以，他随时都精心呵护着弟妹，也深受弟妹的尊敬。他父亲是镇上的富翁，不但有钱，还有学问，早年毕业于剑桥大学，文理兼通，曾从事过植物学和昆虫学研究；既喜欢但丁的古诗，又喜欢自然科学，更喜欢野外旅游；还在家里建有一个不大不小的私人图书馆，拥有大量藏书和动植物标本。他妈妈十分贤惠，对子女教育也特别上心。受父亲影响，莱伊尔从小就爱上了博物学，尤其喜欢捕捉蝴蝶和昆虫等，并将它们制成标本；还特喜欢野游，拾到水晶等奇形怪石的惊喜，总免不了一次次激发他对大自然奥秘的深思与憧憬，盼望着有朝一日能亲自揭开这些谜底。

莱伊尔聪明好学，记忆力很强，8岁便能写文章，10岁就学会了拉丁文，13岁掌握了法文。莱伊尔17岁时，进入牛津大学，开始学习古典文学和数学，并选修了昆虫学课程。丰富的校园生活，使莱伊尔大开眼界，掌握的知识越来越多，兴趣也越来越广。两年后，莱伊尔遵父命在牛津大学转攻法律。可是，这时的莱伊尔已另有所爱，他一心只想实现儿时梦想，探索地质学奥秘。实际上，早在刚进牛津大学不久，当莱伊尔偶然读到一本名叫《地质学引论》的书后，他就已对其他专业不感兴趣了；因为，书中描绘的那些奇特岩石、怪诞矿物、变化莫测的沧海桑田等，正是自己挂念已久的未解之谜；书中对岩矿的成因、演化及成分等精妙论述，令莱伊尔爱不释手，读了一遍又一遍。正是这本书，将莱伊尔最终引向了地质学之路。于是，莱伊尔选修了地质学课程，并参加了地质小组，积极从事课外考察和采集化石标本等活动；莱伊尔从中不但认识了许多稀奇古怪的岩矿，还受到了基本训练，为今后研究地质学奠定了实践基础。在牛津大学内，还有一个地方对莱伊尔的人生也产生了重大影响，那就是地质博物馆。因为，馆中不但有许多标本，还常年举办各类地质讲座，莱伊尔从而零距离接触了众多地质专家，并知悉了他们不同的学术观点，甚至是对立的观点。

1818年，对21岁的莱伊尔来说是选择人生走向的重要之年。这一年，他随父母遍游了法国、瑞士和意大利等国，穿越了阿尔卑斯山，详细考察了山中的地层、峡谷、瀑布、石流、冰川等地质现象，采集了不少标本和化石，撰写了详细的考察笔记。途经巴黎时，他还特意参观了居维叶的陈列室，并在那里首次看见了激动人心的古生物化石标本。从此，他下定决心今后要放弃律师职业，专心从事地质研究。于是，当莱伊尔于1819年从牛津大学毕业时，他便加入了伦敦地质学会和林奈学会。这意味着，他真的跨进了地质学研究大门，形象地说，莱伊尔也加入了"盲人摸象"的大军；虽然，刚开始几年，他的主业仍是律师。

面对地质学这头超级"大象"，从哪里开始"摸"呢？首先，莱伊尔分析了古人的"摸法"，发现：在18世纪前，地质学家们基本上都是在"记流水账"，将各种地质现象尽可能真实、准确地记录下来，至于相关解释嘛，要么凭空假定，要么编些神话，反正谈不上科学。接着，莱伊尔又分析了前人的"摸法"，发现从18世纪末到19世纪初，地质学虽已成独立学科，但经地质学家"摸象"后却"摸"出了完全不同，甚至水火不容的两种学说——水成说和火成说。为啥这里要说"水火不容"呢？因为，当时的地质学家都各持己见，彼此争论得水火不容，与当初"盲人们"的争论如出一辙；实际上，他们有的只"摸到了大象的尾"，有的却只"摸到了大象的腿"。书中暗表，若从今人角度来看，无论是水成论还是火成论，都有其合理成分，但也都有缺陷。比如，水成论认为，地层是在洪水中形成的；火成论认为，地层是由地球内部的热力特别是火山爆发造成的。早期，水成论极为盛行，因为它不但有实例作证，更有圣经故事支撑；后来，火成论又占了上风。其实，如今的事实已证明：确实有许多岩石是水成的，即由水沉淀而得，比如溶洞中林立的怪石；也确实有许多岩石是火成的，比如众多的火山岩等；但是，至少还存在另一类岩石，名叫"变质岩"，它既非水成也非火成。

再后来，莱伊尔又对同时代科学家的"摸象"结果进行了考察，发现：又有一群地质学家"摸"出了第三种学说——灾变论。灾变论认为，地球上的绝大多数变化都是突然、迅速和灾难性的。在整个地质发展过程中，地球经常发生各种突如其来的灾害性变化，有的灾害甚至规模很大。例如，海洋干涸成陆地，陆地又隆起山脉，反过来陆地也可能下沉为海洋；此外，还有火山爆发、洪水泛滥、气候剧变等。当洪水泛滥时，大地景象就发生了变化，许多生物也遭到灭顶之灾。每当经过一次巨大灾变后，几乎所有生物都会灭绝；它们的尸体就沉积在相应地层中，并变成化石。书中暗表，若从今人角度来看，客观地说，与水成论和火成论相比，灾变论确实更接近本质；这是因为，无论水灾还是火灾，其实都是灾，只不过是局部的灾，因此，水成论和火成论都可当作灾变论的特例，后者弥补了前者在空间上的不足。

面对如此天差地别的各种学说，刚刚入行的莱伊尔该怎么办？到底相信水成论，还是火成论，或灾变论呢？聪明的莱伊尔采取了一种折中办法：既不盲目接受任何权威学说，也不草率拒绝前人结果，而是博采众长，以事实为依据，在广泛了解各种理论的同时对地质学这头"大象"亲自进行尽可能详细的考察，并对"摸"出的结果进行认真而系统的整理。于是，莱伊尔开始了长达数十年的"盲人摸象"过程，并最终一步步逼近了当时的地质学最高峰。

莱伊尔的摸象过程，可分为如下三个阶段。

第一阶段，他33岁前，其主要标志性成果是1830年出版的代表作《地质学原理》

第1卷，并因此而成为伦敦国王学院的地质学教授。此前，他已经以眼病为借口，征得父亲谅解，放弃了律师职业，看来，他还真是名副其实的摸象"盲人"呢。当然，《地质学原理》对莱伊尔来说，绝不只是写了一部书，而是十余年磨成的一把剑，如今称为"渐变论"。它认为，地球和生物的演化都是极其缓慢的，而且还会互相继承，并遵循一定规律；它们最初的差异很小，经长期积累逐渐变化后才会发生明显差别。比如，风、雨、河流、海浪、潮汐、冰川、火山和地震等，都是影响地质的外因，它们经过漫长的地质历史，通过不断侵蚀、搬运及沉积作用，缓慢改变着地表结构和地壳构造，形成了如今所见的、千差万别的各种地貌结构。而灾变论的主要问题在于它过低估计了时间长度，于是就把毫无关系的事件扯到一起，好像它们是同时发生似的；灾变论还过高估计了灾变的力量及猛烈程度，因而在溯源时就难免虚构一些超自然力量，也难免得到一些错误结论。实际上，渐变论弥补了灾变论在时间密度上的不足。

当然，莱伊尔的渐变论也并非一蹴而就，既有前人的经验教训，更有自己的辛勤探索和不断自我否定。首先，他得顶住来自父亲的压力，因为老爸希望他成为一名有身份的律师；其次，他还得在各种权威理论中，去粗取精，去伪存真；再次，他还得亲身进行艰苦的实地考察。比如，1821年，他竟从老爸的鼻子底下"逃学"，自费前往爱丁堡，旁听了当时地质权威的课程；1822年，他又专程回老家，考察了故乡的海退现象，验证了家乡的海陆变迁和地层变化，并于1823年完成了首篇学术论文，受到了水成论专家的赞扬，因为，他的细致观察有力支持了水成论。1824年，他在导师巴克兰教授的带领下，先是考察了英格兰萨克斯郡和怀特岛，研究了那里的白垩纪地质；接着，又到苏格兰湖，并对该湖的形成及地层、地质演变等进行了详细勘察；然后，陪同法国地质学创始人普利沃斯特教授前往英格兰和苏格兰展开地质考察，对那里的地层、岩石、矿物及构造等进行了详细研究。在野外的共同考察生活中，莱伊尔从大师们那里学到了不少有益的工作方法，并受到了极大启发和教育。1824年，莱伊尔还多次前往巴黎，结识了一大批权威地质专家，并向他们请教，吸取其精华。1825年，莱伊尔又发表了第二篇地质学论文；此时，随着对地质现象的广泛观察和深入分析，莱伊尔已发现了水成论的不足。1827年，莱伊尔偶然读到了拉马克的名著《动物哲学》，从此，他又开始转向了火成论。特别是1828至1829年，莱伊尔的学术思想非常活跃，一会儿觉得火成论确实能解释许多地质现象，尤其是火山活动、火山作用及火成岩的形成理论更有说服力；一会儿又觉得拉马克的渐进思想有道理，地球的历史也该是渐进的，他甚至发表了一篇论文，明确提出了渐变论雏形，试图将火成论和水成论合二为一，让"水火相容"。此举当然立即招来多方反对，甚至拉开了地质史上又一场大论战的序幕，即当时权威的灾变论与新生的渐变论之间的大论战。为了夯实渐变论基础，莱伊尔在出版《地质学原理》第1卷之前，又专门到法国奥沃尼、意大利罗马和西西里等地进行了地质考察，获得了大量第一手资料，坚定了其地质进化论思想。

第二阶段，他33至38岁期间，其主要代表性成果是于1832年、1833年和1834年分别出版了《地质学原理》第2、3、4卷。他不但完善了自己的渐变论，更主要的是，明确归纳出了针对地质学的"摸象"方法，即将今论古，或形象地说"现在是认识过去的钥匙"，更具体地说就是，过去的地质现象可以在现在的自然现象中找到答案，过去与现在的地质作用具有一定的同一性。"将今论古"法，看似简单，但却非常有用，至今也还在被广泛使用。比如，随后200多年中，地质学家们用该"摸象"法，"摸"出了诸如大陆漂移学说、海底扩张学说、板块构造学说等10余种新的地质理论学说；甚至，达尔文当年也用这种"摸象"法，"摸"出了动物进化论。至于该"摸象"法在其他领域中的应用，那就更多了，此处不再一一列举。

"将今论古"4字的凝练，绝非易事。实际上，自《地质学原理》第1卷出版后，在引起广泛轰动的同时，也引发了"灾变论与渐变论大战"，因此莱伊尔就不得不既要应对各种学术挑战，又要加快考察和研究步伐，尽快、尽多地拿出相关证据，让更多地质学家成为渐变论者。幸好，莱伊尔的奇招特多。比如，作为已是35岁高龄的"钻研王老五"，莱伊尔好容易才在1832年7月12日娶到年仅23岁的美女诺尔妮。但是，那时莱伊尔正忙于地质考察。咋办呢？只见新郎"眉头一皱，计上心来"，于是，本该是新娘的蜜月旅行，却摇身一变成了又一次地质考察；而且，还多了一位"自带干粮"的忠实助手。

为了完成《地质学原理》的第2、3、4卷，据不完全统计，莱伊尔前前后后至少进行了如下野外考察：1833年，再次从巴黎到波恩，沿莱茵河到法兰克福、曼海姆，直至比利时东部和法国北部滨海一带，考察了海陆变迁和海岸结构；1834年，到纳维亚半岛，重点关注了瑞典海岸的上升现象，还研究了冰川活动。1835年，莱伊尔应邀去德国，与许多权威专家进行了深入交流，此时，他的"将今论古摸象法"和渐变论，已越来越被认可；当然，通过这些学术交流，莱伊尔也深受启发，不断对自己的理论进行改进和完善。4卷本《地质学原理》是19世纪进化论地质学的总结性巨著，它的问世标志着近代地质学理论的建构工作已基本完成。

第三阶段，从他38岁以后直到去世为止。其间，莱伊尔花费了约40年时间，通过各种考察和研究，对《地质学原理》进行了多达11版的修订与补充。比如，1837年，他经丹麦到挪威，对那里的地质进行了综合考察，并在同年出版了《地质学原理》的第5版；1838至1840年，他集中精力从事冰川考察，1839年提出了"冰河期"的概念，从而建立起了第四纪地层的完整系统。1841至1842年，他到北美进行考察，研究了那里的古老结晶岩石，解释了尼亚加拉瀑布的形成原因，检查了煤层植物化石的原生状态等；这次考察，成果颇丰，莱伊尔甚至为此专门于1845年出版了2卷本《北美旅行记》。此书一出，哇，一时间洛阳纸贵，很快就被抢购一空。于是，莱伊尔马上又于当年第二次前往北美，考察了宾夕法尼亚煤田地层，密西西比河沿岸的地质，三角洲和冲积平原的成因，密西西比河排入墨西哥湾的水量等；然后，于1849年出版了《再访美国游记》，又掀起了一阵渐变论地质学高潮。1850年，莱伊尔再次去比利时和德国考察，又获得了有关火山喷发的新资料；1852年，他应邀到波士顿演讲，介绍渐变论和"将今论古"理论，受到了隆重欢迎。此后，莱伊尔又到瑞士、捷克、荷兰、法国、德国、西班牙、奥地利等欧洲国家进行考察，内容涉及欧洲侏罗纪地层的分布与划分问题、瑞士冰川和地貌的特点问题、荷兰的海水内侵问题、人类起源与演化问题等。总之，莱伊尔对地质学的研究永无止境，他将自己的考察成果，不断充实到《地质学原理》的各版本中，不断完善相关论点，确保这套专著的长久生命力。1872年，已75岁高龄的莱伊尔，甚至还专程前往法国考察那里的洞穴堆积，并获得了许多珍贵资料，为撰写《人类演化的地质证据》创造了条件。

1875年2月22日，莱伊尔在修订《地质学原理》的第12版时，不幸去世，享年78岁。为了纪念莱伊尔对人类的贡献，后人用他的名字命名了许多事物。比如，英国约塞米蒂国家公园的最高峰，叫莱伊尔峰；月球和火星上，都有莱伊尔火山口；澳大利亚塔斯马尼亚州，有莱伊尔矿区；澳大利亚西北部，有莱伊尔山脉；苏格兰南部的一种古老鱼种，也称为莱伊尔鱼等。

莱伊尔去世的这一年，对中国人来说也发生了不少大事。比如，同治皇帝去世，光绪即位；此外，沈钧儒、张作霖、秋瑾等许多耳熟能详的乱世人物纷纷诞生。

第七十一回

歪打正着得尿素，正打歪着失元素

弗里德里希·维勒，1800年（嘉庆五年）7月31日生于德国法兰克福。父亲是当地的名医，性格内向，为人稳重，很重视子女教育，对儿子既细心指导，也严格要求，更提供良好的外部环境，一心想把维勒培养成全面发展的栋梁之材。果然，维勒赢在了起跑线上，他从小就喜欢吟诗、绘画、唱歌、美术，还特别钟情于收藏矿物标本等。

不过，小维勒特淘气，总喜欢搞些精灵古怪的玩意儿来捉弄人。一次，他按书中说明用铜片和锌片制作了蓄电池，并试图用它来电解制钾。作为典型的淘气蛋，他当然要摸一摸这什么都瞧不见的"电"，看看它到底是啥东西；于是，妈呀，头脑瞬间只剩一片空白，手指麻啦，胳膊麻啦，直至全身都麻啦，身体失控，肌肉震颤，眼前发黑，心脏好像要罢工啦！幸好电池的电压不高，再加本身的条件反射，他最后才总算摆脱了电线，捡回一条小命。此时，维勒早已浑身无力，瘫坐在地上，头脑中轰鸣不止，良久才终于缓过神来。按理说，有了这次触电经历后，任何正常人都该"一朝被蛇咬，十年怕井绳"，可是，维勒就是维勒，他不但不吸取教训，反而庆幸又找到了一种整蛊怪招。于是，他找来自己的小妹妹，骗她也摸了摸电极，顿时，一声凄惨的尖叫划破长空！

当父亲闻声赶来时，但见宝贝女儿趴在床上，脸色苍白，眼里还保留着极度恐惧的神色，而维勒却在一旁鼓掌大笑。

"哥哥要杀我！"妹妹向父亲哭述道，"现在我手还哆嗦呢，胳膊也特疼，这都怪他那讨厌的电池。"

莫名其妙的爸爸盯住维勒，等着他的解释。"唉，女人太胆小，我自己曾试过多次，压根儿就不是她说的那么可怕；若不信，您也试试。"维勒的第二轮整蛊行动，就这样悄悄开始了。果然老爸"中招"，以男子汉的大无畏气概毫不迟疑就摸向了电极……最终，这次发麻的，除了老爸的全身，当然更有维勒的小屁股。在一通胖揍加臭骂后，维勒的蓄电池也被扔出了窗外。特别强调：请读者朋友千万别像维勒这样调皮，务必不能摸电门，那玩意儿是要命的！由这个故事也可看出，在200多年前，普通人对电的了解还相当肤浅，甚至像维勒父亲这样的社会精英也还不知道"电老虎"的厉害。

电池虽被砸，但维勒对化学的爱却更深了，以致上小学时，他竟首次严重偏科，甚至连数学课也不用功了。这让父亲恼羞成怒，毕竟，他也算全城的名人，儿子若不争气，当然会使父亲着急；儿子若是懒蛋，父亲也不光彩；儿子若是"学渣"，老爸的脸面往哪里挂。更糟糕的是，在家长会上，恨铁不成钢的老师狠狠告了维勒一状，当然也少不了顺带批评家长。

老爸当然知道儿子为啥偏科，于是，回家后立即没收了维勒的全部化学课外书，特别是那本曾经指导出蓄电池的《实验化学》。指着这堆已翻得残破不全的化学书，老爸以毫无商量的口气宣布：“到暑假，若你所有功课都优秀，才能把它们还给你；否则，永远也甭想再读到化学书！”哇，维勒的“七寸”就这样被父亲牢牢抓住啦；其感觉之难受，一点也不亚于上次被电击，因为，这些化学书是他的心肝宝贝；书中的化学实验更已迷得他失魂落魄，哪怕是最简单的实验，也会使他心满意足。每当点燃一块硫磺，即使烟雾令人窒息，他也毫不在乎，只顾欣赏那蓝紫色的火焰；啊，多么神奇的火焰呀！可如今，化学书被老爸没收了，眼泪汪汪的维勒两耳发热，噘起小嘴，心中暗暗发誓：一定要学好所有课程，尽早取回化学书，绝不放弃对化学的爱。

伙计，别低估了维勒的调皮指数。果然，几天后他就找到了对付家长的良策。原来，老爸有一个好朋友布赫医生，常被夸奖为“知识渊博，读书成瘾”。于是，仅仅依靠推理，他“草船借箭”的锦囊妙计就出炉了：“既然布赫喜欢读书，那他家里就一定有很多藏书，当然也就可去借他几本……”维勒一边打着如意算盘，一边首次敲开了布赫的家门。天啦，阿里巴巴四十大盗就真的“芝麻开门”啦！但见布赫家里，书柜装满了书，办公桌也堆着书，卧室有书，客厅有书，走廊、厨房全是书；反正，除了书，还是书，而且化学书更是主流！于是，狂喜中的维勒赶紧摇动如簧之舌，只轻轻拍出了几声甜甜的“马屁”，布赫医生就中招了：“小朋友，欢迎随时来我家读书或借书。”书中暗表，其实，布赫医生并不傻，他早就听维勒的父亲炫耀过自己的儿子，说小维勒“如何如何喜欢化学，又怎样怎样热爱化学实验”等，所以，在布赫心中维勒早就是自己的知音了。果然，在随后的几十年中，维勒与布赫也成了好朋友，后者还在若干重大事项中给予了维勒极大帮助和指导。比如，布赫只用一句话就彻底纠正了维勒的偏科，因为他说：“小朋友，今后若想成为化学家，那就必须全面掌握各种知识。”

读中学后，维勒对化学的爱一点也没减退，反而更强烈了；再加布赫的指导和帮助，维勒的化学实验水平也更高了。他的卧室，早已变成了化学实验室兼贮藏室：床下胡乱堆放着装满岩矿标本的木箱，地上到处都是五光十色的矿物晶体，角落里也摆放着各种实验仪器；像什么玻璃瓶呀，量筒呀，烧瓶和烧杯呀等，随处可见；就算已经破损的曲颈瓶，也都舍不得丢弃；各种铜质研钵更是横七竖八，“尸横遍屋”。

自从上次“电解制钾”失败、电池被老爸扔出窗外后，维勒心中就一直不服。碰巧，他在布赫家里又读到了另一种"坩埚制钾法"，于是，维勒决定再次"以身试法"，试试"坩埚制钾法"。但见他，从布赫那里借来了石墨坩埚和吹火风箱，趁父母外出之际，按照书中指引放入了各种化学原料。

谁来拉风箱助火呢？当然，维勒又想到了那倒霉的妹妹。一通小恩小惠，再加"决不会触电"的保证后，妹妹果然又"加盟"了。但见满头大汗的她双手用力推送着风箱，小脸被炉火照得通红，喘着粗气，头发散乱。

炭火熊熊燃烧，蓝色火舌舔着坩埚；混合物开始熔化了，冒出许多小气泡，并喷出粉尘；这些粉尘立刻燃烧，恰似小火山在埚里喷发。维勒这次成功了！待坩埚冷却后，他和妹妹真的在埚底发现了几粒金属钾。它们质软而量轻，甚至可用小刀切割，切面还发出银白色光泽。维勒拿在手里轻轻一捏，哇，这个神奇的金属，顿时就被捏扁了，就像捏着一团面疙瘩。"真有这样怪异的金属！"妹妹兴奋得叫了起来，一脸崇拜地望着哥哥。哪知，这位"整蛊专家"又出招了。"妹妹，你把这粒钾扔到水里试试，看看它是否沉底"，维勒假装若无其事地说。"傻"妹妹再次上当，这次她又被吓了个魂飞魄散。原来，钾遇水后发生了剧烈反应，不但瞬间释放出大量热能，还引起了猛烈燃烧，发出噼噼啪啪的爆炸声。

1820年，维勒中学毕业了。父亲希望维勒子承父业，所以，在当年秋天，他就让儿子进入了马尔堡大学医学院。在课堂上，维勒一心一意学习各门功课；但只要回到宿舍，他就又沉溺于化学实验，这好像已成癖好：若一天不做实验就睡不安宁。晚上，维勒总是埋头于试管和烧杯中，似乎忘了一切。其实，他的第一项科研成果，就是在这简陋的学生宿舍里取得的。

在一个冬天的晚上，他把硫氰酸铵的溶液与硝酸汞溶液混合时，得到了一种白色粉末；为使该粉末尽快干燥，他就将它摊在瓦片上，再用宿舍的壁炉加以烘烤。突然，出乎意料的怪事发生了，但见那瓦片上的白色粉末开始"啪啪"做声，就像爆米花。哇，太神了！维勒睁大眼睛，继续注视着瓦片的动静：白色粉末开始变黄，体积不断膨胀，越来越大，越来越多，良久才结束反应。兴致勃勃的维勒哪肯就此罢休，他赶紧又重复了刚才的"意外"，只不过这次是将那白色粉末就水后揉成"小香肠"，再行烘烤。于是，刚才的现象又重复了：一阵"噼啪"之后，"小香肠"剧烈膨胀成"大气球"。终于，化学反应停止后，只剩一块黄色物质。这一天，维勒彻夜未眠；次日开始，他就立马记下了这个分解反应，并最终形成了一篇学术短文。哪知，该文发表后竟引起了强烈反应，甚至得到了当时著名化学家贝采利乌斯的重视和赞许。于是，青年维勒信心大增，决定到化学水平更高的海德堡大学深造，从而翻开了自己的人生新篇章。

1822年，维勒进入海德堡大学医学院，同时师从著名的化学家格麦林教授和生理学家蒂德曼教授。果然，这里的实验条件非常好，所需化学物品应有尽有，设备也相当齐全；再加名师指导，维勒简直就如虎添翼。也许是冥冥之中的机缘巧合吧，维勒的这两位导师，竟在无意中给自己的"小老虎"弟子装齐了"左翼"和"右翼"。一方面，生理学导师让维勒研究动物尿液中的各种物质，于是，他用狗尿和自己的尿做实验，真的从尿中分离出了纯尿素——一种易溶于水的无色晶体。维勒继续对尿素进行全面分析，查明了它的若干性质，以及哪些食物能增加尿素的排泄量等。这些经历使得"尿素"这种有机物，在维勒大脑中打上了深深烙印，从而才最终促成了后来的传奇。另一方面，化学导师让维勒研究"制取氰酸铵的最简便方法"。为此，他首先让氰酸和氨气进行化学反应，本以为会生成氰酸铵，结果却意外得到了草酸；于是，他改用氰酸与氨水，让它们发生复分解反应，本以为这次总能制得氰酸铵，但却得到了一种神秘的"白色结晶物"，它肯定不是自己想要的氰酸铵。它到底是什么呢？怀着对这种"白色结晶物"的深深疑问，维勒于1823年9月2日完成了海德堡大学的学业，并获得了医学博士学位；同时，被导师格麦林推荐到瑞典斯德哥尔摩留学，进入了贝采利乌斯的实验室。

留学期间，那神秘的"白色结晶物"始终在维勒脑中挥之不去。它到底是什么呢？用这种办法找不到答案，用那种办法也找不到答案；请教张三没结果，请教李四仍没结果。本来贝采利乌斯实验室的最强项就是拥有分析和制取各种元素的众多新方法，结果它们在这种"白色结晶物"面前全都成了摆设，压根儿就派不上用场。一年后，毫无收获的维勒只好于1824年9月结束留学，回到家乡继续寻找答案。

1825年，维勒到德国柏林理工学校任职，主讲化学课程。他为啥要屈就这个名不见经传、待遇不高、居宿条件又差的"非重点高校"呢？原因很简单，该校有一个令他满意的、设备齐全的化学实验室。果然，他很快就取得了重大成就，他终于在1828年证明了当初那个神秘的"白色结晶物"竟然是尿素，对，就是他大学期间从自己尿液中提取出的那种尿素！哇，一时间，可不得了啦！天塌啦，地陷啦，全球化学家们傻眼啦；有人欢喜，有人愁；有人鼓掌，有人忧。甚至连当时最著名的化学家贝采利乌斯在刚听到这个消息时，也都急匆匆亲自来信，带着幽默的讽刺，询问他下一步是否是要"（用无机物）造出一个小孩来？"鼓掌的化学家们，更是蜂拥而上，纷纷用无机物制成了乙酸、脂肪、糖类、酒石酸等有机物，不但有力支持了维勒的观点，还开创了一个有机物合成的新时代。

伙计，你可能以为我在故弄玄虚：一泡尿的事儿，有那么玄吗？的确，若从尿液里提取出尿素，那当然没啥稀奇；但是，维勒却是用两种无机物（氰酸与氨水）首次制出了有机物（尿素）！这对当时的化学家来说，无异于有人将门前的石狮变成了活狮！其惊讶程度远远超过"点石成金"。因为，在化学家眼里，"金"和"石"至少都属于无机物，而石狮和活狮则分别属于无机物和有机物。原来，当时的化学家们之所以将某些化合物称为"有机物"，而将另一些称为"无机物"，就是因为他们坚信：前者蕴含着生命，后者却没有。换句话说，维勒的成果在当时可解释为：把无生命的东西变得有生命了！用科学术语来说，维勒的这个发现彻底改变了化学的发展方向；否则，人类将在错误的化学方向上，不知还要得出多少荒唐的结果呢。虽然"有机化学"的这个名词仍被保留至今，但它的外延和内涵已早非其最初的意思了；今人已将有机化学重新定义为"碳化合物的化学"。

维勒发现人工合成尿素的这颗"原子弹"，还产生了另一股强烈的冲击波；用化学术语来说，那就是给出了同分异构的最早例证。这又是一个不得了的成果，虽然它只是尿素的副产品！原来，过去化学界一直以为"同一种成分不可能同时存在于两种不同化合物中"。直到1830年，伟大的化学家贝采利乌斯才提出了所谓的"同分异构"学说，即：同样的化学成分可以组成性质不同的化合物。但是，若无具体的实例支撑，"同分异构"学说就只能是假说。而维勒的成果却表明氰酸铵和尿素这两种不同化合物真的具有相同的分子式，于是就有力证明了"同分异构"学说的正确性。当然，后来，维勒又给出了另一组实例（氰酸和雷酸）也是具有相同分子式的不同化合物。

不入流的柏林理工学校，还真是维勒的福地，虽然他在该校只工作了短短6年，但却取得了他一生中绝大部分重要成果。比如，除了前述偶然发现的尿素之外，他还于1827年，用金属钾还原熔融的无水氯化铝得到较纯的金属铝单质，即发现了铝元素；1828年，又用同样方法发现了铍元素。

1831年，维勒跳槽到德国卡塞尔高等理工学校，并在那里教授化学课程。为啥维勒要离开自己的"福地"前往另一所高校呢？原来，维勒新认识了一个志同道合的事业伙伴李比希，他俩为了方便当面讨论学术问题便跳槽凑到了一起。书中暗表，这位李比希只比维勒小3岁，后来也成了伟大科学家，本书将专门为他撰写一篇简史。果然，在与李比希的合作过程中，维勒又取得了不少成就。比如，1832年，他们共同发现了苯甲酸基团；1837年，共同发现了扁桃苷；1842年，维勒制备了碳化钙，并证明它与水作用后会释放乙炔；1848年，维勒发现了氢醌；此外，维勒还分离出了化学元素硼，发现了硅的氢化物、可卡因和尿酸等。

在卡塞尔工作5年后，维勒再次跳槽，于1836年前往著名的哥廷根大学并在那里担任化学教授，一直到去世为止。

维勒还是一位教育家，他为人类培育了许多化学栋梁。他的学生中，许多人后来都成了著名教授、工程师和化学工艺师等。限于篇幅，此处就不再赘述了。不过，有一件失败的事情，我们还必须得说，甚至维勒自己也拿它来教训其弟子和子女们。实际上，若将维勒的人工合成尿素看作"歪打正着"的话，因为毕竟那只是维勒的偶然所得嘛；那么，维勒的这次惨痛失败便可看成是"正打歪着"。

原来，维勒那时正在贝采利乌斯的团队中留学，当他分析了一种来自墨西哥的黄铅矿后，虽已猜测到"其中可能含有某种化学新元素"，因为他已从中发现了一种特殊沉淀物；但遗憾的是，他以为该沉淀物是铬的化合物而未经认真研究，就草草放过了。后来，他的另一位同门师兄塞夫斯特瑞姆，在认真分析了维勒误以为的"铬化合物"后，竟然真的从中发现了一种化学新元素——钒。所以，至今在相关科学资料上也只是说维勒"证实了钒的存在"。当维勒得知真相后，感到震惊的同时也非常苦闷、内疚和失望。幸好，他及时得到了恩师贝采利乌斯的鼓励和开导，才又重新振作起来。但是，这件事仍令维勒终生难忘，从此，他牢牢记住了：在科学面前，不能有半点疏忽和粗心大意；对任何新现象、新问题，都不能单凭经验去主观猜测，要善于进行全面客观的观察与实验，思维要敏捷，要注意捕捉一切机遇。

1882年（光绪八年）9月23日，维勒病逝于哥廷根，享年82岁。这无疑是化学界的重大损失。至今，每当提到尿素的人工合成时，人们都自然会想起"维勒"这个伟大的名字。同一年，生物学家达尔文也在英国去世；而一批影响中国近代历史的人物却纷纷诞生，比如宋教仁、邵力子、程潜、马寅初、冯玉祥和蔡锷等。

第七十二回

知音难觅丧黄泉，旷世奇才命好惨

对普通读者来说，"阿贝尔"这个名字也许较陌生；但在数学界，它却如雷贯耳。一方面，以它命名的数学事项屡见不鲜，比如阿贝尔积分、阿贝尔函数、阿贝尔方程、阿贝尔群、阿贝尔级数、阿贝尔求和公式、阿贝尔定理、阿贝尔极限等；反正，名字如此响亮的近代数学家，不是"凤毛"，便是"麟角"。另一方面，阿贝尔这个名字还是"悲剧数学家"的代名词；他不仅英年早逝，只活了短短27岁；而且，生前命运多舛，死于贫病交加，更惨的是，也许由于过分超前，他的惊天成就竟未被同时代的数学家们所理解和承认。此外，阿贝尔这个名字还将越来越知名；因为，从2003年开始，"阿贝尔奖"与"菲尔兹奖"等一起成为全球数学界的最高奖项，正如"诺贝尔奖"是物理、化学、医学等领域的最高奖项一样。

伙计，《悲惨世界》悲吧、《巴黎圣母院》惨吧、《基督山伯爵》冤吧，可是阿贝尔比它们更悲、更惨、还更冤；因为，这三部世界著名悲剧只不过是作者的文创而已，而阿贝尔的悲剧却是用本人的血泪亲自书写的苦难人生。

阿贝尔的"苦命"，从出生之时就开始了！

嘉庆七年，就在雨果和大仲马分别出世5个月和10日后，1802年8月5日，尼尔斯·亨利克·阿贝尔也诞生于挪威某山村的一家知名"贫困户"家里。他爸爸的命很苦，虽也上过大学，但始终英雄无用武之地，最终只沦落到穷国家的穷山村里担任了一位穷牧师，连自己的温饱都难以为继，还得拼命挣钱养活一个9口之家。在阿贝尔18岁那年，父亲就被生活的重担给活活"压"死了。他妈妈的命也很苦，虽很美丽也很聪明，但毕竟读书不多，很早就守寡，不但身苦，而且心也苦。他哥哥的命更苦，长子本来就难当，穷家的长子就更难当，本来是父亲的好帮手、本来很坚强的哥哥，却在阿贝尔未成年时就被生活逼疯了。他的5个弟弟妹妹仍然命很苦，想想看，黄连锅里能熬出甜食吗！当然，爸爸的苦、妈妈的苦、哥哥的苦、弟妹们的苦，最终都化成了一座巨大的"苦山"，沉沉地压在了家中老二，其实是"老大"的阿贝尔身上！

苦虽苦，但阿贝尔一家却从未认输；只要有机会，就奋力挣扎，从不抱怨，而且全家相亲相爱，温和而乐观，同甘苦、共患难。童年时，家里交不起学费，所以，阿贝尔的小学课程基本上都是由父亲亲自讲授的；至于识字扫盲嘛，则是拜哥哥所赐。

13岁时，阿贝尔和哥哥总算申请到了基本奖学金，便一起进入奥斯陆的一所教会学校读中学。最初两年，兄弟俩的成绩还挺拔尖；可后来，由于优秀老师纷纷跳槽，教学方法也不当，只是枯燥的"填鸭式"高压，所以，他哥哥的成绩迅速下降，甚至干脆辍学回家了。

15岁那年是阿贝尔的人生转折点。嗜酒如命的前任数学老师，因粗暴体罚学生并闹出人命而入刑；所以，该老师便被替换成只比阿贝尔大7岁的霍姆伯厄，他便是阿贝尔的第一个贵人。霍老师本身虽无啥才华，且在数学研究方面也很平凡，但他绝对是一个称职的中学老师，甚至是一个独具慧眼的数学教育家。因为，他很快就在班上发现了"一位优秀的数学天才"，即当时16岁的阿贝尔。于是，霍老师千方百计发掘阿贝尔的数学潜力，私下给他讲授高等数学，还介绍他阅读泊松、高斯及拉格朗日等顶级数学家的名著。在霍老师的热心指点下，阿贝尔很快就掌握了经典数学的精华，并发现了许多名著的瑕疵；特别是大师们不同凡响的创新方法和成果，迅速开阔了阿贝尔的视野，使他很快就进入了数学研究的前沿领域。后来，阿贝尔无限感慨地在笔记中写道："要想在数学上取得进展，就该阅读大师（而非其门徒）的著作。"

在中学毕业那年，"初生牛犊"阿贝尔竟开始试图解决困扰全球数学界250多年的超级难题，即五次方程的一般求解问题；更不可思议的是，不久以后，这"牛犊"还真找到了一种所谓的"求解法"。但这个求解法对吗？霍老师自知水平不够，无法判断对错，只好另请高明。于是，霍老师将阿贝尔的手稿寄给了丹麦当时最著名的数学家达根教授。这位达根教授，也不敢表态。因为，毕竟这个数学难题太难了，谁也不敢轻易相信它竟能被一个"嘴上无毛"的中学生解决；但是，达教授承认自己在阿贝尔的手稿中未发现明显错误。不过，达根教授还是给出了善意忠告：请再反复推演相关求解过程，重大问题务必谨慎谨慎再谨慎。果然，阿贝尔发现，自己的所谓"求解法"确实是错的！不过，塞翁失马焉知非福，这次"求解法"的错误，却将他的解决思路推向了正确方向，阿贝尔开始逆向思考：也许，压根儿就不存在所谓的一般求解法。

阿贝尔中学虽然毕业了，但是，那个"求解法"的问题却一直萦绕在脑海中，始终挥之不去。他一边挣钱养家糊口，一边苦苦思索。哥哥疯了，他成了养家的骨干，但他仍然在思索；爸爸去世了，他成了全家经济的唯一支撑，但他也没放弃思索。天道酬勤，19岁那年，阿贝尔终于初步证明了：五次方程不可解！只可惜，该证明太冗长，别人又读不懂，更无法判断其对错。不过，霍老师对阿贝尔却始终充满信心，他虽人微言轻，但还是尽最大努力全面帮助阿贝尔，比如他从"牙缝里挤出学费"，资助阿贝尔于20岁时在奥斯陆大学念完了必修课程，并获得学位。当然，即使是在大学里，阿贝尔也主要是靠自学；他的几乎所有知识和研究成果都是自学而得。

大学毕业后又怎么办？阿贝尔发愁，霍老师更愁！就此放弃数学研究吧，又太可惜；不放弃吧，又靠什么吃饭；须知阿贝尔家里一贫如洗，他还得挣钱养家呢！幸好，那时的阿贝尔在当地已小有名气，大学师生和市民都知道他是了不起的数学天才。于是，霍老师便四处化缘：张老师捐3块，李同学助5毛，王先生再帮一把。反正，阿贝尔一边吃着"百家饭"，一边延续着数学研究。终于，1823年夏，一位天文学教授拉斯穆辛被感动了，本来也不太富裕的他，咬牙资助了阿贝尔就近前往哥本哈根，去面见达根教授；对，就是那位曾经忠告过阿贝尔的著名教授。果然，阿贝尔在国外大开眼界，一向腼腆的他还意外结识了后来的未婚妻凯姆普。从丹麦回来后，阿贝尔又重新研究并简化了他的"不可解证明"，总算正确解决了这个百年难题，即五次方程不存在代数解。如今，该结论已被称为"阿贝尔-鲁芬尼定理"。实际上，阿贝尔证明的是一个更广的结果：高于四次的代数方程都没有一般解。

由于该结果太重要，虽已赤贫的阿贝尔仍踌躇满志地决定，自掏腰包印刷该论文的法文版，并希望该成果能为自己找到数学知音。但是，为节省成本，阿贝尔不得不将该文稿压缩压缩再压缩，直到最终压缩成短短的6页纸，而且还字迹模糊；毕竟当时挪威的印刷技术就这个水平。也许正是因为"短而模糊"的瑕疵，才引发了一场数学史上罕见的悲剧式"足球赛"。

首先，阿贝尔信心满满地将"球"传给了高斯——当时全球最著名的德国数学家；结果，这位"数学王子"在收到阿贝尔寄来的薄信后，连信封也没撕开就一"脚"将它"踢"入了废信堆。也许高斯以为这又是"民间科学家"的骚扰；也许又是数学爱好者的无聊；也许又是有人在开玩笑，因为如此世界难题不可能仅用6页纸就搞定；也许是其他也许：反正，最终高斯没认真阅读这项伟大成就，否则数学的历史将改写，阿贝尔的命运也将改写，本回的阿贝尔简史当然更得改写。书中暗表，为啥知道高斯曾"踢"过这一脚呢？因为，高斯去世后，弟子在整理其遗物时发现了这封尚未拆封的信件。唉，真遗憾！其实，在这场"足球赛"中，哪怕任何一位数学家少踢一脚，那么，这场悲剧都会及时收场，并瞬间变为大喜剧。

寄信无效后，阿贝尔又将"球"传给了挪威政府，希望能公派自己亲自前往欧洲，与世界顶级数学家当面交流，并在其指导下取得更多更大的成果；因为，此时的阿贝尔在数学方面的成就已远远超过了挪威同行。结果，挪威政府虚晃一"脚"，来了一招花式表演：只象征性地资助了几两散碎银子，让阿贝尔就地复习法语和德语为今后的出国做准备。结果，在被延误了一年半后，阿贝尔在去世前4年才获得了皇家财政的微弱资助，仅够去法国和德国留学一年。

阿贝尔先去了德国，结果连传几次"球"后，都压根儿没人响应。登门拜访数学大师吧，别人连门都不开，就更甭想见到自己的偶像了。一年时间很快就过去了，阿贝尔虽然始终未停止过数学研究，并不断取得新成果，但毕竟此时离"鬼门关"只剩3年了，兜里的钱也快花光了。幸好，阿贝尔在柏林认识了他的第二个贵人克列尔；此人虽只是土木工程师，但却对数学研究很着迷，还自费创办了一份数学期刊，名叫《纯数学和应用数学杂志》。该杂志的创刊号便刊登了阿贝尔的五次方程重大成果；其实，后来阿贝尔的许多论文也都是在该刊物上发表的。克列尔还介绍阿贝尔认识了许多朋友，特别是法国朋友；他们虽然并非顶级数学家，但却引导阿贝尔进入了热门领域，并取得了一生中最重要和最丰富的成果，比如关于椭圆函数的研究就是在该时期完成的。书中暗表，当然，阿贝尔最遭冷遇最历经艰难并长期得不到公正评价的也正是这一成果，虽然如今该成果已成为"19世纪前半叶的最主要函数论成果之一"。

1826年7月，经克列尔等的引荐，阿贝尔这位来自穷国家的穷光蛋只身前往巴黎，并梦想在那里找到自己的"伯乐"。刚开始时，阿贝尔感觉还挺好，不但造访了几位著名数学家，还被邀请做了一次有关超越函数的学术报告。但后来才得知，他之所以能受到如此礼遇，主要得益于介绍人的"面子"；所以，一番"洗尘式"的客气后，阿贝尔便又被晾到一边了。阿贝尔在巴黎的最终结局，甚至比德国更惨。原来，当时法国科学院已是全球数学研究的中心，那里有许多超级数学大师，比如柯西、泊松、安培、傅里叶和勒让德等；但是，这里的学术气氛却非常保守，权威们都忙于各自的研究，对年轻人特别是像阿贝尔这样的青年爱好者，更是爱理不理，完全谈不上重视。

实在无计可施的阿贝尔，只好将自己的长篇论文就地提交给法国科学院，希望能得到客观评价，但这次努力又徒劳了。据说，这次的"踢球"过程是这样的：阿贝尔的论文先是被传给了当时还只是秘书的傅里叶，他在阅读了引言后就按职责把"球"传给了勒让德；可惜，时年74岁的勒让德却说自己看不懂（其实他已研究此问题长达40年），于是，又把"球"就近踢给了时年39岁的柯西；哪知这位多产的大数学家，干脆闭眼一脚就把该论文踢到了九霄云外。以至于若干年后，当阿贝尔已命丧黄泉，柯西才在雅可比的追逼下，"偶然"在家里的某个角落找到了这篇数学史上最重要的论文之一，它也是阿贝尔在德国期间的另一项伟大成就。待到该论文被正式发表，已是12年后的事情了。

屡遭冷落的阿贝尔心力交瘁，在巴黎耗费一年多的时光后，只好带着失望回到柏林，继续与那里的朋友研讨数学问题。此时，阿贝尔病倒了。对健康粗心大意的他，其实早在巴黎时，就已染上了当时的绝症——肺结核，但他却以为那只是暂时的身体衰弱。其时，他口袋里只剩7元钱，连回国的路费也没了。幸好，又是第一位贵人霍老师出手才到处"拉饥荒"帮阿贝尔凑了一笔钱，并鼓励他继续留在德国安心从事数学研究；毕竟，那时的挪威实在太"欠发达"了。有精确数字表明，从1827年3月到5月，离阎王殿只有2年的阿贝尔，在仅仅60元钱的支撑下从事着当时全球最顶级的数学研究。后来，霍老师的"老脸"用光了，实在借不到钱了。于是，在所有经济来源都已枯竭的情况下，阿贝尔只好拖着苟延残喘的病体回到了贫穷落后的祖国。

1827年5月底，身无分文的阿贝尔回到家乡，开始了浩大的"还钱工程"：在国外两年多，霍老师帮借的欠债，得还吧；家里欠别人的钱，得还吧；为了糊口，已典当出去的家什等物件，得赎回来吧。反正，每天早晨的第一件事，就是还钱；每天晚上的最后一件事，也是还钱；吃饭时，想着还钱；睡觉时，想着还钱；还张三钱时，想着的却是还要还李四的钱。此时的阿贝尔，才真正明白了哥哥为啥会被逼疯。为了还钱，阿贝尔哪顾得上看病吃药，只是一个劲地拼命做兼职挣钱：刚从小学补完课后，就去中学补课；刚补完数学，就去补物理；刚补完德语，就去补法语。幸好，在霍老师等的积极帮助下，阿贝尔很快在军事学院找到了一份稳定的工作，讲授力学和理论天文学；薪水虽不高，但却较稳定。于是，阿贝尔又继续其数学研究，并取得了大量成果。

1828年初，"死神"开始迫不及待敲门了，阿贝尔的健康越来越坏，病情越来越沉重，人也越来越消瘦，各方压力更是越来越大。1828年整个夏天，他一直发烧咳嗽，但却始终没忘记自己是"长子"，毫无怨言地承担着家庭责任：疯哥哥得养，老母亲得养，一大堆弟妹也得养；虽然早已骨瘦如柴，但还是希望能从自己身上再榨出一点"油水"奉献给全家。

1828年的冬天，来得比往年更早些，更冷些。阿贝尔的心很冷，身体也很冷；虽穿上了所有衣服，可仍然还是冷。他咳嗽，他发抖，他胸闷难当，他已面对近在咫尺的死神；但在家人和朋友面前，他却仍然假装若无其事，尽量把温暖和欢喜传给大家，而把悲凉留给自己。

1828年圣诞节，深知命不久矣的阿贝尔开始处理自己最牵挂的后事：他先是探望了深爱着的未婚妻凯姆普，然后给挚友基尔豪写信，请求他在自己去世后代为照顾凯姆普，并娶她为妻。尽管基尔豪与凯姆普从未见过面，但为了让阿贝尔死而无憾，他们答应了其请求。

1829年4月6日凌晨，27岁的阿贝尔躺在未婚妻怀里，平静地走了；数学史上罕见的巨星就这样过早陨落了！坚强的未婚妻拒绝了所有亲朋好友的关怀，坚持要与心上人"单独共享这最后的幸福时刻"。

唉，阿贝尔的命真苦呀！要是他能再多活两天，也许历史又会重写。原来，在第二位贵人克列尔的努力下，人们已经开始认识到阿贝尔成果的价值了；甚至在1828年，即阿贝尔去世前一年，4名法国科学院院士联名上书挪威国王，请求国王为阿贝尔提供合适的科研位置；勒让德也在法国科学院会议上开始对阿贝尔大加称赞。当雅可比得知阿贝尔的遭遇后，悲愤地写信谴责法国科学院："这究竟是咋回事！"克列尔更是深知，一份稳定且高薪的工作对阿贝尔来说是多么重要啊；他四处奔走呼号，希望能在柏林为阿贝尔谋得一席之地。后来，克列尔终于成功了，柏林大学同意聘请阿贝尔这位伟大的数学家为教授；可惜，当聘书寄到挪威时，怀才不遇的阿贝尔已于两天前去世了。

阿贝尔去世后，霍老师省吃俭用，终于在10年后凑够了印刷费，于1839年为自己的得意弟子可怜的阿贝尔出版了论文集。从此，后人才知道：天啦，人类竟然曾经有过如此伟大的数学家！法国著名数学家埃尔米特也说："阿贝尔留下的思想，可供数学家们消化150年。"

阿贝尔去世后，法国科学院意识到了自己失误的严重性，赶紧向挪威政府道歉，向公众道歉，向阿贝尔的家人和朋友道歉。后来，阿贝尔虽被授予许多荣誉，并被公认为"现代数学的先驱"，甚至月球上的一座环形山也被命名为"阿贝尔山"；但这些"马后炮"，对终生穷困潦倒的他又有啥意义呢！

阿贝尔的悲剧再一次表明：千里马易得，伯乐难寻呀！

这位伟大的数学天才，在他那令人唏嘘的苦短一生中为数学发展做出了多么巨大的贡献啊。他在困境中依然坚持研究，其精神又是多么弥足珍贵啊。安息吧，阿贝尔，你的功绩将万古流芳！

第七十三回

有机化学急先锋，人才培养立大功

李比希也忒厉害啦！

作为科学家，他创立了有机化学，故被称为"有机化学之父"；发现了氮、磷、钾等基本元素对植物营养的重要性，故也被称为"农业化学之父"或"化肥之父"；在生物化学方面也做出了重大贡献，故还被称为"生物化学之父"。

作为教育家，他创立了现代化学的教育模式（基森实验教学法），并用它培养了一大批世界著名的化学家，因此，他也被誉为"历史上最伟大的化学教育家之一"。他的弟子一个比一个出色，比如奠定了原子价学说的弗兰克兰、确定了乙醇乙醚化学式的威廉姆逊、创立了有机化学类型说的热拉尔、被门捷列夫誉为"俄国化学家之父"的沃斯克列先斯基、"染料化学和染料工业奠基者"霍夫曼、提出了苯环结构学说的"化学建筑师"凯库勒等。李比希的弟子们对19世纪化学发展所做出的贡献之巨大，以至形成了一个影响近百年的"李比希学派"。比如，在最早的60名诺贝尔化学奖获得者中，就有42人是李比希的学生的学生。那位读者可能好奇啦：既然李比希这么厉害，那他本人为啥没获诺贝尔奖呢？嘿嘿，原因很简单：李比希在世时，小诺还没出生呢！如今，李比希曾工作过的"基森实验室"，已成为各国化学家的圣地。

在家庭教育方面，李比希仍然很厉害。比如，他的儿子乔治是著名的气象学家；在孙辈中，也有著名的遗传学家德尔布吕克等。

但是，当读完以上各种"厉害"之后，您无论如何也想不到：读中学时，李比希其实是"学渣"，而且还是被学校开除了的典型"学渣"！直到上大学时，他也还是"熊孩子"，而且还是多次"坑爹"的典型"熊孩子"。真的，不是我们造谣或散布"负能量"；君若不信，请看下文。

嘉庆八年，当清政府再次重申"闭关锁国"时，在中国德阳的一个李姓人家诞生了后来的"川剧创始人"李调元；在同年（1803年）的5月12日，在德国的一个"李姓人家"却诞生了另一大胖小子，尤斯图斯·冯·李比希。李比希刚一落地，两眼就滴溜溜乱转，开始了对人间的仔细观察：哦，具有犹太血统的妈妈很给力，不但生下了作为老二的李比希，还将再接再厉直至最终生下9个"龙子"；爸爸也很给力，是一位靠应用化学吃饭的小老板，不但经营各种药物和染料，还自产自销化学试剂，更经常在"厨房"里神神秘秘地做实验，配制各种"家传秘方"；家里也很给力，虽谈不上富豪，但至少是"小康"，温饱没问题，而且屋里摆满了各种奇形怪状的试管、烧杯和瓶瓶罐罐等化学仪器，它们有的可供观赏，有的可当玩具，甚至还有的汤汤水水混合后颜色还会变幻莫测；街坊邻居也很给力，左邻的张家是肥皂厂，右舍的王家开染房，对门的赵家制皮革，反正都与化学相关，整个街区就像是"化学工业园"，既热闹又奇妙；时代更给力，19世纪上半叶，刚好是化学大有可为的时代。"啊，世界好精彩，我得赶紧长起来！"李比希一边吃奶一边催促着自己。仅仅几年后，李比希成了学龄儿童，其捣蛋本领之大，自不必说；不过，当他屡试屡败，总想潜入那神秘"厨房"看看爸爸究竟在做啥化学实验时，却被送进了学校。

背上书包后，怀着对家里"厨房"的好奇，李比希哪有心思听课呀：拉丁语太难，数学公式太烦；其他课程嘛，连看都不想看。可百思不得其解的是，每次考试李比希的成绩却总很稳定，无论如何也当不上全班倒数第一，只能是倒数第二。不服气的李比希干脆直接向邻桌的罗意林同学"挑战"，要尽快抢夺其"倒数第一"桂冠。唉，李比希最终还是输了！关于其奥秘嘛，李比希后来回忆道："（上课时）我虽常常走神，陷入化学实验的思考之中；可是，罗同学却从来不走神，只是用课本盖在纸上奋笔疾书。我问他干啥时，他压根儿就听不见；下课再问时，他才说'作曲呢'。"

虽然始终与"倒数第一"无缘，但李比希最终还是战胜了邻桌，只不过是依靠化学知识采用了"另类创新"而已：他被学校开除了！故事是这样的。沉溺于化学的李比希已达到"三人行必有我师"的境界，他竟从街边卖打药的老头那里学会了配制炸药。他先用这些炸药制成小鞭炮，不但自己玩得欢，还高价出售给全校同学，赚得盆满钵满。后来，又有同学愿出更高的价，买更大更响的鞭炮，于是，"李氏鞭炮"就变得越来越大，直至最终变成了"小地雷"。终于，有一天，在静静的教室里，突然"轰"的一声惊雷，课桌与白烟喷射而出，老师惊呆了，同学吓傻了，整个走廊乱成一团：有人往左逃，有人往右跑，更有女生在哭闹。良久，大胆的校长才在呛人的硝烟中找到了"疑似非洲人"的肇事者；万幸的是，"点炮手"李比希并未受伤。于是，被"坑"得灰头土脸的老爹便被叫来学校，乖乖地领回了"超级倒数第一"的儿子，领回了曾当众夸下海口"要当化学家"的儿子，领回了被同学们嘲笑为"化学渣"的儿子。羞得那老爸哟，简直无地自容。

其实，李比希并非不爱学习，只是他严重偏科而已，这也许是他只能"倒数第二"的另一原因吧，毕竟邻桌"作曲"更不靠谱。每当遇到化学课程或知识时，哇，李比希就像打了鸡血，完全变了样，恨不能读尽天下所有化学书，做尽天下所有化学实验。实际上，李比希是"大公宫廷图书馆"的忠实读者，连图书馆的叔叔阿姨们都知道他的爱好。刚开始时，图书管理员只是向他推荐热门化学书，比如32卷本的《化学词典》

和卡文迪许的著作等，但后来发现李比希的"胃口"实在太大，所以，干脆就一本不漏地把书架上的所有化学书都依次借给他，任其反复阅读。李比希不仅要读化学书，还要努力重复书中实验，认真观察实验过程，从不忽略任何细节；这种自我严格训练，使李比希具备了化学家所必需的敏锐观察力和娴熟的实验操作技巧。实际上，老爸那神秘"厨房"后来几乎被他独占了。每当回忆往事时，李比希都会深有感触地说："是童年的化学实验，激发了我的想象力和对化学的热爱。"

"炸"完中学后，凭借丰富的化学知识和高超的实验技巧，李比希很快就在某药房找到了一份学徒工。老板对李比希很满意，也很信任，充分放权让他尽情发挥自己的才能，甚至还将一个阁楼分配给他作为专用化学实验室。于是，"爆破手"李比希便成天泡在阁楼里，研制出了一种如今称为"雷酸"的重要化合物：它既有酸的特点，又有很强的爆炸力。为啥知道它能爆炸呢？因为，在某个月黑风高的夜晚，它确实意外爆炸了，而且还炸得很厉害：将阁楼顶盖炸上了天，将李比希自己炸"蒙了圈"，将砖瓦石块等炸得四处飞溅。于是，"坑爹"剧又重演了：被炸得心惊胆战的老板不得不请来李比希老爹赔偿损失，同时也把时年15岁的李比希开除了。看来，李比希的中学老师对这个"熊孩子"的评价，还颇有预见性；针对李比希"要当化学家"的理想，老师断言：你就是个"熊孩子"，连药铺学徒都当不好！

领回"两次被开除"的儿子后，老爸不敢再让李比希去"炸"其他地方了，只好将他留在身边调教，同时也将自己多年的化学实验技巧教给儿子，以免他总出意外。两年后，17岁的李比希在老爸安排下进入了波恩大学；仅仅过了一学期，"熊孩子"又自作主张，"跳槽"到爱尔兰根大学，因为，他认为这更有利于实现自己的梦想，即搞清雷酸的化学成分并有效控制雷酸，别让它老是爆炸。"阿弥陀佛，这次换学校，总算不是被开除"，老爹心中暗自安慰。不过，老爹高兴得太早了，因为，"熊孩子"李比希又闯祸了，而且还是大祸，甚至惊动了警察，并被通缉。原来，那时德国正闹学生运动，更"坑爹"的是，善于社交的李比希竟是某个学生组织的头目！咋办呢？三十六计，走为上计！于是，在同情学生运动的某位大公的帮助下，李比希于19岁那年，一溜烟就从德国逃到了巴黎，美其名曰"到巴黎留学去矣！"

好奇怪！一逃到巴黎后，李比希瞬间便旧貌换新颜了："熊孩子"变成了"牛孩子"，"坑爹"专业户变成了"撑爹"好学生。这真是"塞翁失马，焉知非福"啊。上课听得津津有味，因为他觉得"老师的讲课引人入胜"，甚至他后来还将巴黎的这套教学法消化整理后带回祖国，彻底改革了德国的化学教育体系，使祖国的化学水平发生了整体飞跃。在研究方面，李比希更是大开眼界，甚至感到"第一次真正接触到了化学"。确实，在著名化学家吕萨克的间接指导下，李比希继续研究雷酸时就再也没发生过意外爆炸了，甚至还找到了一种防止雷酸爆炸的好方法，即将雷酸与烘焙过的氧化镁混合。从此，雷酸成分的分析工作就变得相对安全了。终于，在1823年6月23日，20岁的李比希公开了自己的阶段性成果，并获得了著名科学家洪堡的高度评价。在洪堡的积极帮助下，李比希进入了吕萨克的私人实验室，并担任后者的科研助手。于是，李比希的研究工作就走上了"快车道"：只经过了短短的一个冬天，李比希就在1824年3月23日最终确定了雷酸的化学式，从而实现了自己的第一个梦想。更重要的是，通过吕萨克的言传身教，李比希学到了丰富的实验经验和知识。

1824年春天，21岁的李比希带着自己的科研成果特别是带着吕萨克和洪堡的热情洋溢的推荐信，回到了祖国，并被基森大学直接破格聘为"编外化学教授"。结合自己的成长经历，李比希深知当时德国教育体制的弊端；同时也深知，要想全面改变现状，既无可能也没说服力。于是，他便从自己最熟悉的化学领域入手，开始了"试点"工作：一方面，吸收了巴黎的课程方案精华；另一方面，大力加强了实验教学，甚至自掏腰包建立了一个化学教学实验室，以便学生们可以进行化合物的定性分析和定量分析、进行无机物的合成、提取天然物质等。李比希编制的这个化学教学大纲，后来被称为"基森实验教学法"。可能连李教授自己也不曾料到，他的这个教学法竟然创立了全球近代化学教学新体制，而且，还真的培养出了众多闻名于世的化学家。李比希以其丰富的化学知识和幽默风趣的讲授方式，深受学生们的热烈欢迎。

1826年是李比希的幸运之年。这一年，他不但被晋升为职位更高的"讲座教授"，还于1826年5月娶回了自己的新娘，婚后生养了5个孩子。当然，也是这一年，他的"基森实验室"最终建成，"基森实验教学法"也大获成功。那么，李比希"基森实验教学法"的影响到底有多大呢？一方面，著名科学史专家丹皮尔说："从1826年建成基森实验室到1914年，德国的学术研究异常发达，远非他国所及"；另一方面，基森这个小地方竟成了当时世界的化学中心，对19世纪德国成为化学强国起到了重要作用。

本书作为"科学家列传"，当然不能忽略李比希的科研贡献；但是，为避免读者陷入过多的专业术语中，此处只简介李比希的一些代表性成就。比如，1824年，他与维勒一起发现了同分异构现象；1829年他发现并分析马尿酸；1831年他发现并制得氯仿和氯醛；1832年他与维勒一起发现安息香基，并提出基团理论，为有机结构理论的发展奠定了基础；1834年他发现乙醇和乙醚等均为乙基的化合物；1839年他提出多元酸理论。李比希对大量有机化合物进行了准确分析，确定了它们的化学式；改进了有机分析的若干方法，建立了完整的有机分析体系。

在1840年以后的30年里，李比希转而研究生物化学和农业化学，这又开辟了一个非常重要的新天地。因为，在此之前，农业虽是人类最古老的生产技术，但科学界对农业却关心甚少。李比希将化学知识系统引进农业，首次将土壤结构、肥料及化肥等作为科研对象。他用实验证明：植物生长既需要氨、磷、碳酸、硝酸、氧化镁等有机物，还需要钾、钠和铁的化合物等无机物；人和动物的排泄物，只有在转变为氨、碳酸和硝酸等之后才能被植物吸收。这些观点都是近代农业化学的基础。他发现动物的食物不但需要一定的数量，还需要各种不同种类的有机物或无机物，而且须有相当的比例。他证明了糖类可生成脂肪，还提出了发酵作用的原理。他还对生理学、家畜饲养学等很感兴趣，研究了生物碱，分析了从动物身上产出的氨基酸和酰胺，以及肌酸和肌酸酐等；总之，他对生理化学也有不可磨灭的贡献。

在近半个世纪的科研生涯中，李比希不但收获了许多成功，也收获了不少失败，其中最典型和最惨痛的失败可能就是错失了化学元素溴的发现。故事梗概是这样的。在著名化学家巴拉尔发现溴的前四年，李比希曾试着把海藻烧成灰用热水浸泡，再往里面通氯气。结果他发现，在残渣底部沉淀了一种棕红色的液体。若继续对该液体进行分析，那么，以李比希当时的实验设备和技术，他完全可能从中发现化学新元素溴。可惜，李比希根本没做认真分析，只是凭经验认为：该液体既然是通了氯气后得到的，说明海藻中的碘和氯发生了化学反应生成了氯化碘。于是，他便不假思索地在瓶上贴了"氯化碘"标签，然后就把它放进柜子，这一放就是4年。直至1826年8月14日，法国化学家巴拉尔宣布：发现了新元素溴，其性质介于氯和碘之间。当李比希看到这一震惊化学界的成果后，立即就傻眼了，因为他顿时就想起了那瓶锁在柜子里的"氯化碘"。于是，李比希赶紧对那瓶棕色液体进行了化学分析：天啦，那瓶棕色液体压根儿就不含氯，也不含碘，更不是他曾猜测的"氯化碘"，它正是刚被巴拉尔宣布的化学新元素溴！

面对这一晴天霹雳，李比希追悔莫及，欲哭无泪，如果当年他稍加留意，认真分析那瓶棕色液体，那么，发现新元素溴的荣誉就非自己莫属了！他恨自己的粗心大意，恨自己虽进行了数十年化学研究却缺乏严格的科学态度。为方便卧薪尝胆，李比希原封不动地将那个柜子搬到大厅中，在上面醒目地贴着一张字条：错误之柜。而且，他还把瓶上的"氯化碘"标签揭下来，用镜框裱好挂在床头，不但自己看，还给朋友看。李比希就这样用"错误之柜"，不但随时警惕自己，也拿它教育学生。

都说"同行是冤家"，但李比希与比他年长3岁的维勒之间的友谊却在化学史上传为佳话。因此，本书在此，特为他们点上一个大大的赞，希望其他科学家特别是同行科学家能以他们为榜样。其实，刚开始没见面时，他俩还真是"冤家"，因为他们的学术观点彼此冲突，早在雷酸和氰酸的问题上就展开过激烈的书面争论。若从个人性格上看，他俩也该成为"冤家"：李比希性格外向，好斗成性，为人热情；而维勒则相反，性格内向，遇事冷静，不喜争执，看问题常常较深刻。从师承门派上看，他俩也可能因"一山之二虎"成为"冤家"：李比希属于吕萨克派，而维勒则属于大名鼎鼎的贝采利乌斯派。但奇怪的是，当他俩在海德堡大学首次相遇后，竟然一见如故，大有相见恨晚之感。从此以后，他们就终身保持着深厚的友谊，不但立即开始了频繁的学术通信和合作，而且，还积极想办法克服相距太远讨论不方便的困难（当时李比希在基森，而维勒在柏林）。为此，维勒跳槽到邻近的卡赛尔工学院。紧接着，他们就展开了苦杏仁油研究，并神奇般地在短短一个月内就合作完成了一项划时代成果，震动了整个化学界，甚至贝采利乌斯也为这一成果而欢呼，把它说成是"开创了植物化学新纪元"。那么李比希与维勒这对本该成为"冤家"的同行，为啥能成为终生好友呢？答案其实很简单，也对其他科学家很有启发，那就是他俩真正从思想和行动上认可了：不同学术观点的争论有益于科学成长。

1873年（同治十二年），世界金融危机爆发；中国思想家梁启超和辛亥革命著名活动家徐锡麟先后诞生；也是在这一年的4月18日，李比希逝世于德国慕尼黑，享年70岁。李比希的一生，不但积极开拓科研新领域，还随时把研究成果推广到实际应用中，这都值得后人学习。

第七十四回

灵感怀胎数十年，物种起源仍早产

达尔文，全名查尔斯·罗伯特·达尔文，如今已成进化论的代名词；而进化论又几乎是三尺学童的口头禅，如今好像谁都懂进化论似的。所以，本回不介绍进化论，而只聚焦于进化论的"怀胎"过程；换句话说，介绍达尔文自己的"进化"故事。

1809年2月12日是很神奇的一天，因为当天分别在美国和英国诞生了两个大胖小子。初看起来，他们都属于同一物种（人），但后来却完全不同了：一位"进化"成了美国第十六任总统亚伯拉罕·林肯；另一位则"进化"成了本回主人翁。

当然，如果非要在达尔文和常人间找出啥区别的话，那就是其家族特点。

达尔文的祖父伊拉斯谟斯很厉害，既是一位医学家，又是诗人，还是发明家、植物学家与生理学家等；更神奇的是，祖父早就指出了物种的可变性，又表达了不同生物有共同祖先的"传衍"概念。只可惜，也许担心名誉受损，祖父始终未敢公开其信念，因为这太过"大逆不道"了。但是，祖父的演化观念很可能在无形中影响了孙子的世界观。换句话说，若从祖父算起，那进化论的"怀胎"时间又得上推两代；不过，为严谨计，我们只将祖父的进化思想当作一次"流产"吧。

达尔文的父亲是一位名医，还是英国皇家学会会员；母亲则是大家闺秀，其娘家也是数代名门望族。总之，若从智商、经济和社会地位来看，达尔文的父系和母系都很厉害，都算"人上人"，所以达尔文才有底气终生从事自己喜爱的事业，而不必为"五斗米折腰"。

达尔文自己及家族还有一个暗合了进化论核心的明显特点，那就是"自然选择原理"，即生物都有繁殖过剩的倾向，而生存空间和食物是有限的，所以，生物必须"为生存而斗争"；在同一种群中的个体存在着变异，那些具有能适应环境的有利变异的个体将存活下来，并繁殖后代，不具有这种变异的个体就被淘汰；如果自然条件的变化是有方向的，则在历史过程中，经长期自然选择，微小的变异就得到积累而成为显著的变异，由此可能导致亚种和新种的形成。

对比该原理，你将发现：达尔文及其家族的生育率奇高，家族近亲通婚普遍，各种病号很多；尽管身处名医世家，但因病早逝者却不在少数。比如，达尔文的父母共生育11个子女，而母亲则是在生下老五达尔文后的第8年就去世了；因此，母亲婚后生孩子的速度，基本上达到了最高极限的"一年一个"。而达尔文自己又娶了表姐，夫妇共生10个子女，其中3个夭折。至于家族中的老病号嘛，那就更多了，包括但不限于：达尔文的妻子爱玛长期头痛，爱玛的叔叔长期乏力；达尔文的一个哥哥，因健康太差而终生无法工作；达尔文的儿子弗朗西斯总是冷热无常等。当然，本回最关注的就是达尔文自己，他也是一个典型的"药罐子"，终生都倍受疾病折磨，以至很少露面，主要靠书信与外界联系；去世后，竟留下 15 000 多封书信。至于他到底患的是何种疾病，历史学家们说法不一：有的说是丧亲综合征，也有的说是乳糖不耐症，还有的说是恶性消化不良，更有的说是克罗恩病等。反正，他经常呕吐、心悸、肚子痛、极度疲乏等。他以如此羸弱之躯，"怀胎"近30年，最终生下进化论这个"巨人早产儿"，确实相当不易；其付出的代价是何等之高，难怪他说："完成工作的最好方法就是爱惜每一分钟。"

青少年时代的达尔文，可算得上典型的纨绔子弟，既异想天开，又敢想敢干；既招人喜欢，又令人讨厌；既热爱生活，又百无聊赖。反正，既能成天使，也能成魔鬼，关键就看有啥机缘。也许由于母亲去世很早，家中小孩又多，父亲又忙于行医救人，所以，达尔文从小便处于"散养"状态，难怪他始终"野性十足"。

从正面看，这种"野性"便是他热爱大自然，只要是新玩意儿都喜欢收集，其房间里更是堆满了各种宝物，像什么贝壳呀、矿物呀、奇形怪状的鹅卵石呀等。屋外山坡上的植物们，更是他的好朋友，哪朵花叫啥名字、哪棵草有啥特点、哪株树何时结果，他都如数家珍；甚至，哪里有什么小鸟或动物，它们的巢穴又在哪里，谁与谁爱打架等，他也都一清二楚。除了被动观察自然之外，他还试图改造自然。比如，为了让桃花变色，他竟天真地给桃树浇灌颜料；虽然变色失败，但这又暗合了他后来借助人工育种方法去研究进化现象的思路。

从负面看，这种"野性"便是天不怕地不怕，闯祸更不怕。虽刚到学龄便被父亲送入学校，但他很快就将老师们折腾得焦头烂额；于是，仅仅一年后，他就被迫转入另一学校。转学哪有啥效果，他每天虽勉强坐进教室，但眼睛却在四处乱瞟，耳朵只听室外小鸟，心里更想着山里的花花草草；至于老师在讲什么嘛，嘿嘿，他压根儿就不知道，也更不想知道。只要放学铃声一响，"嗖"的一声，黑影一闪，他这一天就总算又解放了：回家啰，抓甲虫去啰，玩蝴蝶去啰，打猎去啰；反正，只要一进入大自然，见啥啥都新鲜。老师见他就摇头，校长骂他不务正业，父亲更叹他天资平庸，直担心儿子会玷污家族光荣。不过，这位达公子，虽不受家长和老师待见，却深得女孩们喜欢：舅舅家的三个表姐妹都对他青睐有加，邻居的美女芳妮更为他发狂。

16岁那年，父亲下定决心，送儿子去爱丁堡大学学医，希望他继承祖业。可这小子仍然冥顽不化，只醉心于野外活动，而且还恬不知耻地向三姐吹牛说"我（在大学）

一直过着花天酒地的生活"。在他眼里，老爸简直就是名副其实的"提款机"，吃喝玩乐的账单嘛，手一挥，直接让商家寄给老爸照单付账就是了。欲哭无泪的老爸多次写信责备，甚至警告"若不停止目前的放任自流，你将一事无成"。但是，游手好闲的达尔文哪里听得进去，照样我行我素，而且还都理直气壮：不是嫌老师讲得差，就是嫌内容太枯燥，反正都有理由；一想起解剖课的场景，更是恶心，当然得回避；现场观摩外科手术，患者那杀猪般的惨叫（那时还没麻药），更是恐怖至极。反正，达尔文最终结论是：决不学医了！

不过面对自己钟情的博物学，达尔文反倒是无师自通。大二时，他就借助一架简陋的显微镜，在一种公认是植物体的微小生物中看到了动物的构造特征，并证明这种所谓的"植物"其实是一种微型蠕虫的卵衣；还证明，曾被认为是动物卵的东西其实是该动物的幼虫。达尔文还将自己的这两项发现写成论文，在学术会议上公开宣读，赢得了同学们的热烈掌声。这次微小的成功，对达尔文产生了极大刺激。一方面，这种观察技巧，后来帮他找到了进化论的一个旁证，即在考察火地岛时，发现了珊瑚礁的演化过程；原来，庞大的珊瑚岛竟是由微小的珊瑚虫尸体堆积而成的。另一方面，达尔文的自信心也被空前激发，原来自己也能做科研。

唉，看来儿子学医无望了！经过激烈的思想斗争后，"既然人管不住他，那就让神去管他吧"，于是，老爸一怒之下，又将18岁的达尔文送到剑桥大学神学院，希望他成为"尊贵的牧师"，这样既尊重了儿子对博物学的爱好，又不至于使家族蒙羞。于是，达尔文带着向父亲和姐姐索要的礼物（一只崭新的双筒猎枪和几十盒甲虫标本），住进了剑桥大学的一个豪华单间，继续过着优哉游哉的日子。用他后来回忆的话说，就是"我过着彻头彻尾的懒散生活，清晨骑马、散步，夜里在酒馆豪赌。"其实，达尔文根本就不喜欢神学，虽然他最终顺利毕业并获得神学学位，后来的事实也证明，他压根儿就是一个无神论者。因此，让他当牧师，无异于"赶鸭子上架"。

在剑桥大学期间，达尔文的最大收获就是认识了一个改变自己命运的贵人——植物学教授亨斯罗。他不但着迷般地听完了亨教授的全部课程，还几乎每周都到亨教授家参加科学家聚会，并由此认识了不少著名学者。节假日，达尔文更常常与亨教授一起郊游，一边体会大自然的美妙，一边接受植物学训练。某年冬天，达尔文在一个树洞内看到了两只罕见的甲虫，他赶紧左右开弓，一手抓一只；这时，第三只更罕见的甲虫又出现了，情急之下，他不假思索就把手上的甲虫扔进嘴里，要去再抓那第三只宝贝。突然，口腔一阵辛辣，原来甲虫试图放毒逃生，痛得达尔文"噗"的一口就条件反射般地吐将出来；结果，那第三只甲虫也趁机溜走了。后经亨教授鉴定，达尔文还真发现了一个新物种，如今，该甲虫已被命名为"达尔文甲虫"，还登上了《不列颠昆虫图解》呢。这次发现，使达尔文欣喜若狂，从此下定决心要终生从事博物学研究。

大学毕业后，亨教授又推荐22岁的达尔文参加了一次北威尔士的地质考察。这次实习考察，翻山越岭，非常辛苦，不但没工资，还得自掏腰包解决食宿行等问题，但是，本来就"不差钱"的达尔文在考察队长的指导下，学到了不少有用的本领，比如怎样挖掘古老地层、怎样采集化石标本、怎样检验标本，以及怎样整理考察笔记等。可以说，这次地质考察是一次及时的"彩排"，它使得后来的达尔文敢于登上"贝格尔号"军舰，进行为期5年的独立环球旅行考察。

果然，"彩排"归来的达尔文刚进家门就又被亨教授推荐到英国海军部，参加南美洲沿岸综合考察。面对这一天赐良机，达尔文当然心花怒放，因为，那时的南美洲对英国人来说，简直就是探险天堂；达尔文早就梦想着像洪堡那样，到美洲去，到天涯海角去，成为人们心中的英雄！为保险计，达尔文这次没敢鲁莽行事，破例采取迂回战术来对付老爸，因为毕竟这次考察又是自费，而且总额开销巨大，老爸只要一说"No"，立马就没戏。于是，他快马加鞭来到舅舅家，摇动三寸不烂之舌，动之以情，晓之以理，瞬间就把老舅及众表姐妹说得热血沸腾：哇，好像一位民族英雄，已经在家里冉冉升起了似的。舅舅哪敢怠慢，连夜就找到达尔文老爸，瞄准"光宗耀祖"啦、"青史留名"啦、"机会难得"啦等关键词，几个回合下来就把达尔文老爸说得点头如捣蒜。搞定"提款机"后，达尔文才突然想起，还有一个关键人物必须搞定，那就是正在热恋中的女友，邻居芳妮妹妹。一番花前月下后，达尔文意识到"敌情很复杂"：如果达少爷马上求婚办喜事，那肯定皆大欢喜；若等5年环球考察回来，那黄花菜肯定凉了，因为，芳妮的父亲正考虑将女儿嫁给年轻有为的莱顿。咋办呢？这对鸳鸯最终达成了一个折中方案：芳妮在家坚守阵地，情郎出发考察；一旦家里"战况"紧急，达尔文就迅速返回"增援"，立马结婚。

带着对女友的眷恋，达尔文于1831年12月27日惴惴不安地登了上"贝格尔号"军舰，开始了众所周知的史诗般的环球探险考察。其间各种传奇之精彩，在许多电影、电视、小说和文艺作品中都有激动人心的演绎，本回就不再凑此热闹了，只按时序标明几个要点。在里约热内卢的首次登陆考察中，达尔文在古老的地层里找到了海生软体动物标本，于是，结合随身携带的莱伊尔名著《地质学原理》中的地质演化观点，达尔文产生了朦胧的生物演化思路。在阿根廷布兰卡港附近，达尔文发掘出了早已绝种的古大獭兽化石和古犰狳化石，于是，生物进化论的灵感便被正式激发，物种起源的线索也露出了蛛丝马迹；但是，也正是在这关键时刻，女友发来紧急求援信"赶紧回来吧，否则半年后我就成莱顿夫人了！"怎么办？回，还是不回，这是一个问题！经一番痛苦抉择后，达尔文含泪选择了事业。随后，在加拉帕戈斯群岛，达尔文又获得了最重要的考察成果：不但发现了上百种新的动植物，更发现了奇怪的巨型乌龟；特别是发现在不同的岛上地雀的喙长短不一。于是，生物演化的路径就变得越来越清晰了。1836年10月2日，为期5年的环球考察终于结束，带着上千种矿物、古生物化石、动植物标本等，特别是带着进化论的初步思想，达尔文回到了祖国。从此，达尔文便开始了终生的"进化论怀胎"工作，其间的"妊娠反应"之激烈，简直难以言表。

环球凯旋的达尔文成熟了，昔日那位公子哥不见了，今后的道路非常清晰地摆在眼前：全力以赴整理冒死采集的各种标本，最终完成进化论。至于经济来源嘛，一来家里"余粮"多着呢，够吃几辈子；二来仿照当年的洪堡，将所见所闻写成游记出版收取畅销书的稿费。果然，达尔文终生都从未出现过"经济危机"。实际上，达尔文将这次环球航行看成是自己的"重生"，认为其所有科学成就都该归功于它，因此为它付出任何牺牲都是值得的。那么，达尔文都主要付出了哪些牺牲呢？且听下文分解。

首先，要不要结婚呢？虽然前女友"飞"了，但等着他、非他不嫁的美女多着呢。于是，达尔文拿出地质考察的干劲，在一张表格的左边罗列了结婚的所有好处，再在右边列出了全部坏处，最后经"加权平均"等复杂推演计算后得出答案：结婚吧！于是，30岁的达尔文带着求婚戒指，于1839年1月29日娶回了表姐爱玛。后来的事实表明，笃信上帝的妻子对《物种起源》的遣词造句起到了关键作用；否则，达尔文遭受的攻击将更加猛烈，生物进化论这个"新生儿"将活得更艰难。

其次，《物种起源》要不要提前"剖腹产"呢？环球考察归来后，物种起源问题就始终在达尔文脑中萦绕，他虽坚信万物并非上帝所造，但万物到底来自哪里？当今动物的祖先到底是谁？它们的N代祖宗又是啥样？环球采集的标本虽已充分证明物种是可变异的，但这却不能回答物种的起源问题。物种变异后，自然界又用什么方法变异出新物种呢？达尔文从人工育种入手，发现：人类之所以能培育出动植物新品种，是因为人类选择了那些对自己有用的变异并使变异代代积累，才最终培养出了所谓的"良种"。但是，在自然界中的生物又是啥情况呢？1837年，他开始整理第一本物种演变笔记。1838年，他偶然读到了马尔萨斯的《人口论》，其中"为生存而斗争"几个字使他突然顿悟："找到啦，找到啦，正是为生存斗争，才使得适应环境者生存下来，不适应者被淘汰。生存斗争，就是自然界中形成物种的关键！"于是，《物种起源》正式奠基，并于1839年初形成了较完整的思想；1842年6月，达尔文拟出了长达35页的论著提要；1844年，更将该提要扩展到230页；1856年5月，巨著《物种起源》开始正式动笔。按达尔文的原定计划，《物种起源》一书本该在他去世后才公开发表，因为，这样做既可避免自己陷入激烈的宗教纠纷，又不会使该成果被遗忘。但是，在1858年6月发生了一件大出达尔文所料之事：原来，另一位天才华莱士也独立发表了物种起源的自然选择理论！咋办呢？若坚持原计划，进化论的优先权就归别人了，自己终生的辛劳也就白费了。最终，达尔文和华莱士的进化论思想被好友莱伊尔等同时提交给英国林奈学会，于1858年7月1日一起发表；紧接着，惊天巨著《物种起源》于1859年11月24日，被提前"剖腹产"问世了。生前出版《物种起源》咋算牺牲呢？唉，后来的事实确如达尔文所料，进化论问世太早了。由于它彻底摧毁了当时的主流世界观，所以，瞬间就招致各种咒骂、歪曲和攻击，一些愚昧的宗教信徒恨不能再将达尔文像布鲁诺那样送上火刑架。为此，达尔文后半生，花费了很多时间和精力来捍卫进化论，虽然那时他的身体已极度虚弱。

为平息《物种起源》的轩然大波，达尔文一边与疾病和对手搏斗，一边又于1868年出版了第二部巨著《动物和植物在家养下的变异》，以不可争辩的事实和严谨的科学论断进一步阐述了进化论观点，提出了物种的变异、遗传，生物的生存斗争、自然选择等重要论点。1871年，达尔文再出版了第三部巨著《人类的由来》，给出了人类从较低生命形式进化而来的证据，点明了动物和人类心理过程的相似性，论证了进化过程中的自然选择等。达尔文一生著述颇丰，他说："我的主要乐趣和唯一事业就是我的科学著作，还有那些在环球旅行中考察得到的最重要科学成果。"

1882年（光绪八年）4月19日，达尔文因病逝世，享年73岁。人们将他安葬在牛顿墓旁，以表达对这位伟大科学家的敬仰。

第七十五回

聪明绝顶数学家，愚蠢决斗伽罗瓦

低智商者，千万别当科学家，否则必闹笑话；低情商者，千万别当政治家，否则无异于自杀！无论智商是高是低，只要情商足够低，那么伙计，建议你赶紧想办法。幸好，各人之间的先天情商并无明显差别，更多取决于后天培养，所以，别怕情商低，就怕不知道或不愿意知道自己情商低。

本回主人翁伽罗瓦的智商之高，可谓古今罕见；即使是在高智商的科学家甚至更高智商的数学家当中，也算得上凤毛麟角。你看他，一个普通的中学生，完全依靠自学，从零起步，仅仅花了不足5年的业余时间，就创立了如今号称"代数与数论基本支柱之一"的群论。而且，他再利用该理论，只出一"招"就实现了"一箭三雕"：彻底解决了困扰人类近三百年的数学难题，即严格证明了"5次及以上方程式没有公式解"；完美论证了"数学王子"高斯的尺规绘图著名论断；解决了从古希腊以来存疑2 000多年的"三大绘图问题"中的两个，即"不能任意三等分角"和"倍立方不可能"等。更不可思议的是，他解决数学问题的"剑法"之奇，如鬼如魅；"变招"之快，如闪如电；威力之大，如天崩如地裂；让数学江湖中的"东方不败们"完全晕头转向，看不出丝毫门道。难怪作为当时最著名的数学家之一的泊松在看完"独孤求败"伽罗瓦的论文后，只能双手一摊，表示"完全不理解"。直到伽罗瓦已去世14年后，数学家们才如梦初醒，连连惊呼："天才呀，天才！鬼才呀，鬼才！"

然而，伽罗瓦的情商之低，也可谓古今罕见；即使是在低情商的科学家甚至更低情商的数学家当中，也算得上绝无仅有。更可悲的是，以如此低得出奇的情商，伽罗瓦竟然还"玩"起了政治，还是乱世中的政治，这当然不会是喜剧。

作为数学史上最惨的悲剧，伽罗瓦短暂的一生确实令人唏嘘！这颗巨星的过早陨落，给人类造成的损失更不可估量。但是，与以往所有传记不同的是，本回不打算谴责当时的顶尖数学家，虽然他们确实该被谴责，只是可怜他们被伽罗瓦的超前思想甩得太远；也不打算谴责当时法国科学院的不负责任，虽然它确实不负责任，以致多次容忍柯西这类"青年数学家杀手"的失职；还不打算谴责当时法国的乱世，虽然那时的法国确实乱得一塌糊涂，葬送了包括拉瓦锡等在内的多位人类顶级科学家；更不打算谴责当时的外部环境，虽然那时的环境确实恶劣，毕竟，你若无力改变环境，就该适当改变自己以适应环境。本回只想尽可能冷静地从智商和情商角度出发，重新"复盘"伽罗瓦的人生，并请各位考虑：假若你是当年的伽罗瓦，那你会不会重写历史成为一位更伟大的科学家。别忘了，本书的主要宗旨就是促使读者也成为科学家。

嘉庆十六年是中国的悲剧之年，2月台湾刚地震，8月四川又再震。这一年，在中国和法国分别出生了两位情商极高和极低的重要人物；所以，他们也分别以喜剧和悲剧收场。准确地说，在曾国藩出生前一个月差一天，即1811年10月25日，本回主角埃瓦里斯特·伽罗瓦作为家中老大，诞生于法国巴黎近郊布尔市的一个书香门第。

伽罗瓦的父亲智商很高，是本市唯一一所中学的校长，但情商却不很高；更不幸的是，情商不高的老爸却卷入了政治：在伽罗瓦4岁那年，当选为布尔市市长。果然，10年后，由于承受不了政治对手的攻击和诽谤，父亲自杀了！书中暗表，情商，主要指人在情绪、意志、忍受挫折等方面的品质。其中，"忍受挫折"是关键参量，自杀者在该参量方面肯定不及格。当然，父亲的情商，足以支撑他当一位好校长，而非市长。从最简单的层次上看，所谓"提高情商"，就是增强控制情绪的能力，增强理解他人及与他人相处的能力。

伽罗瓦的母亲出生于一个著名的法律世家，其家族中不但产生过多名杰出的法律教授，更产生过国会议员。母亲本人智商也很高，从小就聪明过人，又受过良好教育，文化素质自然非同一般；语言能力极强，精通拉丁文和希腊文等古典语言；学识广博，对文学、历史、地理、音乐、绘画等都有较高的造诣。但是，母亲的情商也有缺陷，若将其情商特征完整描述出来便是，有主见，为人慷慨，做事严谨认真，性格坚强，憎恨暴政，好奇心和创造力很强，倔强而孤傲，常出现矛盾心理，处事偏激甚至古怪。

上面为啥要花费不少笔墨来介绍伽罗瓦的父母呢？主要是想突出伽罗瓦的智商很高，因为智商与遗传密切相关，高智商的父母很可能会生出高智商的子女。但同时，伽罗瓦的情商从小就不高，因为情商虽与遗传关系不大，但却很受环境影响，低情商的父母很难直接培养出高情商的子女；可偏偏伽罗瓦就是由其母亲直接培养出来的，甚至连小学教育都全由妈妈一人代劳。换句话说，在读中学前，伽罗瓦始终都被封闭在一个情商不高的小家庭中。当然，伽罗瓦的童年其实非常幸福，父母给了他无尽的爱，更重视其文化教育。伽罗瓦3岁起，妈妈就教儿子认字和读书；稍后，便教他算术、绘画和音乐等。平时妈妈几乎每天都要给他讲故事：一方面讲许多英雄故事，以致后来伽罗瓦在疯狂卷入政治和慷慨赴死的过程中，无不充满了"个人英雄主义"色彩；另一方面，讲许多宗教故事，由于妈妈笃信天主教的多噶道德原则，其中富含宿命论思想，在后来伽罗瓦的超前成就惨遭几次挫折后，伽罗瓦便心灰意冷，认为自己"命中注定不能成为数学家"了，于是便义无反顾放弃数学，投入了政治怀抱。伽罗瓦6岁时，妈妈便仿照小学的正规系统课程，为儿子讲授法语、数学、圣经、绘画、音乐、体育和古代史等。这时，伽罗瓦的超凡才能就已开始体现了，因为这些课程都很快被他轻松掌握，于是妈妈又再增加了拉丁语和希腊语，甚至还开设了戏剧欣赏课程等。总之，在妈妈的悉心照料和严格教育下，童年和少年的伽罗瓦学到了远比同龄孩子更多的文化知识；但同时，妈妈的性格、习惯及处事态度等情商因素也潜移默化地传给了儿子，在伽罗瓦心中留下了深深的烙印。

12岁时，伽罗瓦带着浓烈的父爱、母爱和家族之爱，走出了家庭"温室"，走进了一所贵族学校"路易皇家中学"，开始与各种各样的同学接触，与性格各异的老师接触，与复杂的社会接触。很快，伽罗瓦的情商劣势就显现出来了：虽然他所在的中学很有名，曾培养出像雨果这样的伟人，但伽罗瓦却感到孤独、压抑和不快。他一方面认为其他贵族同学态度傲慢，与自己格格不入；另一方面，又觉得与家里的温馨相比，学校生活反差太大，自己难以适应；此外，还鄙视学校的教育方式，认为老师讲课缺乏活力，教学内容呆板陈旧等；更厌恶学校的各种规则，认为它们苛刻得难以忍受等。当然，伽罗瓦的智商优势也很突出：入学第一年，成绩就名列前茅，将其他同学远远甩在后面；在整个中学期间，始终都是优等生，年年都获全额奖学金；特别是语文成绩更优秀，每年都代表学校参加全国的作文决赛，而且都获一等奖。但是，伽罗瓦获得的毕业评价，却并不理想；老师的评价是"有才且举止不凡，但为人乖僻，性情古怪，过分多嘴"，校长认为他"判断力还不够成熟"。显然，伽罗瓦所获的所有负面评价，皆源于其低情商；甚至其高智商取得的成果也反过来压制了他情商的改进，促使他更加我行我素。

伽罗瓦之所以会进入数学世界，是因为在中学三年级时，学校开设了一个"数学预科班"，15岁的伽罗瓦也稀里糊涂报了名。但非常幸运的是，他遇到了一个好老师——范涅尔。该老师既善于启发学生兴趣，更善于诱导学生才能。果然，在范老师的教诲下，智商本来就奇高的伽罗瓦很快就爱上了数学，并迅速取得了进展：不但轻松学完了课堂上的数学内容，并只用了几天时间就一口气读完了连普通数学家都认为很难的勒让德经典《几何原理》，还从此学会了如何用数学语言来简练、精确地表达自己的思维，掌握了若干数学技巧。紧接着，他就开始如饥似渴地学习柯西、高斯、阿贝尔、拉格朗日等数学大师的原著，不但学到了不少数学思想、方法和知识，开阔了数学视野，吸收了大师们的思想和灵感，更使自己受到了严格训练，掌握了深刻洞察事物的本领，特别是在攻读拉格朗日的《论数值方程解法》一书时就已萌发了后来所向披靡的"群论"思想。

若从纯学术角度看，此时的伽罗瓦已万事俱备，可以开始独立从事数学研究了。

但是，16岁的他却打算"随大流"，继续上大学深造，并瞄准了自己心仪的"法国综合工科大学"；可惜，虽经认真准备，却铩羽而归，首战告败。书中暗表，当时的法国综合工科大学可不得了啦，它号称"科学家的摇篮"，因为它培养的大人物之多，简直数不胜数，比如科学家安培、阿拉果、吕萨克等都出自该大学；在数学界，它就更厉害了，竟培养了法国70%以上的一流数学家，而那时法国可是世界数学的中心哟。如此厉害的大学，当然很难考中。

于是，伽罗瓦只好一边备战来年再考，一边又于1828年10月进入了另一个数学专业班，并在这里遇到了自己的"伯乐"——里查老师。这位里查老师可不简单，他特别擅长发现和培养天才，除了伽罗瓦之外里查老师还至少培养出了另两位世界级科学家：海王星的预测者勒威耶和著名数学家埃尔米特。其实，伽罗瓦的许多手稿之所以能流传至今，正是里查老师委托埃尔米特保存下来的。果然，里查老师很快就发现了伽罗瓦这位奇才，不但经常对他大加表扬（好孩子都是表扬出来的），而且还让他在黑板上演示其巧妙的解题过程，让其他同学羡慕不已。更重要的是，里查老师还鼓励伽罗瓦直接冲击数学尖端领域，别在普通习题上浪费时间。终于，年仅17岁的伽罗瓦完成了一篇名叫"循环连分数定理证明"的论文，并在里查老师的积极推荐下，将此文发表在权威学术刊物《纯粹和应用数学年鉴》上。后来，伽罗瓦又完成了一篇更重要的论文，即用群论方法解决了代数方程求解问题。里查老师说服伽罗瓦，立即将此文提交给法国科学院。由于该论文干系重大，所以，为严谨计，1829年6月1日，法国科学院将此文的审稿任务分配给了柯西；可惜，这位极不负责的柯西却又将此文连同摘要给搞丢了！这里为啥要用一个"又"字呢，因为，在两年多以前，柯西就几乎以同样的方法毁掉了另一位伟大的青年数学家阿贝尔。看来，柯西本人并未吸取教训，并未因阿贝尔的被毁而感到丝毫内疚；法国科学院也照样拿重大科学成果当儿戏，任由"柯西们"一次次毁掉最伟大的科学家！

1829年是伽罗瓦最倒霉的一年，也是为其人生道路迈向歧途而种下祸根的一年。柯西的草率举动，让情商本来就不高的伽罗瓦异常愤怒，并将这种愤怒扩大到当时的众多权威数学家身上。紧接着7月2日，情商不高的市长父亲因不堪政治压力而自杀。这又让伽罗瓦的情绪雪上加霜，开始憎恨市政府，并将这种憎恨扩大到法国政府，以致后来在旁人的稍微鼓动下，便立刻加入了推翻政府的政治行动。7月中旬，压死骆驼的"最后一根稻草"也掉下来了：那就是伽罗瓦第二次报考法国综合工科大学又遭失败。其实，为了这第二次报考，伽罗瓦做足了各方准备，本来信心十足，但在面试时，却因对其刚取得的重大数学成就的评价问题引发了与主考官的激烈冲突。法国科学院又该对此负有间接责任，其实，若当时柯西能及时评价这项伟大成就，也许该大学就会直接录取伽罗瓦，而根本不用任何面试。据说，面试大战是这样的：一方面，伽罗瓦极力炫耀自己的数学成果，后来的事实证明它绝对值得炫耀；另一方面，由于缺乏"专家鉴定"，主考官当然也不敢认可，甚至在争执开始后还嘲笑这项成果。于是，忍无可忍的伽罗瓦抓起黑板擦就砸向了主考官，这显然不是高情商者之举。一次又一次的致命打击，对情商本来就不高的18岁的伽罗瓦来说，确实太残酷了：他一生的志向，他的奋斗目标，他的所有远大抱负等，本来都寄托在这次成功的"高考"之上，但现在一切都落空了。他幼弱的心灵本未准备好迎接黑暗的挑战，但灾难却接二连三提早砸到头上。他悲伤，他失望，他愤恨，他已变成一只随时都可能爆炸的火药桶，只差那一星半点的火星；结果，火星真的就出现了！

在报考法国综合工科大学失败后，在里查老师的劝说下，伽罗瓦于1829年10月25日带着几分无奈考入了巴黎师范大学，这是一所相当封闭的修道院式的大学：无论是上课、吃饭或睡觉等都有严格的要求；学生们更不允许随意出入校园。伽罗瓦虽极不适应这里的环境，但正是这里的封闭环境，使得他在随后的一年里取得了数学上最辉煌的成就；同时，即使在如此封闭的条件下，伽罗瓦也在同学的诱导下卷入了低情商者最不该卷入的政治游戏，为两年后即将到来的悲剧锁定了结局。非常遗憾的是，法国科学院又在这场最终悲剧中扮演了开幕者的角色！原来，在1830年2月前，伽罗瓦已完成了好几篇突破性的数学论文，其成就之大远远超过同时代的任何数学家。于是，他计划将这些成果汇聚后，应征当年的"法国科学院数学大奖"，并志在必得；因为，他解决的这些难题，对当时的许多著名数学家来说连碰都不敢碰。可是，命运再一次无情地捉弄了伽罗瓦，负责其成果审阅的著名数学家傅里叶却于1830年5月16日突然去世，伽罗瓦提交的论著又不翼而飞了！已出离愤怒的伽罗瓦在宿命论的潜意识指导下，终于认命，放弃数学，坚定地参与政治运动；因为，他觉得黑暗社会处处都在迫害他，数学界的"老爷们"永远也不会给他一个公正的评价。

在凶险的政治圈中，情商极低的伽罗瓦在未来短短的一年多时间里是这样"玩完"的。首先，他于1830年5月底，在"亲密战友"舍瓦烈的介绍下，在几乎全封闭式的校园中竟也秘密加入了反政府组织"共和党"。"共和党"在1830年7月吹响了推翻现政府的"冲锋号"，结果，真的在3天后就夺取了政权！可惜，在这3天中，巴黎师范大学却给自己罩上了"金钟罩"，即使是像伽罗瓦这样坚定的积极分子也最终没能越出校园半步。"共和党"取得政权后，又"分赃不均"，开始内讧，很快就又分离出了一个反政府组织，而伽罗瓦又于1830年11月成了整个巴黎师范大学唯一加入该组织的学生，从而再次成了新政府的"反政府分子"，并宣誓："为了唤醒人民，若需要我死，我将毫不迟疑！"由于这次是自相残杀，所以，大家都很有"经验"，而且也更残酷。果然，1831年1月8日，新政府的教育部批准了巴黎师范大学开除伽罗瓦的决定。1831年5月10日，伽罗瓦第一次被捕，罪名是"教唆谋害国王未遂"；其实，伽罗瓦只是在一个公开宴会上，一手举杯一手持刀，以讽刺的口吻大吼了一声"为国王干杯"而已。出狱后仅仅几天，伽罗瓦又于1831年7月14日再次被捕，其罪名是"非法游行"，这次他被关了长达8个月之久，直至1832年3月6日。其间，伽罗瓦甚至试图自杀，至于其原因嘛，又与法国科学院有关，原来，泊松等数学家因为"看不懂"而未能肯定伽罗瓦的成就。

出狱后，万念俱灰的伽罗瓦却突然坠入了"情网"，疯狂爱上了一个女人（有的说是妓女，也有的说是政府内奸，还有的说是某医生之女等）。还未尝到爱情滋味的伽罗瓦，就为了这个女人与情敌展开了一次毫无胜算的决斗；最终，于1832年5月31日，在不足21岁时中弹身亡，死前他终于意识到自己是作为"一个下流风骚女人的牺牲品"而死去的。对此，他弟弟坚信这次决斗是政治谋杀。

不过，无论如何，伽罗瓦之所以如此轻生，肯定与他的厌世情绪有关；而其厌世情绪，当然主要归咎于怀才不遇。

第七十六回

数理逻辑创始人，信息时代奠基魂

都说"三个臭皮匠，顶个诸葛亮"，其实，在英国林肯郡就有这样一个"臭皮匠"，他绝对"能顶 N 个诸葛亮"，因为，在他结婚后9年才终于在1815年11月2日生下了"能抵 N 个诸葛亮"的本回主人翁——乔治·布尔。果然，这"小诸葛"一降生就是一计"借东风"，布尔的三个弟妹们便乘风破浪，一哄而上，来到人间，于是，"臭皮匠"家里就更穷了，穷得"叮当"响了。但是，"臭皮匠"就是"臭皮匠"，哪怕再穷，他也要咬紧牙关，努力把"诸葛亮们"培养成真正的诸葛亮。后来的事实表明，这位"臭皮匠"的初衷还真被实现了。

为啥说布尔"能顶 N 个诸葛亮"呢？一方面，他的聪明才智不输诸葛亮，实际上，他是"19世纪最重要的数学家之一"。另一方面，更重要的是，他的科研成果"布尔逻辑"或"布尔代数"，更胜诸葛亮；因为，假若没该成果，那就不会有计算机，不会有网络，更不会有现在的所谓信息时代或网络时代等。更形象地说，其实大家所熟悉的图灵、香农、冯·诺伊曼、巴贝奇等众多"计算机之父""人工智能之父"或"信息技术之父"等，准确地说都该将那个"父"字改为"母"字。他们确实经过了千辛万苦的"十月怀胎"，才好不容易在克服各种"妊娠反应"后艰难地生下了相应的信息理论与技术，但是，真正使它们"受孕"的那个关键思想来自布尔；因此，换句话说，布尔才是它们的"父"。如果非要用"母"字来形容布尔的话，那他该被称为"符号逻辑之母"，这才是经他"十月怀胎"的产物。

布尔的"臭皮匠"老爸，虽很穷但却热心学习，头脑活跃，特别喜欢数学和光学，故广受街坊邻居和主顾们的尊重；老爸这种崇尚科学的精神，无疑给儿子树立了良好榜样。实际上，"小诸葛"就是在"臭皮匠"的亲自指导下，先学母语和语法结构再学文学，并很早就接触到了初等数学，以至数学的神秘与技巧对布尔的心理产生了深远影响，使他从小就尝到了科学创造的快乐。"臭皮匠"对"小诸葛"前途的设计，绝不仅仅是解决温饱，而是要"三分天下有其一"，所以，贫民窟里的布尔竟学会了诸如拉丁语和希腊语等"上等人"才需要掌握的知识。

7岁时，布尔开始上小学，并很快就爱上了数学；甚至在11岁时，就已"啃"完了一本高深的几何书，证据是他老爸在该书扉页上醒目地标记了"乔治于1826年11月1日读完此书"。由此可见，老爸对儿子的成长，随时都在关心和鼓励。后来，布尔又自学了当时英国最顶级数学家的许多著作，在数学上取得了很大进步。小学毕业时，老师对布尔的评价是"矜持，害羞，热爱学习，是同学心中的神童，成绩总是名列前茅"。

老爸见儿子是可造的数学之才，便头脑一热，不顾财力，将12岁的儿子送入了一所收费较高的"重点中学"；结果，儿子屁股还没坐热，老爸就发现"钱包不给力"，于是，只好极不情愿地于1828年底将13岁的儿子转入了一所收费低廉的商业学校。这时，布尔的兴趣开始转向文科，他不但广泛阅读了历史、地理等方面的书籍，更对小说和诗歌情有独钟，而且，其拉丁文和希腊文的水平也大幅提高；以至1830年5月，14岁的布尔初试牛刀，竟将一首荷马古诗翻译成英文并在当地报纸上发表了。哇，"小娃娃竟能翻译荷马史诗啦"，一石激起千层浪：老爸为儿子骄傲且自豪；当然也有"酸秀才"表示不服，怀疑背后有"枪手"。正是受益于这段时间严格的拉丁文和希腊文训练，才使得布尔拥有了严密的逻辑思维，以至他后来觉得构建逻辑代数（现称为"布尔代数"）其实与语言学习大同小异。在此期间，布尔还自学了法语、德语和意大利语等，后来，这些语言对其国际交流和数学思想的发展都起到了重要作用。

布尔16岁那年，过度劳累的父亲患上了严重慢性病，以致丧失劳动能力；于是，布尔不得不辍学回家，担起了全家的生活重担。布尔为自己设计的"隆中对"，逻辑非常清晰。第一步，多挣钱！为此，他一边在某小学教书，又一边在某中学兼任助教，而且，一干就是4年；其间，工资收入确实比较稳定，工作也比较轻松快乐。但是，教书匠在当时的英国只算"臭老九"，所以，在度过家里的经济危机后，布尔便开始实施其"隆中对"的第二步：挣地位！啥职业地位高呢？布尔"啪啪啪"掐指一算后，发现：教士。但是，智者千虑，必有一失，仅仅几天后，布教士就发现，妈呀，面对神学时，他自己那严密的逻辑思维体系压根儿就玩不转，做教士对自己来说无异于活受罪；实际上，布教士也很快就被"炒了鱿鱼"，因为他"对神不敬"，星期天做礼拜时，竟敢还在看数学书。当然，布尔对此的辩解是，借别人的书，得赶紧看完后，按时归还。

失业后的布尔，干脆在20岁时回家"借荆州"创办了一所中学（暂且称它"布尔中学"吧），并在创业期间"一肩挑"地兼任了校长、班主任、各科老师等职。布尔在该校当了15年校长，不但亲自主讲多门课程，还参加了大量公益活动。由于"布尔中学"主打"数学牌"，所以他花费大量时间来准备数学课，结果却惊讶地发现：当时的数学教科书非常浅薄，随便翻阅一本都能找到许多问题甚至错误。于是，他决定开始研究数学并研读了以难懂著称的拉普拉斯名著《天体力学》，还全面研究了以过于抽象著称的拉格朗日名著《分析力学》并取得了新发现。几本数学巨著读下来后，布尔对自己的数学天分和智商就已相当自信了。果然，就在22岁那年，布尔首战告捷，在权威刊物《剑桥数学杂志》上发表了自己的处女作，并获得了该刊主编好评，还与主编成了终生好友；布尔也通过该刊，与若干顶尖数学家建立了联系。在整个"借荆州"期间，布尔屡建奇功。比如，他29岁时，"火烧赤壁"，发表了著名论文《论分析中的一个普遍方法》，从而获得英国皇家学会奖章，一举成名；更厉害的是他32岁那年，"定鼎荆益"，出版了名著《逻辑的数学分析，论演绎推理的演算法》，用代数形式清楚表达了逻辑思想，从此搭起了逻辑和代数间的桥梁，创造了"逻辑代数"，成为数理逻辑的重要奠基人。可惜，就在第二年（即1848年），布尔的父亲去世了；不过，值得欣慰的是，"臭皮匠"可以含笑九泉了，因为儿子此时已是名副其实的"诸葛亮"了。

若按学术水平论，布尔早就不输英国的任何教授了，但由于他只有小学文凭，所以，只好继续担任自己的"布尔中学"校长兼著名"民间科学家"，直至34岁时老天才终于开了眼。英国政府批准在爱尔兰新建科克大学，既然是新办大学，当然就可"新人新政策"，于是，凭借自己的真本事，再加多位著名教授甚至林肯市的市长推荐，布尔终于在1849年被科克大学正式聘为数学教授；1851年，更被任命为该校科学院院长。大学的浓厚学术氛围，使布尔如鱼得水。于是，他便潜心于逻辑代数方面的深入研究，经过约5年的辛勤钻研，终于在1854年发表了自己最重要的杰作《奠定逻辑和概率的数学理论基础的思维规律研究》（简称《思维规律研究》）。书中探索了心智推理的基本规律，并用微积分符号语言来进行表达；在此基础上建立了科学的逻辑构建方法，创立了完整的布尔逻辑，从而使得自亚里士多德以来，原地踏步了2 000多年的传统逻辑体系从此走上了数理逻辑的"快车道"，为赛博时代奠定了坚实的数学基础。时年，"小诸葛"布尔39岁。作为人类伟大的数学家，39岁这个年龄当然还算太嫩；但是，作为一个单身汉，媒婆就该着急了，红娘也该加油了。

果然，仅仅在第二年，千里姻缘就真的来了！其实，爱情的种子早在5年前就已播下，只是没生根未发芽而已。原来，有一天，刚到科克大学就职不久的"钻石王老五"布尔，拜访科克大学文学院副院长时，突然眼睛一亮，一位年仅18岁的如花似玉的美女玛丽小姐也几乎同时飘然而至。他一打听，哦，原来她是院长的侄女，碰巧来叔叔家过暑假；她一打听，哦，天啦，原来他是一位数学家。于是，她总算找到了救星，搬出老师布置的众多数学作业题，就摆起了"八卦阵"，"诸葛亮"解完所有数学题后才终于"破阵出关"。"出关"后，他忙于创立自己的布尔代数，早把小妹妹给忘到九霄云外了；她也回家忙学业，早记不起那位曾帮自己做过作业的"大叔"了。但是，丘比特记性很好，其爱情之箭随时都满弓待发。终于，1855年，当23岁的小妹妹玛丽再次千里迢迢来到叔叔家时，说时迟那时快，只听"嗖"的一声，丘比特就得意地笑了。事后证明，丘比特确实为这对老夫少妻促成了一桩美满姻缘。婚后，夫妇恩爱有加，共生育了5个闺女；这5朵金花一个比一个漂亮，一个比一个有出息。比如，大闺女嫁给一位当时颇有名气的数学家；二闺女的一个儿子成了著名昆虫学家，一个孙子辛顿更是人工智能的领军人物，被称为"深度学习教父"；三闺女完全继承了父亲衣钵，也是杰出的数学家，对"四维几何学"做出过重大贡献，而"四维几何学"又是后来爱因斯坦"广义相对论"的理论支柱之一；四闺女是化学家；再看那朵最小的金花，她的小说《牛虻》，在20世纪前半叶，在中国几乎家喻户晓。

除了数理逻辑外，布尔在其他几个数学分支也取得了当时很有影响的成就；特别是他撰写的教材，以其深入浅出和严密的逻辑性，深受欢迎。比如，他于1859年出版的教材《微分方程》和1860年出版的教材《差分方程》，在英国一直被使用到19世纪末；甚至直到20世纪90年代，许多差分计算方面的教材也都还将该书列为重要参考文献。其实，在布尔的有生之年，他主要是以数学成就而非浅显易懂的"布尔逻辑"成就闻名于世；当然，这与今天的情况刚好相反。因此，这就解开了有关布尔生平事迹的一个重要谜团，那就是与其他同级别的伟大科学家相比，为啥布尔的个人信息显得较少？

原来，情况是这样的。若只考虑其数学成就，那么，布尔只能算做流芳数十载的科学家。因此，在布尔生前和身后，社会各方当然就没花太多精力来收集、整理和保存其生平事迹，再加他突然英年早逝，所以也没留下自传等内容；在历经数十年的淡化和遗忘之后，本来就不多的信息自然就更少了。其实，当人类真正意识到布尔逻辑的重要性时，布尔已去世80多年了；于是，后人才赶紧抢救和挖掘这位伟大科学家的个人信息，这难免就会留下众多空白。看来，"盖棺定论"还真有例外呢。书中暗表，发现布尔逻辑重要价值的人物，其实在当时也仅仅是一个微不足道的而且还特别贪玩的普通硕士生。该生那时就读于麻省理工学院（MIT），并于1938年完成了自己的硕士学位论文《继电器与开关电路的符号分析》；该文注意到了电话交换电路与布尔代数之间的类似性，即把布尔代数的"真"与"假"和电路系统的"开"与"关"对应起来并用"1"和"0"表示。于是，该生用布尔代数分析并优化了开关电路，这就奠定了数字电路的理论基础。当时，哈佛大学的教授对这篇硕士论文的评价是"这可能是本世纪最重要、最著名的一篇硕士论文"。从此以后，布尔代数就开始变得越来越重要，布尔也成了影响人类科学发展的伟大科学家。那么，这位贪玩的硕士生到底是谁呢？嘿嘿，他就是后来大名鼎鼎的信息论创始人——香农博士。

有关布尔的直接信息虽不多，但间接信息却不少，这主要归功于布尔的妹妹和布尔的妻子玛丽，她们通过整理布尔生前的各类信件和相关回忆，才使得后人对布尔的人品等方面有了不少了解。实际上，玛丽后来也成了一位著名作家，创作了《代数的哲学与乐趣》《爱的逻辑教学》《孩子的科学启蒙》《心灵科学与世界对话》等畅销书。当然，玛丽也少不了写一些怀念丈夫的小传；而且，玛丽还特长寿，一直活到1916年，这也实际上延续了布尔的故事。

据玛丽和布尔的妹妹回忆，在家里，布尔既是一个好丈夫，很喜欢做家务；也是一位好父亲，经常照顾子女，特别重视"五朵金花"的教育，并为她们量身设计了教育计划；还是一个好儿子，特别是从16岁起就成了全家的"经济支柱"，并尽心尽力赡养体弱多病的父母；更是一位好哥哥，数年来对弟妹们总是关怀备至。此外，布尔的家乡情结很重，虽在爱尔兰生活了15年且经济和社会地位都很高，但却总有"独在异乡为异客"之感。

在工作中，布尔做事严谨且认真，条理性极强，十分注重细节；还非常努力，经常工作到深夜。做科研时，布尔总是陷入恍惚状态，完全沉浸在自己的逻辑思维中，几乎把外界忘得一干二净。而且，他始终认为，自己只是一个自学成才的老师而已，全无"名人负担"，故在科研中始终保持"冒险精神"，无论是改造微积分还是创立代数公理，他都敢于相信直觉，大胆尝试，而不在乎最终的成败。

在社交方面，他交际甚广，思维活跃，为人豁达，和蔼可亲，待人宽厚，温文尔雅，与人为善，谦虚谨慎；他的人脉很广，在各行各业和许多地方都结交了性格迥异的朋友。布尔还特别乐于助人，热心于公益事业，甚至以其宗教的虔诚帮助那些最受鄙视的妓女和罪犯等。总之，他生前的社会声誉甚好。

在管理方面，他也很出色，舍得花费时间和精力为大家服务。无论是担任私立校长或科克大学院长期间，他都尽职尽责，井井有条；既坚持原则，捍卫自己尊严；又巧妙把握灵活性。他虽不喜欢公开辩论，但一旦被迫进入辩论状态，那就几乎所向披靡；因为，任何人在他那严密的逻辑攻防体系面前，都必败无疑。总之，布尔深受同事的爱戴，大家甚至觉得"与他一起共事是自己的荣耀"。

在业余爱好方面，布尔的才能和兴趣也很广，他天生就是一位诗人，也是自由思想家。他总是将数学与艺术融为一体，用诗与画的标准来要求数学作品，让各种数学思想，像色彩和诗句那样既和谐又美妙。

此外，还需特别强调的是，布尔绝对是一位优秀老师，他勤奋、刻苦、诚实；也是一位出色的演讲者。他授课严谨而高效，有着异乎寻常的知识传播力和感染力，师生关系极为融洽；他总是尽其所能促进学生进步。不过，他的板书相当潦草，难以辨认。其实，布尔的意外去世也与教学密切相关。原来，在1864年11月的某天，布尔在赶往教室的途中，突遭暴雨；但为了避免迟到，他竟冒雨抢行了数里；到达学校后，也没来得及换衣服，便湿淋淋登上了讲台，并因此而感冒发烧。更可惜的是，深爱他的妻子病急乱投医，笃信"以毒攻毒"，通过错误的逻辑推理得出结论：既然是"湿"导致了布尔生病，那就还得再用"湿"才能除病。于是，她把布尔裹进被子，猛泼凉水，一桶接着一桶。终于，布尔病情加剧，转化成肺炎，于1864年12月8日因胸腔积液不治身亡，年仅49岁。

为纪念布尔为人类做出的伟大贡献，1967年，英国皇家学会将月球上的一个环形弹坑命名为"布尔坑"。又由于他在符号逻辑中的特殊地位，至今，信息技术（IT）领域的逻辑运算都被称为"布尔运算"，其运算结果称为"布尔值"。当然，对布尔的真正纪念其实是无形的，那就是在如今赛博世界的信息系统中布尔代数都在起着关键作用。

第七十七回

焦耳楞次显神威，能量守恒树丰碑

伙计，无论你是"学渣"还是"学霸"，只要学过中学物理，那么，焦耳和楞次这两个名字对你来说就应该不陌生。实际上，"学渣"曾被它虐过千万遍，"学霸"却始终待它如初恋。不信你看，那李秀才就已开始得瑟了："楞次定律嘛，就是说'感应电流的效果，总是反抗引起感应电流的原因'；简单说来，楞次定律就是'来拒去留'，它是能量守恒定律在电磁感应中的体现，也可看成电磁领域的惯性定律……"

"行了行了，李秀才，别卖弄啦！除了楞次，我们还要讲焦耳呢。"

那李秀才听我这一说就更来劲了，竟摇头晃脑解释道："焦耳定律嘛，又称焦耳－楞次定律，其内容是'电流通过导体产生的热量，跟电流的二次方成正比，跟导体的电阻成正比，跟通电的时间成正比'；该定律对任何导体都适用，对任何电路也适用；常用的电炉、电烙铁、电饭锅等都是电热转化的例子；焦耳定律的数学表达式是……"

"停！李秀才，你是来砸场子的吧！本回只讲焦耳和楞次的科学家简史，不想令'学渣'们魂飞魄散。"嘿嘿，伙计，别误会，我可没暗示你是"学渣"哟。

既然那李秀才总算闭了嘴，下面就继续本回的既定内容吧。其实，焦耳和楞次分别是英国和爱沙尼亚的两位科学家；他们压根儿就不是合作伙伴，只是他们分别于1841年和1842年独立发现了同一定律而已。再由于楞次的生平事迹实在太少，所以，只好在此"搭便车"；其实，楞次比焦耳年长约14岁。

先看老弟焦耳吧。他于1818年（嘉庆二十三年）12月24日，作为家中5个孩子中的老二，生于英国曼彻斯特。焦耳家族本为老实巴交的农民，但到祖父这一辈时，祖坟终于"冒了青烟"，不但发了点小财，还办了一家小酒坊，为发大财奠定了基础。焦耳的父亲继承祖业，经营有方，不但赚得盆满钵满，更将小酒坊改造成了一个"现代化"的酿酒厂，各种先进设备应有尽有。后来，这些稀奇古怪的设备，对激发儿时焦耳的好奇心起到了重要作用。因为，焦耳的家就住在酿酒厂隔壁，他从小就在这些轰隆着响的机器缝里玩；尤其是那些蒸汽机，更令他印象深刻，以至后来终于激发了他的"热功转换灵感"。

在焦耳成长过程中，父亲的影响最大。一方面，父亲给他提供了雄厚的经济基础，才使他成年后不必为温饱担忧，可以"随心所欲不逾矩"；另一方面，也是更重要的方面，父亲带头示范了"如何做一个真实的自己"。实际上，聪明的父亲并未将全部精力用于酿酒厂经营，而是将大把时间用在了自己真正感兴趣的"莫名其妙"的事情上。具体说来，父亲是教堂音乐的狂热爱好者，不但为"神"整理和谱写了2 000多首赞美诗，以至多个大教堂的主要圣歌都是他的杰作；而且全城教堂中最好的风琴也出自他手，其音色之美，使得这位酒老板真正实现了"曲好不怕巷子深"：即使是偏僻的小教堂，只要使用了他做的风琴就都能引来众多信徒。此外，父亲还是"曼彻斯特音乐学院"的主要创始人之一，在其一生中，竟有20多年是在担任音乐评论人。总之，一句话，父亲是被酿酒耽误了的音乐家；当然，也许压根儿就没耽误，因为就在焦耳36岁那年，父亲干脆将酿酒厂以低价卖了。由此推知，成年后的焦耳，也像父亲那样一直都在"做自己喜爱的事情"，至少没陷入酿酒厂的经营细节，否则，该厂就会成为"传家宝"。不过，焦耳确实传承了父亲的一样"宝贝"，那就是其外形，以至焦耳外貌不佳，个子不高，体格不壮；甚至因年轻时患过脊椎病，造成腰板不直。总之，作为重要因素之一，焦耳的"武大郎"形象促使他性格内向，甚至孤僻，自卑感也很强。

焦耳的母亲也给孩子们遗传了一些重要基因：一方面是超强的智商，但另一方面却是超弱的身体。早在焦耳16岁那年，妈妈就英年早逝，年仅48岁；焦耳的哥哥在45岁就去世。焦耳自己虽算长寿，但在其生命两端，身体都很虚弱：在去世前25年的晚年期间，一直被病痛折磨，据历史学家分析，焦耳可能患有遗传性白血病；在青少年期间，焦耳更是一个典型的"药罐子"，以致不能正常上学，所以，焦耳终生都未接受过正规教育。

少年时期的焦耳，除了生病吃药之外，其实还非常调皮，尤其喜欢欺负另一个不能正常上学的"老病号"，即他的哥哥。焦耳幼儿时，面对各种玩具特别是有科技含量的玩具，当然得先让自己玩够后，才肯让哥哥碰一碰；稍大一点后，就又哭又闹，要哥哥带着自己玩风筝，并模仿传说中的富兰克林，试图从天空中取回闪电。再后来，焦耳不知从哪里搞到一个酸碱电池，这下哥哥就更惨了：先是出其不意把哥哥电得连跳带叫；后来，总算不再电哥哥了，却升级成"电击哥哥的坐骑"，甚至有一次将马电惊后，可怜的哥哥竟从马背上摔将下来，差点闹出人命。根据哥哥的日记，1830年9月15日，12岁的焦耳非要缠着哥哥专程到城里的火车站凑热闹，观看利物浦至曼彻斯特列车通车仪式。从此以后，焦耳经常守在铁道旁发呆，盼望着偶尔来往的列车从身边号叫着跑过。

从14到16岁，焦耳与哥哥一起受教于某家庭教师；但即使在该阶段，焦耳也依然"野性十足"，不是登山探险，就是骑马狂奔，要么就是极速滑雪，尤其喜欢玩枪特别是手枪和马枪，甚至还专门定制了一套小枪筒。据说，有一次，与哥哥划船时，突然心血来潮的焦耳为了测试回声现象，便在马枪中填充了双倍火药，随着"嘭"的一声惊天巨响，哥哥连同船桨一起被震落水中，喝饱了湖水，又差点闹出人命。不过，这次焦耳自己也倒了霉：耳朵差点震聋，眼睛差点搞瞎，小白脸则变成了"猛张飞"，眉毛和头发也全被燎焦；猛然一看，还真成了名副其实的"焦耳"，焦黑之耳。当然，除了野外活动外，焦耳也有自己的文雅爱好。比如，他很喜欢绘画和摄影；更耗费高达50英镑的巨款收集了许多画册和书籍。

16岁这年是焦耳一生中的重要之年，其间至少发生了3件大事。

其一，是母亲病逝。

其二，是焦耳开始在自家酒厂实习，并从中接触到了若干"高科技"。从化学角度看，酿酒过程中包含了若干生化反应，比如大分子物质的降解、小分子物质的变化、高级有机醇的生成、香味物质的产生等。从物理和机械角度看，酿酒过程也大有讲究，比如温度与气压间的密切关系、蒸汽机驱动的大型抽水机工作原理、各种加热和降温器械、千奇百怪的力学装置和运输装置等。总之，对好奇心本来就"爆棚"的焦耳来说，突然进入酿酒厂，简直无异于"如鱼得水"，这自然就激发了他那天马行空般的想象。后来，焦耳不顾父亲反对，干脆将家里的一个房间改造成了专用实验室，但凡有啥奇思妙想就马上做实验进行验证，反正自己又不坐班，随时都可扔掉酒厂工作；况且，家里又"不差钱"，缺啥设备就买，只要是钱能解决的问题那就都不算问题。果然，焦耳后来的所有伟大实验，当然也包括发现焦耳定律的那些实验，也都是在这个今天看来非常简陋的实验室中完成的。至今，在该实验室中还原样保存着焦耳当年用过的众多实验设备，像什么抽水机呀、移动显微镜呀，还有各种量热器、电磁体、温度计呀等；特别珍贵的是，还有厚厚6本实验手册，它们详细记录了焦耳自1839至1871年的全部实验细节，在这些笔记的空白处，还偶有随手记下的各种灵感。另外，据阅读过这些笔记的史学家说，笔记的字迹非常整洁，版面也很干净，实验步骤井井有条，结果的描述清清楚楚；由此可见，焦耳的思路非常清晰，他的天才实验操作确属"谋定而后动"。

其三，也是最重要的大事，那就是父亲将他和哥哥一起送到了当时全球最著名的化学家道尔顿家里，每周学习两次化学课。老爸为啥能有这个"通天"本领呢？嘿嘿，答案只有一个字，那就是"钱"！原来，道老爷子虽然名气大，成就丰，但脾气怪，晚年更缺钱，所以就不得已在家里办起了"私塾"，以此糊口。焦耳兄弟俩非常幸运，一来，他们几乎成了道尔顿的关门弟子，因为仅仅两年后，道尔顿便在1836年因中风而停办"私塾"。二来，不知何故，也许是因为焦耳兄弟未受过正规教育，故其思路显得与众不同的原因吧；反正，其貌不扬的焦耳兄弟俩竟然很受道老爷子的喜欢。于是，道尔顿不但教授了许多化学实验技巧，更对他俩进行了数学、几何、哲学等方面的全方位培养，这些知识为焦耳后来的科研奠定了坚实的理论基础。刚开始时，焦耳其实对道尔顿讲授的数学内容很反感，认为它们华而不实；直到有一次，焦耳将自己喜欢的气象观察报告交给道尔顿后，才被老爷子"一语点醒梦中人"。原来，焦耳记录了一次惊雷和闪电，并试图从中计算出光速；但当道尔顿看过实验方案后，立即指出其中的漏洞，并用数学方法给出了更简捷的测量思路。"哦，数学竟然如此有用！"惊叹过后，焦耳便对数学刮目相看了。其实，在短短两年中，焦耳从道尔顿那里学到的最宝贵东西，是理论与实践相结合的科研方法，特别是正确的实验态度，即以精确的测定来代替实验现象描述；再加焦耳天才的想象力和实操能力，使得他这位"民间科学家"在科研方面突飞猛进。果然，在道尔顿指导下，18岁的焦耳就发表了第一篇论文，制成了电池驱动的电磁机。虽然该文水平一般，但对焦耳来说，却意义重大，因为，它激发了焦耳对化学和物理的兴趣，从此下定决心从事科研工作，并很快就走上了"快车道"。在道尔顿的引见下，焦耳还结识了许多顶级科学家，因为他们经常来道尔顿家喝茶聊天。另外，也是在道尔顿的影响下，焦耳还于1835年进入曼彻斯特大学，象征性地听了几堂课。

离开道尔顿"私塾"仅仅两年后，22岁的焦耳就在1840年完成了他的代表性成果，即发现了焦耳定律；仅仅几个月后，本回另一主角楞次也独立发现了该定律，故该定律也称"焦耳-楞次定律"。该定律奠定了"热力学第一定律"的基础，即不同形式的能量，在传递与转换过程中将始终守恒；具体说来，热量可从一个物体传到另一个物体，也可与机械能或其他能量互相转换，但在转换过程中能量总值保持不变。该定律的本质就是著名的能量守恒定律，即能量既不会凭空消失，也不会凭空产生，它只能从一种形式转化成另一种形式，或从一个物体转移到另一个物体，而能量的总值保持不变。该定律还彻底否定了所谓"永动机"的可能性，从而警告了无数迷途人：此路不通！

不过，伙计，别高兴得太早。因为焦耳定律刚被提出时，并未获得学术界认可，谁都不相信"世界竟会如此简单"。于是，从23岁开始，焦耳便几乎终其一生，以惊人的耐心和巧夺天工的技巧，花费了40多年时间、历经400多次实验来努力证明该定律，并试图进一步给出更一般的"热功转换当量"精确值。其间的酸甜苦辣，简直难以言表；其悲壮程度，在物理史上堪称空前，甚至绝后。不过，如下几个里程碑和重要副产品，还是值得介绍一下。

1841年，焦耳开始设计多种实验，来定量测定热功当量值。

1843年，焦耳的初步结果是"1千卡热量相当于460千克米的功"，同年"460"这个数值又被改进为"443.8"，它显然还较粗糙。这一年，焦耳还发现了能源遭浪费的事实，即在蒸汽机中，90%的做功能量都以热的形式被浪费。由此可见，焦耳也可算是发现能源危机的先驱。

1844年，焦耳又将测量结果改进为"1千卡热量相当于424.9千克米的功"；同年，他的第一个重要副产品问世，因为他算出了气体分子的热运动速度值，这便从理论上奠定了后来"波义耳–马略特–吕萨克定律"的基础，并解释了气体对器壁压力的实质。

1847年，他通过被认为是迄今设计思想最巧妙的实验，测得了更准确的热功当量的平均值，即"1千卡热量相当于423.9千克米的功"。甚至在1847年8月18日，正度蜜月的新郎官焦耳竟然"逃婚"出来，偷偷前往色朗契斯瀑布，测量其顶部和底部的水温差。因为焦耳认为，瀑顶冲下的能量会稍微增加瀑底的水温；由于仪器精度等原因，他的这次测量自然无果而终。

1850年，其他科学家用不同方法获得了能量守恒定律和能量转化定律，且他们的结论和焦耳相近，这时焦耳的工作才终于得到普遍承认。

1852年，焦耳发现了第二个重要副产品，即"当自由扩散气体从高压容器进入低压容器时，温度几乎都要下降"，该现象如今称为"焦耳–汤姆逊效应"。此时，焦耳的身体已开始走下坡路。

1875年，焦耳测得了更为精确的热功当量结果，即"1千卡热量相当于415千克米的功"，这已非常接近今天的精确值"1卡=4.184焦耳"。此后，焦耳的健康更加恶化，并开始与病魔展开了长达十余年的面对面搏斗。其间，1878年，60岁的焦耳发表了最后一篇学术论文，公布了他所测得的最新热功当量值，并决定以该值作为自己的墓志铭。

终于，1889年10月11日，焦耳病逝于家中，享年71岁。其墓碑上果然醒目地刻着那个热功当量值：772.55。意指，要使1磅水增加1华氏度的温度需要耗用772.55磅重物下降1英尺的机械功（1磅≈0.45千克，1英尺≈0.30米）。为纪念这位伟大科学家，后人便把能量或功的单位命名为"焦耳"。

作为史上最厉害的实验科学家之一，焦耳几乎将自己的一切都献给了科学事业。他花光了所有积蓄，以致本来曾是富豪的他从60岁起便不得不依靠政府颁发的养老金度日。焦耳不善言谈，衣着平常却很整洁，虽然给人的第一印象是"不怒自威，傲慢清高"，但他其实很随和，做人也很真诚，特别注意扶持青年人才，大家都喜欢他，尤其敬佩他那一股侠气，因为他厌恶欺骗行为。此外，焦耳的谦虚，在历史上也被传为佳话，甚至就在去世前，焦耳还对弟弟说："我一生只做了两三件小事，没啥值得炫耀。"

好了，下面开始介绍第二位主人翁，海因里希·楞次。不知何故，楞次的生平信息几乎为零，只有一些机械性的条目，所以我们也难做"无米之炊"。不过，从仅有的资料中看，楞次的特点还是非常清晰，那就是他"干一行，爱一行；爱一行，成一行"：他一生中虽转换过多次职业和角色，但正如他所发现的"能量转换守恒定律"那样，在每次转换中，他都始终未曾丢失（也许还有所增强）促其成功的"正能量"。

你看，楞次于1804年2月24日生于当时俄国的爱沙尼亚。乃父是当地某行政长官的首席秘书，可惜在楞次13岁那年撒手人寰，只留下困境中的妻儿老小。于是，楞次的人生便出现了首次翻天覆地的大转换；但是，他"能量守恒"了，因为楞次很争气，于16岁中学毕业时以优异成绩考入德尔帕特大学，并跟随舅舅学化学、跟随该校首任校长学物理。

19岁大学毕业后，楞次经历的成功"转换"就更多了，甚至多得眼花缭乱。首先，经校长推荐，楞次以"地球物理观测员"身份，参加了"企业号"军舰于1823至1826年的第二次环球科学考察。其次，考察回来后，22岁的楞次进入一家中学担任了两年物理教师。再其次，24岁时，楞次应邀到圣彼得堡科学院报告其环球考察成果，不但受到一致好评，还被立即选拔为该院的初级科学助理。又其次，25至26岁期间，楞次前往俄罗斯南部执行地质勘测任务，考察了高加索、黑海及里海沿岸等地区。其间，他攀登并测量了厄尔布鲁斯山的高度，测量了尼古拉耶夫地区的磁场，测量了黑海的水位；他还在巴库地区进行了石油和天然气取样工作；他测定了大西洋、太平洋、印度洋的海水含盐量，并正确解释了这些含盐量差异的原因。由于其业绩突出，楞次在26岁那年被选为圣彼得堡科学院候补院士，30岁时选为正式院士。

楞次经历的最大一次职业转换，是由地质考察转向电磁学研究；这主要源于1831年圣彼得堡科学院的机构调整。于是，自1835年10月起，31岁的楞次便都在圣彼得堡大学工作：先是担任物理教授；1836年起又担任物理和自然地理教研室主任；1840至1863年，任物理数学系主任；1863年，更成为首任"民选"校长。此外，楞次还多次在其他高校交叉兼职。比如，他1835至1841年在海军武备学校兼课；1848至1861年，在炮兵学校兼任教授；1851至1859年，兼任师范学院物理学教研室主任等。

但是，无论千变万变，楞次的成功始终未变。首先，作为一名科学家，他显然很成功。在转向电学研究仅仅两年后，1833年11月29日就发现了"楞次定律"；该定律在1834年便被正式认可。1842年，他又独立发现了"焦耳定律"，故该定律也称为"焦耳-楞次定律"；不过，他并未像焦耳那样穷其一生去追究精确的热功当量值。1844年，他还发现了"分路电流定律"，比基尔霍夫的更一般"电路定律"早了4年。其次，作为一名教师，无论是在中学还是大学，他也都很成功。一方面，他大幅度提高了相关大学的物理教学水平，全面改组了物理数学系，以至他任过教的大学中都培养出了许多著名教授；另一方面，他出版的中学物理教材《物理指南》也被长期使用，竟先后印刷了11版之多。

60岁时，楞次因眼疾辞去了圣彼得堡大学校长之职，到意大利疗养并出版了那本著名的《物理指南》。1865年2月10日，楞次因脑溢血突然去世，享年61岁。

第七十八回

生理声学著作丰，能量守恒集大成

　　道光元年，人类最著名的皇帝之一——拿破仑在法国去世了；同年，科学帝国的最后一位"皇帝"（即最后一位全才）却在德国诞生了。这位"皇帝"就是本回的主人翁，他的名字很长，需分五段才能说全，赫尔曼·路德维希·斐迪南德·冯·亥姆霍兹；但是，他的业绩清单更长，至少需分10余段才能基本说全，他的重大科学成就横跨了数学、哲学、光学、声学、医学、化学、美学、物理学、生理学、心理学、热力学、生物学、电动力学等学科领域。注意，这里说的可是"重大成就"哟，而非蜻蜓点水式的"小修小补"。比如，在物理学领域，他最终集大成，创立了"能量守恒定律"这个最普遍的守恒定律，堪称"自然科学王冠上的明珠"；在心理学领域，他在神经传速等方面取得了"19世纪心理学的重大发现"，与达尔文、詹姆士和弗洛伊德比肩，号称心理学史上最伟大的4位人物；在生理学领域，他创立了最基础的色觉三色说，如今称为"杨–亥姆霍兹三色说"；在声学领域，他出版了号称"生理声学圣经"的名著《乐音的感觉》，是所有心理音乐研究者的必读书籍；在数学领域，他是非欧几何的重要创始人之一，最先阐明了非欧几何的哲学意义；在电磁学领域，他的杰出成就最终促成了电磁波的发现；在光学领域，至今全球各医院使用的检眼镜也是他的原创发明；在力学领域，他更提出了著名的"流体力学第一和第二定理"；在热力学领域，著名的"空气运动亥姆霍兹方程"就是以其名字命名的。作为一名教授，他培养的世界级科学家名单也很长很长，比如诺贝尔物理奖得主维恩、衍射光栅先驱罗兰、干涉仪的发明者迈克尔逊、量子力学的重要创始人之一普朗克、最先证实电磁波存在的以其名字命名频率单位的物理学家赫兹等。此外，在自然科学许多领域的教材和专著中，他的名字至今仍频繁出现，比如亥姆霍兹微分方程、亥姆霍兹双电层、亥姆霍兹流动、亥姆霍兹自由能、亥姆霍兹线圈、亥姆霍兹共鸣器等。其实，除自然科学之外，这位"皇帝"在哲学方面也能"呼风唤雨"，以至现代哲学中的新康德主义、维也纳学派、弗洛伊德精神分析哲学等流派，都从他那里获得了重要启发，吸取了众多营养；由于本书只是"科学家列传"，故对哲学内容等只是点到为止。

　　为啥说亥姆霍兹是"最后一位全才"呢？因为，自他以后到目前为止，人类都只有"专家式"的科学家。当然，伙计，但愿你是下一位"全才"，毕竟，科学总是在不断地"分久必合，合久必分"嘛；所以呀，你还是有机会的，加油吧！那么，白手起家的亥姆霍兹，又是如何走南闯北、指东打西、不断攻城略地，从丢三落四的穷孩子到体弱多病的兵哥子，再到之乎者也的书呆子，然后突然一个华丽转身，成为生理学家、物理学家、心理学家、数学家等，直至最终登上科学帝国"皇位"的呢？欲知详情，请读下文。

故事起源于1821年8月31日。随着一道闪电，"文曲星"抢先下凡到柏林波茨坦的一个大学预科老师之家。起初，他还暗自得意，"嘿嘿，总算抢到个'老大'位置"，因为他知道后面还将陆续诞生两个妹妹和一个弟弟；但随即这位神仙就笑不出来了，原来，家里钱袋子太瘪。于是，"哇"的一声啼哭，亥姆霍兹就这样呱呱坠地了。

不过，来到人间的亥姆霍兹很快就发现了新希望。先看妈妈，天啦，好美哟！虽然仪表朴实，但基因特好，其祖上更是美国宾夕法尼亚州的创建者。更重要的是，妈妈性情温和、天资聪颖，观察和判断力都特强，总能看到事物的本质。特别幸运的是，妈妈把全部精力和爱都奉献给了这个家，尤其是子女们的教育。再看爸爸，哇，当过兵，研究过神学，还精通古语。爸爸虽不算全才，但却称得上"万精油"，其爱好甚广，涉及绘画、美学、哲学、数学和语言学等领域，其诗歌朗诵尤其引人入胜；而且，爸爸还好交朋友，其挚友中更有著名哲学家的儿子。总之，在知识方面，爸爸是宽度有余，深度不足，这一点刚好需要儿子今后来弥补；爸爸对子女的教育，更是尽心尽力。

若单看幼年时的亥姆霍兹，根本想不到他会成为科学家，更不可能成为科学帝国的"皇帝"。因为，他连最起码的基础条件都没有，岂止体弱多病，干脆是弱不禁风，以致在7岁前都只能待在家里，甚至大部分时间还被"圈"在床上。实在无聊时，这位"病娃娃"便玩玩积木或做点手工，一来二去，竟对游戏入了迷；通过搭建积木，他意外练出了很强的立体几何想象力，让后来的几何老师都感吃惊。即使7岁上了小学，他也主要以保养身体为主：在校内，积极参加体育锻炼；回家后，就随父母在乡间散步。反正，学不学习不在乎，学好学坏也不在乎，学多学少更不在乎。

11岁时，"病秧子"亥姆霍兹进入预科学校，象征性地学习拉丁语和希腊语；当然，也偶尔学点语法，以培养逻辑思维能力；学点诗歌，以唤醒审美观，启迪鉴赏力；学点历史和哲学，以开阔眼界，为理解现实提供一些基础；至于数学课嘛，对这个"老病号"来说，只好得过且过，不再做任何硬性规定了。但是，令老师和家长意外的是，一段时间后，亥姆霍兹竟能基本跟得上课程进度；特别是其自学能力和想象力，甚至还略强于普通同学；若是自己感兴趣的内容，更容易陷入痴迷状态。比如，朗诵课中，他就经常偷偷在桌下研究自己的望远镜，这也许便是他后来发明检眼镜等光学仪器的早期伏笔吧。又比如，在物理课上听说"永动机"一词后，他竟真的开始日思夜想，试图要造出这样一台"既不吃草，又能常跑"的"木牛流马"；甚至，后来他之所以提出"能量守恒定律"，在某种程度上，也许正是因为在研制"永动机"惨遭失败后引发的反思。还比如，在学完伽利略的故事后，亥姆霍兹这位中学生竟大胆撰写了一篇题为"论自由落体定律"的论文，其水平虽不咋的，但其思想的表述却异常准确，对物理原理的理解也相当到位。

预科学校快毕业那年，16岁的亥姆霍兹虽仍然沉默寡言，但奇迹般地成了优等生，而且还特别乐意帮助其他后进生。他的智力水平更是突飞猛进，甚至"自不量力"地向父亲表示：今后要献身科学，当一名物理学家。书中暗表，这里为啥要用"自不量力"一词呢？因为，除了身体太差之外，亥姆霍兹还有另一个难以成为科学家的致命弱点，那就是他记性非常差。据亥姆霍兹自己回忆，在语言学习中，他记不住单词、语法和成语；在历史课中，他对人名、地名、事件等经常张冠李戴；背诵散文等对他更是一种折磨；甚至，连老师教的左右规律他都总是搞混淆。不过，奇怪的是，对荷马史诗等著名诗篇，他却能"倒背如流"；对艺术、韵律和音乐等，他也很在行。总之，此时的亥姆霍兹形象思维能力很强，适合于当艺术家；逻辑思维能力很弱，压根儿就不宜当科学家。

预科学校毕业后，面对"想当科学家"的儿子，老爸只能表示"道义"上的支持，因为老爸甚至没钱供养儿子上大学。不过，老爸却想出了一个"借鸡生蛋"的妙计，即亥姆霍兹接受政府资助免费进入威廉医学院学习5年；其交换条件是，大学毕业后，亥姆霍兹作为军医为政府服务8年。于是，17岁的亥姆霍兹便"卖身"进入了医学院。

伙计，别以为医学院只培养医生；你看，亥姆霍兹就是例外。他带着父亲的老钢琴，在众人疑虑的目光中，若无其事地搬进了宿舍。同学们都拼命学习诸如解剖学、内脏学、骨科学、内科学等正规专业课程，可亥姆霍兹却一刻也未放松过音乐训练，今天弹莫扎特，明天奏贝多芬，晚上则经常研究拜伦和歌德；甚至有段时间，对休谟的著作爱不释手，竟一口气连读了几个通宵，其中的认识论观点给他留下了深刻印象，对其日后的哲学思想产生了重大影响。好容易才从文科书堆中"爬"出来，结果，他又以学校图书馆助手的身份，陷入了数理科学的"汪洋大海"。据1839年3月亥姆霍兹写给父亲的信中透露，他在这段时间如饥似渴地自学了欧拉、伯努利、达朗贝尔、拉格朗日等科学家的著作，沿着大师们的足迹，试图洞察力学原理的深刻内涵。反正，他又歪打正着，不但大幅度提高了自己的智力水平，还为随后的科研工作奠定了坚实的数理基础。

亥姆霍兹的医学课程，学得到底怎样，我们不得而知；但是，总算有一门与医学相关的课程进入了他的法眼，那就是由米勒教授主讲的生理学。于是，一位伟大的生理学家就这样诞生了，1842年11月2日，21岁的亥姆霍兹以"无脊椎动物神经系统的结构"为题写了博士论文，并获得了博士学位。他指出了神经细胞的中枢特性，并论证了"神经纤维发源于神经节细胞"的新观点；换句话说，亥姆霍兹的这项发现，奠定了病理学和神经生理学的组织学基础，对微观解剖学做出了顶级贡献。亥姆霍兹取得如此巨大成就的动作之快，一点也不亚于魔术师变戏法；我们虽不能重放他当年的"慢镜头"，但如下事实却非常重要。首先，这归功于导师米勒的精心指导，导师甚至开放了自己的私人解剖实验室，还具体建议了优先解剖的动物清单。其次，归功于导师组织的一个"特殊头脑风暴研讨班"，其主题就是用物理方法去研究生理学；通过该研究班，亥姆霍兹便有机会经常与莱蒙、布吕克等名家大师，进行面对面的讨论和争辩，从而大家优势互补，相互启发，碰撞出了不少灵感火花。后来，关于这段经历，亥姆霍兹回忆道："与这些大师交往，改变了我的价值观；这种智力交流，太有意义了。"

1843年5月，22岁的亥姆霍兹从威廉医学院毕业，按入学前的约定回到家乡，开始了自己并不喜欢的本该延续8年的喧闹的军医生涯。作为一名军医，亥郎中的"把脉"水平到底咋样，还真不敢恭维；但作为已经成就卓越的生理学家，在并不喜欢的本职工作之余，他肯定要做些科学研究，以打发无聊的空闲时间。果然，他在医院里因陋就简搭建了所谓的"生理学实验室"，继续进行其"肌肉活动的新陈代谢过程"和"肌肉运动过程中的生热和神经传速"等生理学课题的研究。但是，再次令人大跌眼镜的是，经过5年左右的艰苦研究，亥姆霍兹这位生理学家，竟在1847年7月23日向世人宣布了惊天动地的物理学成就，即在迈尔和焦耳的基础上，最终集物理学大成，用数学方法发现并严格论证了史上最重要的守恒定律之一——能量守恒定律。虽然今天的"事后诸葛亮们"已给出许多理由，解释了生理学家能取得物理学突破的合理性、可能性和时代必然性等，但是亥姆霍兹这种"走别人的路，让别人无路可走"的做法，总让物理学家们觉得有点"那个"吧。哦，对了，还有一点也想指出，那就是亥姆霍兹这项伟大成就，并未在第一时间获得普遍认可。所以呀，伙计，今后就算你取得了重大科研突破，也要做好充分的思想准备，更要有足够的自信和坚持哟。实际上，亥姆霍兹的这篇伟大论文，在投给权威学术刊物《物理学年鉴》后还被拒稿了呢；以致后来，亥姆霍兹不得不以单行本方式将其成果公开发布。即使是这样，亥姆霍兹也仍然遭到了当时多位大专家的猛烈批评，一直到17年后的1860年，能量守恒定律才最终被普遍承认。不过，亥姆霍兹的导师米勒教授始终是弟子的坚定支持者；在米勒的极力推荐下，在当时主持柏林科学院工作的另一位伟大科学家洪堡的支持下，亥姆霍兹终于被提前3年从军医院"赎身"，正式进入学术界。其实，军队是亥姆霍兹的福地，在短短的5年军医生涯中，他不但取得了事业上的最辉煌成就，还取得了生活上的最大成就：他于1847年（即公布"能量守恒定律"的同一年）向自己心仪的"女神"（另一位外科医生的千金）成功求婚，并于28岁那年（即1849年）的8月26日将她娶回家。婚后夫妻生活十分美满，妻子在事业上全力支持亥姆霍兹，使他在随后的几年中进入了科研成果的"高产期"。

1848年9月，军医亥姆霍兹"转业"到柏林艺术研究院，担任解剖学课程的教学工作；他还没来得及摆开科研"摊子"，哥尼斯堡大学就"冲将"上来，出高价"挖墙脚"，于1849年5月19日将这位著名的生理学家和物理学家破格聘为生理学教授，同时兼任生理学研究所所长。于是，亥姆霍兹的科研条件就"鸟枪换大炮"了。但是，这门"大炮"又再次"打歪"了，竟把当时完全不搭杠的心理学领域的最坚固"堡垒"之一给摧毁了，从而也使得亥姆霍兹成了史上最重要的心理学家之一。原来，以往的心理学家们都坚信"身体的有意运动就是心灵本身的活动"，换句话说，就是"意志与动作是一个整体"；但是，亥姆霍兹这位生理学家，却在1850年用巧妙的实验证明了"青蛙的神经传导速度约为25至43米每秒"，紧接着又证明了"人体感觉神经的传导速度约为50至100米每秒"等。在生理学家眼中，亥姆霍兹的这几个实验结果好像波澜不惊；但是，在心理学界，它们却引起了强烈"海啸"：妈呀，原来身体和心灵竟然是可以相互分离的呀，原来心理过程是可用实验来研究的呀，原来心灵也可成为实验的控制对象呀！总之，亥姆霍兹这个"心理学外行"的成果，从此以后彻底改变了心理学的发展方向。

作为"戎马一生"的科学"皇帝"，本回当然不可能罗列亥姆霍兹的全部"战绩"。但必须强调的是，在亥姆霍兹眼里压根儿就没学科界线，就像在拿破仑眼中压根儿就没别国边界线一样。因此，若从现象上看，亥姆霍兹好像总是在"歪打正着"，研究领域也总是在"海阔凭鱼跃，天高任鸟飞"；其实，这只是错觉，只是因为我们的知识不够广、眼界不够高、胆子不够大、联想不够深而已。实际上，亥姆霍兹随时都在最普遍定律的指导下，努力使自己的知识超越时间、超越空间、超越自然界的所有界线。因此，在他眼里，不仅物理学是统一的，而且自然科学也是统一的，甚至理性与经验也是统一的，科学理论与实践还是统一的，人类的一切知识都是统一的。一句说，亥姆霍兹本人好像就是为"统一"而生的。如今，完整的知识之所以被分割成不同学科，只是为方便研究而已，并非知识的固有属性。

说来也怪，从小就体弱多病的亥姆霍兹，在繁重科研工作的高压下，身体竟然一天天强健起来，以至在70多岁高龄时仍活跃在教学科研第一线。1893年，72岁的亥姆霍兹作为德国科学界的最高权威，不顾长途舟车劳顿，千里迢迢，昂首挺胸前往美国主持一个重要国际学术大会。由于过分自信，在回程途中，只听得"咣当"一声巨响，天啦，亥姆霍兹竟从高空跌落，"铜头"直接着地，"撞痛"了那可怜的铁甲板！在随行人员的一片惊愕声中，咱们的"铜头大侠"竟然晃晃悠悠站起来了！回国后经过短暂的医治，他又继续主持了好几个月的行政和科研工作，直至1894年7月12日突然脑溢血；在经受了近两月的病痛折磨后，于9月8日下午1时11分逝世，享年73岁。书中暗表，亥姆霍兹去世这年是中国的重要之年：中日甲午战争全面爆发，致远舰管带邓世昌殉国；幸好，清政府快要"完蛋"了，因为，就在这年的11月24日，孙中山在檀香山建立了"兴中会"；京剧名旦梅兰芳、政治家赫鲁晓夫等重要人物也纷纷诞生，并将在各自的舞台上扮演各自的角色。

伙计，看完本回后，你一定会发问：在完全"跨界"的多个领域中，亥姆霍兹为啥总能"歪打正着"呢？关于这个问题，他自己的回答是："我的成就，可归功于这样的事实：我有丰富的数学知识；在学医过程中，又得到了良好的物理训练；生理学为我提供了多产的处女地；另外，由于熟知生命现象，所以，我的研究方向和学术观点，便能超越纯粹数学和纯粹物理。"无论你如何理解亥姆霍兹的这段话，但有一点是肯定的，那就是像亥姆霍兹这样的"超人"确实千载难逢；这既得益于他那非凡的天赋，也离不开他的极端勤奋。对亥姆霍兹来说，科研既不是生硬的职业，也不是纯粹的职业，它只是一种生活方式，一种习惯；所以，他才能经常将看似毫不相干的研究统一成完美的整体。

补充内容：无力之动——墨汁扩散思想实验

截至亥姆霍兹，能量守恒定律便基本定型了。但若仔细分析的话，该定律其实还有一个潜在前提，那就是"力与动是不可分割的"。事实真的是这样吗？该补充内容虽不敢否定该前提，更不是谈永动机，但确想通过一个思想实验（称为"墨汁扩散思想实验"）来给出一个意外结果：没有外力也能动！当然，喜欢思考的读者，既可将此补充内容当作哲学思辨，也可当作科学发现，甚至还可贬其为瞎扯。此外，由该思想实验还可推测几个奇怪的猜想：1）牛顿不必去寻找上帝的"第一推力"；2）宇宙不必非得有一次大爆炸；3）爱因斯坦的宇宙模型也不必非得依靠神力来支撑等。

（一）原由

任何大力士都举不起自己。对该常识，物理老师会理直气壮地解释说这是因为没有外力。

牛顿也坚信：没有外力，物体就不能动！所以当他发现了宇宙在运动后，就咬定还应该有一个外力，否则宇宙就不会动，因为"万有引力"只是内力而已。于是，整个后半生，牛顿都在努力寻找那个推动宇宙动起来的外力（第一推力），并以失败告终。

全世界科学家们也坚信：没有外力，物体不会动，天体更不会动。于是，他们就设想出了"宇宙大爆炸模型"，并为此颁发了若干个诺贝尔奖，甚至让爱因斯坦也主动改变了自己的初衷。宇宙大爆炸理论虽未像牛顿那样明确假定存在创造宇宙的外力，但是，暗含之意也不可否定，否则是什么东西将宇宙"炸开"的呢？

总之，至今全世界都坚信：没有外力，就没有运动！本补充内容中的"动"，不包括匀速直线运动。

（二）墨汁扩散思想实验

设想在太空失重状态下，有一箱清水。

将一滴墨汁轻轻放入该水箱中。

你将发现，墨汁会慢慢地向四周扩散。墨汁肯定在运动，其运动痕迹清晰可见。而且该运动还很有规律，即墨汁的密度越来越小，墨汁占据的空间越来越大；如果水温增高，墨汁扩散的速度就会加快；如果水温降低，墨汁扩散的速度就会减慢；如果水温降至绝对零度，那么即使是水不会被冻成冰，该扩散运动也将马上停止。

请问，墨汁的上述运动有外力推动吗？如果你说有，那请问：到底是什么外力？该外力又来自哪里？难道外力能无中生有？注意：这里问的是"外力"，即额外之力，而不是造成分子布朗运动本身的内力。换句话说，如果你非要坚持说有"外力"，那么，这个"外力"就应该来自那个唯一的额外动作——滴墨汁；而我们显然可以很轻很轻地将墨汁放入水箱中，使得因该动作所引起的扰动忽略不计。

如果没有外力推动，那这些墨汁为什么能运动呢？这便是"墨汁扩散思想实验"所要揭示的"无力之动"！其实，墨汁的这种运动，并非来自任何外力，而是来自数学上的概率。具体的解释是这样的。如果某个区域的墨汁更浓，那么，我们就设想一个无形的封闭曲体刚好将该区域包裹隔离，使得在该曲体内、外的墨汁浓度互不相同，比如曲体内的浓度高、曲体外的浓度低。于是，在曲面附近便会发生如下的概率现象："墨汁从曲体内穿过曲面逃出曲体"的概率要大于"墨汁从曲体外穿过曲面进入曲体"的概率；换句话说，从宏观上看，离开曲体的墨汁要多于进入曲体的墨汁。不断重复该无形曲体的包裹过程，直到水箱中任何区域的墨汁浓度都不高于或低于邻近区域。至此，墨汁的"无力之动"才基本停止了，此时墨汁便均匀地扩散到水箱中了。

其实，若仅仅从外表现象上看，这里的所谓"墨汁扩散思想实验"就是大家在高中物理课上所学的热熵实验或布朗运动实验。只可惜过去谁也没联想到，它竟然是一种"无力之动"而已！其实，"墨汁扩散思想实验"的冲击还远不止此呢，不信请接着看下面的几个推测。

（三）几个可能的推测

既然存在"无力之动"（当然，并不是说所有"动"都不需要"力"），那么，牛顿何必非要去寻找那个让宇宙动起来的"第一推力"呢？把空间当成那箱清水，把星系看作正在扩散的墨汁，至少不会出现"力"方面的矛盾吧？当然，若真能找到"第一推力"那就更好了；只是离了它（第一推动力），地球也照样能转！

如果将那滴墨汁看成是宇宙最初的奇点，将墨汁的缓慢扩散过程录下来然后快速播放，难道这不更像"宇宙大爆炸"吗？或者说，把那箱水的温度不断升高，墨汁扩散速度便会不断加快，直到温度升至10^{32}摄氏度（宇宙大爆炸开始后的温度），这时的墨汁扩散与"宇宙大爆炸"的区别还很大吗？待到宇宙温度降低后，如果将地球缩小成一个墨汁粒子，那么，我们站在"地球"上观察其他墨汁粒子云时，与天文学家看星云所得的结果真的是天壤之别吗？这个"墨汁宇宙"难道不是在不断膨胀，密度（浓度）也在很快下降吗？墨汁扩散过程中，那箱清水不可以看成所谓的"暗能量"吗？随着墨汁浓度的迅速减小，暗能量（清水）越来越明显，而且，清水（暗能量）还推动了"墨汁宇宙"的加速膨胀吗？墨汁扩散当然是有速度的，任何时候都可用一个弯曲封闭体将所有墨汁（膨胀中的宇宙）包裹起来，所以，"墨汁宇宙"的视界是有限的，体积也是有限且没有边界的，这种解释也没矛盾吧？

不论上述的"墨汁宇宙模型"是否正确，但有一点是可以肯定的：墨汁的融化扩散过程，比地球上能看到的任何爆炸都更像是天文学家们所说的"宇宙大爆炸"。因为，"创生宇宙的大爆炸，是一种在各处同时发生，从一开始就充满整个空间的爆炸；爆炸中，每一个粒子都离开其他粒子而飞奔。"

好了，"墨汁扩散思想实验"到此结束，您肯定还可用它推测出更多的有趣结果。

第七十九回

独孤神父数豌豆，遗传密码终泄露

龙生龙，凤生凤，老鼠的儿子会打洞；这就是初级遗传学，大家都知道。

但是，到底啥龙生啥龙，啥凤生啥凤，有无精确量化规律呢？答案是有！实际上，该量化规律就是所谓的"现代遗传学三大基本定律"，即基因分离定律、基因自由组合定律及基因连锁和交换定律；其中，前两个定律又分别称为"孟德尔第一定律"和"孟德尔第二定律"，它们的发现权都属于本回主人翁孟德尔。这些基本定律对人类的影响可大啦：一方面，它们直接导致了遗传学的诞生，故孟德尔又被称为"现代遗传学之父"；另一方面，它们与生物化学结合又催生了"子代学科"——分子生物学。此外，它们的"孙代学科"——重组DNA技术，更全面改观了生命科学，使得分子生物学深入到了医学、农业等各领域，带来了众多革命性巨变，比如人类遗传学、基因组学、生物信息学等都是其"嫡系后代"。在应用领域，它们引发了绿色革命，带来了炙手可热的生物技术产业，特别是对解决人类吃饭问题更起到了关键作用。本回就来演绎一段孟德尔的遗传学简史。

孟德尔，全名格雷戈尔·约翰·孟德尔，1822年7月20日生于捷克的一个穷山村。他是家中老三，大姐"招弟"和二姐"盼弟"分别比他年长10岁和3岁，所以，作为幺儿，孟三娃倍受全家宠爱。可惜，父母太穷，主要依靠祖传的一间破屋和半亩薄田维生，当然也搞些副业，在山坡野地放几只牛羊、喂几只鸡鸭等；此外，他们还给善良的瓦德堡伯爵夫人当佃农，以贴补家用。总之，在父母的辛勤劳作和精打细算之下，生活总算还能勉强维持。老爸虽穷，但雅性却浓，总喜欢在房前屋后栽几朵花、种几棵树、招点蜂、引点蝶。于是，幼年孟德尔便生活在万紫千红中，听着鸡鸭叫、看着小鸟飞、摸着花草笑，倒也另有一番快乐。刚能走路后，孟三娃又变成了父母的"小尾巴"，到田间地里观春耕、赏夏播、瞧秋收、助冬藏；特别是小苗破土、藤条发芽、瓜果开花等，更让他兴奋无比。反正，农作物的任何一点细微变化，都很难逃脱他那敏锐的小眼睛；从此，"种瓜得瓜，种豆得豆"的基因便在无形中播入了孟德尔的幼小心灵。

6岁时，孟德尔与二姐一起到伯爵夫人捐建的教会学校读小学，学习神学、捷克语、德语、拉丁语、算术和自然等，此外还穿插学习一些耕作园艺课。孟三娃很快就成了班里的"学霸"，不但阅读了大量课外书籍，还能诌几首小诗讴歌大自然的雄伟壮丽，更掌握了不少农作物和花卉的特性、名字，以及栽培方法等。此外，孟德尔学得最好，也是最擅长的课程，就是算术；因为，他不仅学会了加减乘除等运算，还特别喜用数学方法去解决实际问题，多次让老师和家长刮目相看。小学阶段，对孟德尔影响最大的一件事情是，有一次伯爵夫人前来视察时，孟德尔作为优秀学生代表接受了检阅。其间，一方面，他对伯爵夫人提出的问题对答如流，不但使自己出尽了风头，更为学校争了光，以至后来他提前两年学完了全部课程，并以全校第一名的成绩毕业；另一方面，也是更重要的方面，伯爵夫人那宽广的博物学知识，给孟德尔留下了深刻印象。"哦，原来大自然如此丰富，未解的奥秘特别是生物方面的奥秘如此之多"，从此，孟德尔便下定决心，要努力揭开这些奥秘。

11岁时，孟德尔上了中学；这时，他学习更刻苦，成绩也更突出。可惜，家里的经济情况却越来越差，根本供不起姐弟俩同时上学。于是，老爸先让二姐辍学回家，既帮忙干点家务，又减少学费开支；后来，又卖掉了家里的奶牛；再后来，又卖掉了那几只山羊；最后，老爸自己干脆放弃收入微薄的农业，去当了一名挣钱稍多但更辛苦和更危险的伐木工人。但即使是这样，家里能挤出来供孟德尔上学的经费也少得可怜，所以，他不得不经常饿着肚子上课，以致骨瘦如柴。孟德尔的勤奋好学，深得校长喜爱，校长坚信"这个孩子今后必成大器"；于是，中学毕业时，校长不但推荐孟德尔到著名的特罗波大学读预科，还慷慨解囊为他提供了上学路费。可惜，由于营养实在太差，所以，免疫力极弱的孟德尔在大学里很快就患上了重感冒，不久病情更加剧成肺炎。于是，16岁时，可怜的孟德尔便不得不辍学回家治病；但他仍然在病床上坚持自学，梦想病愈后能重返学校。但不久，他的这个梦想就彻底破灭了；因为，老爸在林场伐木时被断树砸成了重伤，奄奄一息。

知道"命不久矣"的老爸仍想着支持儿子读书，他咬牙将家里仅有的那块薄田卖给了大女婿，然后将卖地钱分为三份：一份给妻子养老；一份给二闺女做嫁妆；另一份交给孟德尔，希望他继续读书上大学。"儿呀，一定要学有所成，为家族争光啊！"说完，父亲就离开了人世。

3个月后，妈妈也因病去世，她的遗言仍然是"儿呀，一定要上大学！"

办理完父母的丧事后，二姐流着泪对孟德尔道："弟弟，记住爸爸和妈妈的话，你一定要学有所成；你很聪明，好好读书吧！我的那份遗产，也全部送给你上学吧！"说完，她头也不回就走了。

背负着全家人的殷切期望，怀揣着仅有的几两散碎银子，18岁的孟德尔强撑病体，终于以优异成绩考入了欧缪兹学院，踏进了梦寐以求的大学。由于该学院是一所收费低廉的半自费学校，所以，凭借极端的省吃俭用，虽然口袋里的钱越来越少直至毕业时终于变为零，但孟德尔学到的知识却越来越多。在大学期间，孟德尔不但学习了哲学和逻辑等课程，还疯狂自学了许多课外内容，包括笛卡儿的数学、伽利略和牛顿的物理、波义耳和拉瓦锡的化学及众多生物学知识（比如林奈的学说和拉马克的理论等），并撰写了厚厚的读书笔记。孟德尔对名著的学习，绝非盲目崇拜。比如，他的大学毕业论文就是质疑拉马克遗传学说，为此，在论文答辩会上，他还与导师进行了针锋相对的辩论；最终，他说服了导师，其论文被评为"论点明确，论据翔实，逻辑清楚，很优秀"，特别是导师对孟德尔"要探索生物遗传的内因和机制"的下一步打算，更是大加赞赏。

大学毕业后，该何去何从呢？若听从自己的心声，他当然想继续研究生物遗传机制；但面对身无分文的现实，他又必须马上挣钱糊口！正在左右为难之际，导师伸出了援手，将他介绍到伯伦修道院。于是，从1843年12月开始，21岁的孟德尔就当上了修道士，果然，这既解决了吃穿问题，又有大量的自由时间来研究遗传学。伯伦修道院不但本身规模宏大，拥有自己的农场和植物园；而且，修道院所在的城市更是当地的科学文化中心，不但学校林立，还聚居着不少科学家，各种学会、读书会和报告会等层出不穷，非常便于学术交流。对此，孟德尔十分满意，所以他下定决心，要终生待在修道院，虽然他并不信神。只要有时间，孟德尔就泡在修道院的图书馆和植物园里，要么学习各种书籍、要么仔细观察植物生长情况，一旦有任何想法和体会就马上记录下来。

后来，修道院的附属中学缺少一位数学和生物老师，孟德尔便遵从院长的安排，迅速填补了这个空白。他不但认真备课、热情讲课、仔细批改作业，还特别关心班上的穷孩子，甚至拿出自己微薄的津贴和代课费去资助他们。由于深受学生和家长的欢迎，孟德尔竟然一晃就当了7年多的代课老师，直到1851年才恋恋不舍地离开了讲台。由于孟德尔表现很好，再加修道院恰有名额可以派一个修道士去读博士，所以，孟德尔便幸运地被院长选中进入了维也纳大学。这所大学可不得了哟，它不但是欧洲最古老的大学之一，还聚集着当时的许多杰出科学家。比如，孟德尔的数学老师就是著名的廷豪森教授，他不但教给了孟德尔许多数学理论，更让孟德尔明白：数学对一切学科都有用，它是发现世界奥秘的眼睛。所以，孟德尔在后来试图解开生物遗传密码时，首先想到的便是数学方法，而非毫无目标的蛮干；这也是孟德尔与之前的所有生物学家（包括达尔文在内）的最大区别所在。对孟德尔影响很大的另一个人物便是时任维也纳大学校长，著名物理学家多普勒；对，就是那位发现了"多普勒效应"的伟大科学家。其实，多普勒校长并未直接指导过孟德尔，但作为校长的忠实崇拜者，孟德尔亲耳聆听了多普勒的一次大型公开报告。更激动人心的是，在报告会结束，众崇拜者疯抢偶像签名时，孟德尔的笔记本上竟然真的被多普勒写上了"愿你成为科研强者"的几个狂草大字！妈呀，孟德尔好像瞬间就被"开了光"，从此心明眼亮，更有了科研榜样。

在维也纳大学期间，对孟德尔影响最大的人其实是翁格尔教授，他是当时欧洲最优秀的植物生理学家，其植物杂交与变异的理论成了孟德尔后来研究遗传学的"指路明灯"。翁格尔还亲自指导孟德尔用当时最先进的显微镜观看了植物细胞，并让孟德尔坚信：生物的生长，是细胞分裂的结果；生物体在进行有性生殖时，生殖细胞将进行减数分裂——由雌性生殖细胞和雄性生殖细胞各分裂出一个配子，两个配子结合成一个合子，合子细胞不断分裂下去便会长成一个新的生物个体。于是，孟德尔依稀觉得，生物体的遗传秘密也许就隐藏在细胞里。但细胞是啥样呢？它有啥特点呢？它又是怎样遗传的呢？若用显微镜看不见细胞，那可否用数学方法来揭示相关秘密呢？怀揣着这众多疑问，孟德尔好像已摸到了迷宫出口，他已急不可待，他要赶紧回到修道院的植物园，赶紧以具体的实验结果来给出相关答案。终于，在1853年，孟德尔从维也纳大学毕业。于是，归心似箭的他马不停蹄就回到了伯伦修道院。

学成归来的孟德尔，一头便扎进了修道院的植物园中。他采取"谋定而后动"策略，先用了整整3年时间在植物园里仔细观察，冥思苦想，反复阅读了达尔文等的生物学名著，全面查阅前人的经验和教训，对各种初步的实验方案进行测试、验证和筛选，终于，定出了一个切实可行的实验方案。

该方案的要点有3个。

其一，实验用的植物为豌豆。因为豌豆是严格的自花授粉植物，在开花前就已完成了授粉；所以，既能方便提取纯种，又能避免环境的影响。另外，豌豆的生长期较短，仅仅60多天就能得到实验结果；而且豌豆容易栽培，花朵较大，便于人工杂交操作，杂种的变异也较大，易于观察。

其二，每次只锁定一组清晰的遗传性状。比如，孟德尔当年每次实验就分别选择了如下7种典型性状中的一种：种子的形状，即显性的圆滑和隐性的皱纹；子叶的颜色，即显性的黄色和隐性的绿色；种皮的颜色，即显性的灰色和隐性的白色；豆荚的形状，即显性的膨大和隐性的皱缩；花的颜色，即显性的红色和隐性的白色；花的位置，即显性的叶腋和隐性的顶端；茎的高度，即显性的高茎和隐性的矮茎等。

其三，也是最重要的实验技巧——用数字说话。对各种杂交的结果进行数学上的统计分析，由此揭示遗传的量化规律。

于是，从1856年到1864年，孟德尔按照既定的实验方案，总共花费了8年时间，栽培了数以千计的豌豆植株，进行了350多次人工授粉，挑选了10 000多颗不同性状的种子，穷尽了所有可能的排列组合，对不同子代的豌豆性状和数目进行了细致入微的观察、计数和分析，终于在1865年揭开了生物遗传的奥秘。

由于孟德尔发现的这些奥秘，从今天的角度看来，既浅显易懂又容易混淆，所以，此处就顺便来个科普。当然是按倒序方式的科普，即从现在的角度出发来介绍相关知识。这也是本书不同于普通科学家传的特点之一，因为本书在尊重历史的前提下，更希望读者准确了解相关科学的最新知识。

孟德尔第一遗传定律：在杂合子细胞中，位于一对同源染色体上的等位基因具有一定的独立性；当细胞进行减数分裂时，等位基因会随着同源染色体的分离而分开，分别进入两个配子当中，独立地随配子遗传给后代。

如何理解这第一定律呢？好办，咱们一边解释一边跟着孟德尔来数豌豆。首先，纯种豌豆的花色有两种性状，即红花和白花；其中，红花为显性性状，白花为隐性性状。于是，纯种豌豆杂交后，其杂种的第一代（称为子一代）一定是红花，无论其父母本是红花或白花，因为遗传时隐性性状在显性性状面前得不到表现，简称"显盖隐"。

其次，再看子一代的杂种豌豆自授粉后得到的子二代豌豆情况。此时，关于豌豆花颜色这个性状，父本基因是"红白"，母本基因也为"红白"，它们的子代豌豆花颜色基因则会等概率地出现4种情况：红红、红白、白红、白白。但仍然由于"显盖隐"的原因，在子二代中，除了"白白"这种排列会最终表现出白花之外，其他3种排列（红红、红白、白红）的子二代豌豆花最终都将表现出红花。换句话说，在子二代豌豆中，最终表现为红花的豌豆数，将是最终表现为白花的豌豆数的3倍。这便是孟德尔的神奇结果，只不过孟德尔当年是逆向思维，即从3∶1这个现象推论出"基因独立等概排列"的事实而已。

孟德尔第一定律是遗传的最基本规律，它从本质上阐明了：控制生物性状的遗传物质，是以自成单位的基因存在的；基因作为遗传单位，在体细胞中是成双的，它在遗传上具有高度的独立性，因此，在减数分裂的配子形成过程中，成对的基因在杂种细胞中能彼此互不干扰，独立分离，通过基因重组在子代继续表现各自的作用。

再来看孟德尔第二遗传定律，又称为"自由组合定律"或"独立分配规律"，它断定：非等位基因自由组合。这就是说，一对染色体上的等位基因与另一对染色体上的等位基因的分离或组合是彼此间互不干扰的，各自独立地分配到配子中去。按照该定律，在显性作用完全的条件下，亲本间有2对基因差异时，子二代便有2^2=4种表现型；4对基因差异时，子二代便有2^4=16种表现型；一般地，n对基因差异时，子二代便有2^n种表现型。该定律说明，通过杂交造成基因的重组，是生物界多样性的重要原因之一。

如何理解这第二定律呢？咱们仍然跟着孟德尔去数豌豆，只不过这时考虑的是多种性状。比如，颜色（红花或白花）和茎的高度（高茎或矮茎）两种性状；其中，高茎是显性遗传，矮茎是隐性遗传。于是，子二代中颜色和高度组成的基因对，会等概率地出现16种情况：红红高高、红红高矮、红红矮高、红红矮矮、红白高高、红白高矮、红白矮高、红白矮矮、白红高高、白红高矮、白红矮高、白红矮矮、白白高高、白白高矮、白白矮高、白白矮矮。但是，仍然由于"显盖隐"的原因，从外在表现上看，上述16种情况将分别表现为红高、红高、红高、红矮、红高、红高、红高、红矮、红高、红高、红高、红矮、白高、白高、白高、白矮。将它们归纳起来后，其实就只有4种表现型：红高（9种）、红矮（3种）、白高（3种）、白矮（1种）。仍然与第一定律类似，当年孟德尔的神奇结果也只是他的逆向思维结果，即从9：3：3：1这个现象推论出"多种基因的独立等概排列"事实而已。

但非常遗憾的是，孟德尔这项伟大发现，却因为过于先进而无法被同时代科学家们所理解和接受；他的多次报告和学术论文，也都遭到了"冷暴力"被长期忽略。别说知音难求，甚至连批评者也找不到，这使得那时的孟德尔成了"科学史上最孤独的人"。现在想来，确实也不能埋怨别人；因为，谁会相信纷繁复杂的生物世界，竟由最简单的等概排列被如此直白地表现出来呢！

不过，孟德尔对自己的成果却始终信心十足，甚至到晚年时，他都还对好友拍胸脯道："看着吧，我的时代即将到来。"果然，该预言变成了现实，只可惜那时孟德尔从事豌豆遗传试验研究已过去了44年；他的成果也已发表了35年；特别是，他本人已逝世了16年。唉，孟德尔于1884年（光绪十年）1月6日因患肾炎去世，年仅62岁。

1900年，来自荷兰和德国的两位科学家分别独立发现了孟德尔遗传定律，从此，遗传学终于正式进入了"孟德尔时代"。

第八十回

疫苗战胜微生物，拯救人畜鬼神哭

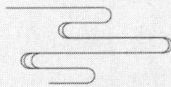

伙计，知道吗，对人类威胁最大的东西不是恐龙，不是狮子或老虎，也不是毒蛇猛兽等，反正不是任何动物，当然更不是任何植物，而是看不见摸不着，直到1673年左右才由列文虎克借助显微镜首次发现的微生物。而且，更可气的是，即使是在被发现后的200多年间，微生物们也仍然玩弄人类于掌股间，假装干了很多好事：一会儿屁颠颠地帮人类制得老陈醋，一会儿又忙不迭地造出二锅头；像什么奶酪呀、泡菜呀、酱油呀等，都少不了它们的帮忙；有时，它们也分泌出像链霉素等多种抗生素来帮助人类治病；至于废水处理、降解有机物、清除环境污染等好事，微生物们更是干得大张旗鼓。简直把人类高兴得合不拢嘴，以为交了好运，以为微生物有百益而无一害，只差没给它们烧高香建庙堂了。于是，从17世纪到19世纪中期，整个人类都在傻乎乎地欣赏各种微生物，只关心它们长啥样子呀、叫啥名呀、属哪家呀、归哪类呀，甚至好不好看呀、是不是杨柳腰或瓜子脸呀等。

直到本回主人翁快要登场时，微生物们才原形毕露。妈呀，原来它们是人类的"头号杀手"呀。从人类诞生那天开始，它们就在肆意虐待我们；不知有多少同胞、多少祖先、多少类人猿、多少古猿，甚至多少猴子，在多少万年前就死在了它们的手下呀！据不完全统计，人类的几乎所有流行传染病都可归咎于它们；别的不说，单说病毒这一类微生物，它就引发了人类疾病的一半以上，更别说还有各种细菌作孽，比如引起食物发霉变质等。至于你偶尔错吃了毒蘑菇等，那都不算在此列了。但是，面对凶险无比的微生物，人类却几乎束手无策，刀砍它不死，斧剁它不死，纵然你十八般武艺样样精通也动不了它一根毫毛！怎么办呀，怎么办？嘿嘿，抱歉，只能"凉拌（办）"，只能眼睁睁看着它们为非作歹，只能让"子弹再飞一会儿"，必须等待本回主人翁出生、成长、成熟，直至取得重大科研成果。换句话说，此处不得不"花开两朵，各表一枝"，先让本回主人翁生下来再说吧。

1822年12月27日凌晨2点，在法国东尔城的"皮匠一条街"的一个皮匠世家诞生了一个皮包骨头的瘦小男婴，他就是皮匠的第三个孩子——路易斯·巴斯德，他随后还将有两个妹妹来到人间。虽然在半文盲皮匠父亲眼里，刚刚出生的巴斯德怎么看都怎么像是一只皱巴巴的"软皮口袋"；但这只"软皮口袋"其实是一只"真皮钱包"，因为他很快就给老爸带来了一笔意外之财。原来，守寡多年的岳母自感年老体衰，难以管理自己的财产，于是便将家产的一部分传给了女儿和女婿。凭借这笔"准遗产"，巴斯德的老爸租下了一间制革作坊，终于由"打工仔"变成了"小老板"。

作为皮匠世家的小儿子，巴斯德从小就很"皮"：过马路从来不带斜视，反正马车也不敢撞人；大街小巷的墙壁和门板，无不留下他的涂鸦；上小学时，虽是班上最小的孩子，但却总喜欢给别人当老师，其实自己压根儿就不懂；在课堂上，更是提问不断，好像随时都有"十万个为什么"等着老师，甚至让胆小的年轻老师患上了"上课恐惧症"；若偶尔因鸡毛蒜皮的业绩获得了啥奖，哇，那可不得了啦，必须马上使劲宣传，恨不能让全世界都为之鼓掌；至于下课后或节假日嘛，那就更"皮"了，要么在山上爬树、要么在河里摸虾。不过，小家伙很喜欢读书，但凡买到啥新书，第一件事情就是在扉页上醒目地写上自己那歪歪扭扭的名字。此外，他还满怀慈悲，从不杀生，更反对其他小孩捕鸟，每当看到小动物在同学手上挣扎时都非常难过。书中暗表，巴斯德为啥总怀揣"十万个为什么"呢？因为，冥冥之中，他也许已意识到，自己此生的任务是对付那"十万种微生物"；而后来的事实也证明，他确实是采用全新思路，通过自问自答各种问题，并最终"问死"了那些有害微生物。

巴斯德的皮匠老爸其实很有战略眼光，他绝不希望家里再出一个"皮$N+1$代"，因为，老爸已发现儿子智商很高。13岁时，巴斯德爱上了绘画，不但运笔稳健、构图新颖、造型独特，而且表意出神；他为妈妈画的一幅写生，更是将丰富的情感跃然纸上，猛一看：妈妈的双眼明亮而坦诚、脸庞坚毅而慈祥、白帽子和蓝绿相间的格子围巾更是显得光彩照人。总之，此时的巴斯德大有成为艺术家的趋势。这让老爸喜忧参半：喜的是，家族"脱皮"几成定局，因为艺术家至少不是皮匠嘛；忧的是，儿子能否更上一层楼呢，比如当个科学家什么的。幸好，正在这关键时刻，儿子的校长出面了。因为，这位"伯乐"也发现了巴斯德的巨大潜力，觉得如此好苗子应该受到更好的教育。于是，在校长的鼓励下，经过48小时的马车劳顿，不满16岁的巴斯德终于在1838年10月底勇敢地走出了"山沟沟"，到巴黎去闯世界。可是，很快，巴斯德就遭遇"滑铁卢"；因为他病了，而且害的是"思乡病"，用他自己的话说"若能呼吸到家乡制革厂的气息，我的病就能好"。万般无奈之下，老爸只好前往巴黎亲自接回了宝贝儿子。

铩羽而归的巴斯德回家后又走上了画家之路，这让微生物们连声叫好，因为它们的天敌终于"自取灭亡"了；更让微生物们得意的是，巴斯德的画技突飞猛进，很快就超过了当地的所有画师。可哪知，微生物们高兴得太早了，因为，这时的巴斯德迷茫了，下一步该咋办，他并不满足于在画界当"鸡头"呀！于是，那位"伯乐"校长又及时出手，于1839年末将巴斯德"赶出了家乡"；不过，这次校长吸取教训，不敢让巴斯德走得太远，只插班到邻城的一所"重点中学"，准备来年的巴黎高师入学考试。

在该中学里，巴斯德首次接触到了哲学，并在哲学老师的指导下大幅度增强了意志力；不过，他的"十万个为什么"仍把数学老师等折腾得死去活来。可惜，1842年8月，巴斯德的首次大学入学考试失败了。于是，他第二次来到巴黎，在一家寄宿学校当老师，当然，目的是备考来年的巴黎高师入学考试。其间，他时常前往巴黎神学院，聆听著名化学家杜马的演讲；正是这位杜马教授将巴斯德引入了化学领域，摆脱了"差点被画家耽误"的境地。让微生物们感到越来越害怕的是，1843年底巴斯德终于考上了心仪已久的巴黎高师。

一入大学，巴斯德简直如鱼得水。他像疯了一样努力学习，以至于他父亲不得不来信劝阻他"别无节制地用功，那会伤害身体；夜里看书太久，会伤眼睛"。儿子哪里肯听，于是，老爸又给巴斯德的好友写信，转告道："若总是高度紧张，将不利于成功，更有损健康，请务必转告巴斯德，别太用功。"学校图书馆更成了巴斯德的最爱，他恨不能读遍所有书架，对化学书更是如饥似渴。他每读一本书，都会认真做笔记，甚至他竟能整段背诵化学家米切尔的论文。即使与老师和同学们聊天，无论对方是啥背景，反正他三句话不离本行，很快就扯到了什么公式呀、推理呀、讲座呀、阅读呀等话题上来；若不及时干预的话，他紧接着便会大谈特谈自己刚刚发现的一些化学现象，比如酒石酸与副酒石酸的区别呀、化学结构的立体异构呀等。不过，巴斯德有一项特殊本领，那就是，再高深的化学内容经他嘴巴一加工，"吐"出来的便都是妙语连珠。他父母家人和亲朋好友等都喜欢在信中请他讲解化学知识。他父亲更被勾引成了"化学迷"；真的，假期回家后，父亲确实恭恭敬敬地很自豪地聆听了儿子的每场公开演讲。巴斯德并非"死读书"，他也非常重视化学实验。早在大二时，他就全程亲自动手从猪骨中提取了60克纯磷，首次体会到了科学成就感；后来，巴斯德更是待在实验里不想出来，被同学们调侃为"实验室蛀虫"。

1846年，是巴斯德的转运之年。由于"实验室蛀虫"的名声太响，在大学毕业时，这只"蛀虫"便幸运地被著名化学家、溴元素的发现者巴莱教授聘为实验助手。哇，巴斯德这只"丑小鸭"很快就成"白天鹅"啦：只见他，左手一指，"啪"的一声，两篇化学论文《亚砷酸饱和量的研究》和《关于亚砷酸钾、亚砷酸纳和亚砷酸铵的研究》就神奇般地完成了；再右手一晃，"观众们"还没回过神来时，一篇物理论文《关于液体旋转偏振现象的研究》就又诞生了。更厉害的是，1848年3月20日，巴斯德在巴黎科学院宣读了一篇名叫《双晶现象研究》的论文；这下可不得了啦，因为该论文开创了物质光学性质研究的新领域，解释了化学家们迷茫多年的"同分异构"现象。

于是，说时迟那时快，斯特拉斯堡大学立即行动，以魔术般的速度将巴斯德这位"快枪手"抢到了手，并破格聘他为"副教授"。哇，这真是"天下武功，唯快不破"呀。

1849年1月15日，巴斯德前往斯特拉斯堡大学报到。作为必要礼节，性格本来内向且不善言谈的27岁单身汉巴副教授，当然得首先拜访一下破格重用自己的校长。可是，从老校长家回来后，深谙"唯快不破"的巴斯德却像打了鸡血：先买华服，接着就理发，然后刮脸修面等，忙得不亦乐乎。只经短短两周的紧急"备战"，1849年2月10日，焕然一新的巴斯德，郑重其事地给校长他老人家写了一封很特殊的信。啥信？嘿嘿，求婚信！当然不是向老校长求婚，而是向他那如花似玉的妙龄千金求婚。妈呀，事出意外，以"快招"闻名的老校长这次也傻眼了，竟不知该如何还招；4周后，西装革履的巴斯德见对方没反应，又再大胆补上了一招，这次改成了"催婚信"。校长招架不住，赶紧投降：让年轻人自己直接去谈吧。于是，巴斯德只经过区区2个月的"强攻"，胜利的旗帜就高高飘扬了：就在当年的5月29日，巴斯德如愿以偿娶回了自己的媳妇。伙计，现在知道啥叫"乘龙快婿"了吧；对，关键就是那个"快"字！后来，事实证明，娇妻对巴斯德确实帮助很大；夫妇俩相亲相爱，优势互补；从此，他便专心于科研。既成了家又立了业，且心无旁骛的巴斯德在修成"绝世神功"后，面对猖獗已久的微生物们，终于开始"七剑下天山"了。

巴斯德的"第一剑"，刚出手就斩杀了众多无名"小鬼"；如今，该剑招被称为"巴氏杀菌法"，它已广泛应用于各种饮食的保质与保鲜。其实，这次是有害微生物们自己找死，主动送到剑下。原来，1856年左右，微生物们"寻衅闹事"，将甜菜糖发酵酒精的糖液变酸了，而当时法国的发酵工业已相当发达，若任由糖液随意变酸，那将造成巨大经济损失。于是，巴斯德就当仁不让地登场了。只见他借助显微镜，睁开"火眼金睛"一看，哦，在正常酒精中只有小圆球形的微生物，即酵母菌；而在变酸的酒精中却多了一种更小的长条形的微生物，即乳酸菌。因此，从物理上看，解决办法很简单，那就是生产酒精时别让乳酸菌捣蛋就行了；同理，生产乳酸时，只需灭掉酵母菌就够了。可如何才能既杀灭有害细菌，又保住营养物质呢？巴斯德发现，其实办法很简单，只需采用较低温度（一般在零上60到82摄氏度），在规定的时间内对食品进行加热处理就能达到目的。巴斯德旗开得胜的"第一剑"，还得到了许多重要附属成果。比如，人的病因在细菌，只要能防止细菌通过饮食或伤口等渠道感染人体，那就能避免得病；因此，医生即时消毒就显得尤为重要。归纳而言，巴斯德的"第一剑"就刺出了他的第一项伟大发现：每种发酵都是由一种特殊微生物生命活动的结果。

在食品战场上被打得落花流水后，有害微生物们便改变策略，"从农村包围城市"。于是，1865年，法国南部的蚕农们便遭到了灭顶之灾，大批蚕虫不断生病，不吐丝、不作茧，浑身长满棕黑色斑点，直至成堆死亡。怎么办，当然只好再请出那"七剑"。于是，巴斯德又扛着显微镜与微生物摆开了"擂台赛"。刚开始时，巴斯德显然处于下风，因为单单是蚕虫那恐怖的长相就吓得他头皮发麻；好容易鼓起勇气，以为又是什么食品病菌在作怪吧，结果那却只是有害微生物的"虚晃一枪"；急红了眼的巴斯德大吼一声，将病蚕样本磨成浆液，然后再放到显微镜下一看，哈哈，原来蚕体内的黑点竟是活物，蚕虫的病源其实是原生物。终于，巴斯德一记"左勾拳"就把那有害微生物打下了"擂台"。其实，巴斯德步步为营的办法很简单：蚕蛾交配后，将公蛾解剖，若其体内有原生物就将该公蛾及其配对母蛾一起淘汰；母蛾产卵后，将它解剖，若发现体内有原生物，那也将它和它产的卵淘汰；喂蚕前，先对桑叶进行检查，若发现原生物那就将桑叶扔掉；总之，在蚕虫的出生、成长和成熟过程中，每一步都牢牢把关，决不让原生物出现就行了。实际上，战胜蚕病只是一个特例；更一般地，巴斯德总结出了他的第二项伟大发现：各种传染病都是一种特殊微生物在生物体中生命活动的结果。

在与蚕病搏斗的过程中，巴斯德虽在"擂台"上战胜了微生物，但是，有害微生物却调虎离山，将巴斯德的亲人们一个个送去了"阎王殿"，使他遭受了多方沉重打击。首先，巴斯德刚开始"打擂"十几天，他父亲就因病去世；紧接着，年仅2岁的小女儿夭折；1866年，大女儿和儿子又因伤寒离开了人世；巴斯德又急又累，终于在1868年10月19日患脑溢血而半身瘫痪。从此以后，巴斯德与有害微生物不共戴天；他甚至带着残疾身体，主动与它们展开了近30年的战斗，并一次次将对方打得"哭爹喊娘"。

巴斯德主动出击的"第一战场"，就是消灭家畜炭疽病。这炭疽病，是有害微生物的"杀手锏"，它对牛羊马等牲畜构成巨大威胁：患上炭疽病后的牲畜，好端端的就突然颤抖，口鼻流血而死。此病的死亡率奇高，从发病到死亡的时间又极短，而且还大面积流行，几乎每年都爆发。这次，巴斯德对有害微生物采取了"口袋战法"，逐步缩小包围圈。首先，他从病牛的血液中找到了引起该病的炭疽杆菌；然后发现，这家伙的毒性来自炭疽杆菌的芽孢。可芽孢又如何使牲畜发病的呢？因为，即使是牲畜吃了带炭疽杆菌的饲料后，也依旧安然无恙呀！哦，只要炭疽杆菌不进入血液，那牲畜就不会生病。于是，"口袋战"的收网行动就很简单了：保持牲畜不受外伤就行了，比如别让它们吃那些带刺且又被炭疽感染过的植物等。更重要的是，巴斯德还找到了牲畜炭疽病的预防办法，那就是他在1880年宣布的免疫接种法，即给健康的牲畜主动注射减毒炭疽杆菌，从而增强了牲畜的免疫力，以至使它们不再受炭疽杆菌的侵扰。

拿下炭疽杆菌后，巴斯德对有害微生物的同类花招就已胸有成竹了。于是，他顺手使出一招"观音念佛"就轻松战胜了鸡霍乱，即利用减毒的鸡霍乱菌株制成"疫苗"，然后，将疫苗注入鸡体内就行了。紧接着，巴斯德又长剑一指，飘然递出一招"八戒翻身"，就把"二师兄"的天敌猪霍乱也给灭了；其武功精要嘛，仍然是用另一种疫苗点中了猪霍乱的致命穴位。后来，巴斯德将这些招式，总结成了他的第三项伟大发现，即把一种传染病的微生物，在某种不利于生长的条件下加以培养，就可减弱其致病能力，从而将病原菌变成预防疫苗。换句话说，巴斯德创立了免疫学。

节节败退的有害微生物哪肯认输，终于"恼羞成怒"，要用狂犬病守住最后"底线"；但是，它们为时已晚，因为，借助巴斯德的免疫学理论，人类早已胜券在握，找到"狂犬疫苗"也只是时间问题而已。果然，1885年7月6日，已63岁高龄且行动不便的巴斯德，用自己发现的疫苗成功救活了一名年仅9岁且在2天前就被疯狗咬伤14处的小孩。从此，狂犬病终于被人类征服了。

1887年10月23日，巴斯德再次脑溢血发作，舌头麻痹，说话不便，身体更是越来越差。幸好，巴斯德培养了许多优秀弟子。比如，他的一些弟子发现了鼠疫杆菌；另一些弟子降服了危害儿童的白喉病，使其死亡率从51%降为24%。

1895年9月28日凌晨4时40分，巴斯德与世长辞，享年73岁。唉，可惜呀，悲伤呀！不过，这一年对中国人来说，还有一大堆更悲伤的事呢。首先，"洋务运动"彻底失败；其次，丁汝昌自杀；再次，甲午战争失败，清政府被迫签署《马关条约》，将台湾、澎湖列岛割让给日本。

各位朋友，《科学家列传 贰》就到此为止了。细心的读者也许已发现，从本册的第一位帕斯卡（1623年生）到最末一位巴斯德（1822年生），这40位改变人类科学史的顶级科学家，竟然"井喷式"地出现在短短200年间。更意外的是，他们当中有的很穷，有的贪玩，有的爱冒险，有的学历很低，有的学非所研，有的甚至是"科盲"，有的寿命很短，有的大器晚成，有的生长于落后国家和地区。总之，若按常规条件来看，他们中的许多人无论如何也不能成为科学家，更不能成为顶级科学家；然而，事实胜于雄辩。不过，他们都有一个共同特点，那就是对自己所做事情有着几近偏执狂的执着。由此可见，科学家并无统一成才模式。只要肯努力，并且真心喜爱，没准儿下一位顶级科学家就是你了。加油吧，伙计！